KB272752

과학과 철학 제14집 <장회익 교수 정년퇴임 기념 특집>

온생명에 대하여
— 장회익의 온생명과 그 비판자들 —

과학사상연구회 편

통나무

차 례

<편집인의 말>

신 중 섭

　장회익 교수는 2003년 2월 서울대학교 자연과학대학 물리학과를 한 학기 앞당겨 퇴임하였다. 『과학과 철학』 제14집은 장회익 교수의 이 퇴임을 기념하기 위해 꾸며졌다. 장회익 교수는 김용준 선생과 함께 1985년 "과학사상연구회"를 만들어 이끌어 왔으며, "과학사상연구회"는 김용준 선생의 정년 퇴임을 기념하여 1993년 『과학과 철학』 제4집을 발간하기도 하였다.

　장회익 교수의 학문적인 역정은 참으로 흥미롭다. 물리학자로 학문적 인생을 출발하여 철학자, 문명비평가로 자신의 지적인 영토를 확장하였다. 그의 삶은 로버트 리 프로스트(Robert Lee Frost)의 시 "가지 않은 길"의 한 구절을 생각나게 한다.

　　두 갈래 길이 숲 속으로 나 있었네.
　　나는 사람 발길이 드문 길을 택했고
　　그것이 내 운명을 바꾸어 놓았답니다.

　장회익 교수는 "사람의 발길이 드문 길"이 아니라 "사람의 발길이 없었던" 길을 선택하고 "온생명"사상을 창안하여 한국 사상의 새로운 지평을 개척하였다. 그의 운명을 바꾸어 놓은 것은 생명의 본질에 대한 관심이었다. 그는 물리학자로서 자연의 가장 큰 신비라 할 수 있는 생명 현상의 본질에 관심을 가진 사람이 많지 않을 뿐만 아니라 생명의 본질을 해명한 사람이 없다는 것을 알고 "남이 하지 않으면 나라도 해야 한다"는 생각에서 이 문제에 천착하여 "온생명"이라는 새로운 이론을 창출하였다. "온생명"은 "생명이란 무엇인가"라는 질문 대신에 문제의 성격을 바꾸어 "생명의 단위는 무엇인가"라는 질문을 던지고 이에 대한 해답을 추구한 사유의 결과물이다. 생명의 단위에 대한 깊은 사색과 연구 끝에 그가 얻은 결론은 생명의 자족적 단위는 "온생명"이라는 것이었다.

　그의 철학적 사색은 여기에서 멈추지 않고 우리의 전통 사상으로 확장되었다. "동양과 서양에서 각각 빚어낸 인류 지성의 정수라 할 수 있는 성리학과 물리학이 끝없이 평행선만 달려서는 안 된다는 생각에서 이 두 학문을 통합해 보려는" 그의 지적인 노력은 "온생명"사상을 통해 우리의 전통 사상을 새롭게 해석하였다. "온생명"은 동양의 지혜와 서양의 과학을 통합하여 일구어낸 찬란한 학문적 성과라 할 수 있다.

　장회익 교수가 처음부터 의도한 것은 아니었지만 "온생명"사상은 현대 문명의 특성을 조명하고 문제점을 찾아내는 탐조등 역할을 하게 되었다. 그는 생태계의 파손 문제를 비롯하여 오늘날 인류가 겪고 있는 많은 문제들이 우리 생명이 지닌 온생명적 성격을 제대로 파악하지 못한 데서 오는 것이라고 진단하면서 인류 문명이 새롭게 도약할 수 있는 방도를 모색함으로써 새로운 대안을 제시하였다. 그의 문명 비판은 전문적인 과학과 철학의 논의를 넘어 많은 사람의 지지를 받고 있다.

특히 "온생명" 개념과 관련하여 우리가 주목하게 되는 것은 "온생명" 안에서 인간이 점유하고 있는 위치이다. 지금까지 우리는 인간이 "온생명"이라는 살아 있는 더 큰 생명체의 한 부분이라는 생각을 하지 못했기 때문에 지구 위에서 인간을 위한다고 하는 여러 작업들이 큰 생명의 안위에 대해 어떠한 위험을 초래할 것인가에 대해서는 무심하였다. 인간은 과학 기술을 통해 얻게 된 막강한 능력을 사용하여 지구 생태계의 건강을 무분별하게 훼손시키고 있다는 것이다.

우리가 그에게 특별히 주목하는 이유는 "우리는 누구나 좀더 큰 '나'를 실현하기 위하여 작은 '나'를 기꺼이 내던질 준비를 해야 한다"라는 강한 윤리적 주장을 하면서도 물리학자의 태도를 견고하게 지키고 있기 때문이다. 객관적 세계를 탐구하는 물리학자가 과학적 기초 위에서 인류를 향해 윤리적 메시지를 던지는 것은 참으로 신비로운 일이다. 그러나 "온생명"사상은 우리를 신비로운 세계에서 이끌어 내어 엄밀한 학문의 세계로 인도한다.

이 책은 여러 편의 논문으로 구성되어 있다. 장회익 교수의 글 한편과 그의 사상을 다양한 관점에서 조명한 논문이 실려 있다. 그리고 장회익 교수는 논문에 대한 "답글"로 자신의 학문적 자서전을 보여주고 있다. 이 글은 그의 사상을 이해하는 데 큰 도움이 될 것이다. 이 책을 위해 소중한 글을 준 장회익 교수, 여러 필자들 그리고 이 논문집 발간을 꾸준히 지원해준 "한국학술협의회", 경제적 고려와 무관하게 창간호부터 『과학과 철학』을 한결같이 출간해준 통나무 출판사에게 깊은 감사를 드린다.

2003년 12월

자연, 환경인가 주체인가: 온생명론의 입장에서 보는 관점[1]

장 회 익

우리가 자연이 환경인가 주체인가 하는 문제를 의미 있게 논의하기 위해서는 두 가지 개념이 먼저 명료하게 설정되어야 한다. 그 하나가 자연이라는 개념이며, 다른 하나가 주체로서의 "나"의 개념이다. 만일 자연이라는 개념이 주체로서의 "나" 밖에 속하는 개념이면 자연은 환경이라 할수 있으며, 만일 자연이라는 개념이 주체로서의 "나"의 개념과 그 외연에서 일치하는 것이라면 자연은 곧 주체라 할 수 있을 것이다. 그러므로우리의 주된 관심사는 자연의 개념과 그 안에 놓이는 주체로서의 "나"의

---

1) 이 글은 동국대학교 불교문화연구원의 지원 아래 2003년 10월 14일에 있은 제2회 불교생태학 세미나에서 발표된 내용임을 밝힌다.

개념을 어떻게 규정할 것인가 하는 점에 귀착될 수밖에 없다.

그런데 우리가 조금만 깊이 살펴보면 이러한 개념들은 고정된 것이 아니며, 역사적 상황에 따라 그리고 이 상황을 인식하는 우리 안목의 깊이에 따라 커다란 편차를 보이고 있음을 알 수 있다. 그러므로 우리는 여기서 주로 자연과학의 발전 경로에 맞추어 이러한 개념들이 어떻게 변천해 왔으며 또 현대과학의 시각에서는 이들을 어떻게 보아야 할 것인지에 대해 살피기로 한다.

우리에게 자연이란 무엇인가?

오늘날 우리는 주변에 나무와 풀들이 있고, 해가 뜨고 지며, 바람이 불고 비가 오기도 하는 것을 일러 자연이라고 하며, 낚시를 한다든가 등산을 한다고 할 때, 자연을 즐긴다고 말한다. 이렇게 말할 때 우리는 흔히 자연을 인간 그리고 인공과 대립되는 개념으로 생각하고 있으며, 대체로 보아 자연 그 자체는 우리의 일차적 관심사에서 벗어나 있다고 볼 수 있다. 날씨라든가 주변의 경관이 우리의 관심사가 되지 않는 것은 아니지만, 이들에 대해 우리가 쏟고 있는 관심은 여타의 관심사와 비교해 볼 때 대체로 미미한 수준이다. 우리에게 좀더 큰 관심사는 어떻게 하면 사람들과 좀더 좋은 관계를 유지하며 더 많은 인정을 받을 것인가, 또 어떻게 하면 좀더 넉넉한 수입을 얻어 보다 풍족한 생활을 할 것인가 하는 것들이다. 이것이 대체로 현대인이 살아가고 있는 모습이며, 이 안에서 자연이 차지하고 있는 위상이다. 우리는 세상이란 늘 이런 것이고 자연 또한 늘 이런 모습으로 있어왔으리라 생각하기 쉽다.

그러나 우리가 인류의 역사를 몇 십만 년만 거슬러 올라가 본다면 당시의 사람들은 전혀 다른 자연의 모습 속에 둘러 쌓여 살고 있었음을 알 수 있다. 이들에게 자연은 한편으로 총력을 다해 싸우고 이겨나가야만 하는 거친 극복의 대상이었으며, 다른 한편으로는 그 안에서 순응하고 적응해나가야 하는 크고 무서운 경외의 대상이기도 했다. 사실 이러한 거친 세계 안에서 인간이라는 생물종이 무사히 살아남았다는 것 자체가 참으로 놀라운 일이다. 이것이 가능했던 것은 한마디로 신체에 비해 월등히 큰 두뇌를 가진 덕분이었다고 말할 수 있다. 이런 두뇌를 가짐으로써 그 안에 앎이라는 것을 담을 수 있었으며, 이것이 오늘날과 같은 번영을 이루게 된 가장 중요한 요인이라 할 수 있다.

앎이라고 하는 월등한 새 무기를 동원하여 상대적으로 열세에 놓여 있던 신체적 여건을 극복해낸 인간은 생태계 안에서 비교적 우월한 지위를 누리는 존재가 되었으나 그렇다고 하여 인간의 삶이 물질적으로 항상 만족스럽기만 한 것은 아니었다. 극히 최근까지도 인류의 역사는 보다 안정되고 풍요로운 생존을 위한 투쟁의 장이었다고 해야 할 것이다. 개인적으로나 사회적으로 인류의 생존은 항상 불안정했으며, 상대적인 차이는 있었으나 그 누구도 위험과 궁핍의 상태를 벗어나기는 어려운 상황이었다. 이러한 상황에서 과학이라고 하는 새로운 앎의 방식을 발견한 인류는 이를 활용하여 생활의 개선을 도모하려 했던 것은 극히 당연한 일이다. 흔히 과학적 방법이라 불리는 이 새로운 앎의 방식은 특히 자연현상의 이해를 위해 매우 효과적인 것이어서 최근 몇 세기동안 자연에 대한 인간의 이해는 상상을 넘어 설만큼 큰 진전을 이루게 되었다.

자연에 대한 이러한 이해는 인간의 자연관에도 커다란 변화를 가져왔다. 자연에 대한 이해가 점점 넓어지면서 인간은 이제 자연이라고 하는 것이 우리에게 무서운 존재만이 아니라 무궁무진한 활용 가능성을 지닌 개척과 개발의 대상이라는 생각을 가지게 되었다. 자연은 이제 더 이상 경외하고 두려워해야 할 존재가 아니라 우리가 이해하고 조정할 수 있는 존재이며, 활용하기에 따라서는 무제한의 편의와 풍요를 얻어낼 수 있는 보고로 생각되었다.

일단 이러한 가능성이 밝혀지자 그 활용의 속도는 놀라운 것이어서 최근에는 하루가 다르게 새로운 제품들이 쏟아지고 있다. 특히 지나간 한 세기는 기술과 산업 발전에 있어서 인류 역사 안에 유례가 없는 시기로 기록될 것이다. 월드워취 연구소가 펴낸 『1999년도 세계현황』 보고서에 의하면, 지난 100년 간 세계의 연간 총생산량은 미화 2.3조 달러에서 39조 달러로 17배 증가했으며, 이 기간동안 지구상의 인구는 16억에서 그 4배에 해당하는 60억으로 늘어났다.[2] 이러한 생산량의 증가는 물론 모든 사람에게 고르게 배분되고 있는 것은 아니다. 조사된 바에 의하면 세계의 빈부격차는 매년 증가하고 있으며, 현재 세계 인구의 1/5 은 왕년의 제왕보다 풍요롭게 살고 있음에 비해 또 다른 1/5 은 여전히 생존의 경계선상에서 허덕이고 있다.

그러나 그 무엇보다도 우려되는 점은 이 모든 것이 지구의 생태계 파손이라는 무서운 대가를 통해서 얻어지고 있다는 사실이다. 대체 불가능한 자원의 소모는 말할 것도 없거니와 이른바 대체 가능한 자원의 일부로 생각되어 온 생태적 요소들조차 회복 불능의 상황으로 속속 빠져들고 있다. 지하수 수위의 하강, 산림면적의 감축, 수산자원의 감소, 그리고 엄청난 속도로 진행되고 있는 생물종의 대규모 멸종이 바로 그러한 것으로, 이들의 소멸은 결국 우리의 삶 자체를 그 바탕부터 무너트리는 것에 해당한다. 여기서 한 가지 분명한 사실은 이러한 지수 함수적 성장이 더 이상 길게 지속될 수는 없다는 점이다. 조만간 이러한 성장의 양상은 중단되고 말 것인데, 오직 이것이 인류의 자멸을 포함한 생태계의 대 참사를 거쳐 일어날 것인지, 아니면 인류의 현명한 대처를 통해 한 단계 높은 문명에

---

2) R. B. Lester, and C. Flavin, 「A New Economy for a New Century」, *State of the World*, A Worldwatch Institute Report on Progress toward a Sustainable Society, New York(Noton, 1999)

로의 도약을 통해 이루어질 것인지 하는 점만이 선택의 가능성으로 남아 있을 뿐이다.

현재 인류가 겪고있고 있는 이러한 어려움은 두 가지 사실이 서로 맞아떨어진 데에 기인한다. 그 하나가 우리의 잘못된 자연 인식이며, 다른 하나가 자연을 변형시킬 기술력의 획득이다. 근대 과학이 등장한 16〜17세기이래 우리는 이미 자연을 경외의 대상으로 보는 대신 개발과 활용의 대상으로 보아온 것이 사실이다. 그래도 20세기에 들어서기 전까지는 우리가 지녔던 기술적 능력의 부족으로 이를 마음껏 개발하거나 활용할 수가 없었고 바로 이로 인해 안타깝게 여기던 차에, 마침내 자연을 거의 종횡으로 변형시킬 수 있는 기술적 능력을 획득하게 된 것이다. 결국 자연을 활용의 대상만으로 보게된 근대적 자연 인식과 자연을 임의롭게 변형시킬 수 있는 현대적 기술 능력이 행복한 결합을 이루어 나타난 결과가 바로 오늘 우리가 보고 있는 상황이다. 그렇다고 하여 지금 우리가 이미 지니게 된 기술적 능력을 제거시켜 이 문제를 해결할 수는 없다. 이것은 가능하지도 않을 뿐 아니라 지금 우리가 지니고 있는 기술적 능력은 좀더 긴요한 일에 좀더 현명하게 활용할 수도 있을 것이기 때문이다.

우리는 오히려 지금까지 지녀온 자연관에 대해 비판적인 검토를 수행하지는 일에서 출발할 수밖에 없다. 이는 곧 근대 과학의 대두와 함께 폐기된 원시 자연관 즉 자연을 경외와 두려움의 대상으로 보던 과거의 자연관으로 되돌아감을 의미하는 것은 아니다. 우리가 자연에 대한 외경심을 버린 것이 지나치게 경솔한 일이었으나, 그렇다고 하여 과학에 의해 밝혀진 사실들마저 부인하고 이것으로 복귀할 수는 없는 일이다. 우리는 오히려 자연에 대해 과학이 보여주는 참 모습을 좀더 주의 깊게 들여다보고, 그 안에서 자연에 대해 우리가 취할 바른 자세가 무엇인가를 추구해나가는 것이 옳을 것이다.

그러나 과학이 보여주는 자연의 모습을 말하기 전에 과학적 앎이란 어

떤 성격을 가진 것인가에 대해 잠시 생각해 볼 필요가 있다. 우리가 과학
적 앎을 지닌다고 하는 것은 편협한 "지구인"의 눈에서 벗어나 "우주인"
의 눈을 얻게 된 것에 견주어 볼 수 있다. 우주의 시작과 함께 태어나 우
주의 성장과 변화를 지켜보았으며, 원자와 같은 작은 세계로부터 전 우주
와 같이 큰 세계로 그 몸을 자유자재로 늘였다 줄였다 하면서 우주 전체
의 모든 국면을 샅샅이 살펴내는 그 어떤 가상적인 "우주인"이 있다고
할 때, 과학적 앎이라고 하는 것은 마치도 이 우주인의 눈에 비친 세계와
흡사하다는 이야기이다.

사실 우리 모두는 역사가 시작된 이래 매우 오랫동안 지구인의 눈 밖
에 지니지 못하고 살아왔다. 지구 위에 고정시킨 우리의 눈에는 하늘의
별들이 높은 천구 위에 붙어 하루 한번씩 선회하는 신비한 작은 구슬들로
보였으며, 해와 달 역시 지구를 선회하며 밤낮을 밝혀주는 고마운 존재들
로 보일 뿐이었다. 그러나 이러한 우주의 모습은 코페르니쿠스가 등장과
함께 크게 달라졌다. 그의 이론은 말하자면 우리의 "눈"을 태양 위에 올
려놓은 셈이다. 지구와 여러 행성들의 운동을 태양을 중심으로 서술한다
는 것이 바로 태양 위에 서서 이들을 바라본다는 이야기이다. 곧 이어 갈
릴레오는 우리들에게 우주인의 "안경"을 씌워줬다. 망원경이라 불리는
그의 "안경"을 통해 우리는 천체들이 신비한 작은 구슬이 아니라 우리
지구 못지 않게 넓고 큰 세계들임을 알게 되었다.

그러나 이것은 오직 시작에 불과한 것이었다. 우리의 눈을 미래로 그리
고 과거로 자유자재로 옮겨줌으로써 천체들의 현재 위치 뿐 아니라 과거
와 미래의 위치까지도 정확히 추적할 수 있게 해준 뉴턴의 고전역학은 우
리의 눈을 시간 축에 따라 옮겨주는 조화를 부린 셈이며, 상대성이론과
기본입자이론에 바탕을 둔 오늘의 우주론은 우주가 갓 태어나는 모습과
함께 우주의 종말에 이르기까지 우주가 전개되어 나가는 전 과정에 대해
의미 있는 영상을 제공하고 있다. 아울러 양자역학과 통계역학은 미세한

원자 세계를 들여다봄으로써 물질계의 모든 현상을 새로운 차원에서 이 해할 수 있게 해주고 있다.

과학의 눈에 비친 생명

이러한 모든 것 가운데서도 특히 우리의 관심사가 되는 것은 이 우주 안에서 생명이 어떻게 발생하고 전개되어 나왔으며, 그 안에 인간은 또 어떠한 모습으로 태어났고 어떠한 역사적 그리고 생태적 양상 아래 살아 오게 되었는가 하는 점이다. 사실 우리가 이러한 우주인의 눈을 빌려 보 기 전에는 우리의 생명이 어떻게 하여 존재하게 되었으며 우리 자신이 이 안에서 어떠한 위치를 점유하게 되는지조차도 거의 알지 못하고 살아 왔 다. 우리는 오직 우주인의 눈이라 할 수 있는 과학을 통해 우리 자신이 근원적으로 어떠한 존재인가를 알아 볼 수 있게 되었으며, 이러한 점에서 과학이라고 하는 것은 우리 자신의 모습을 비쳐주는 거대한 거울이라고 도 할 수 있다. 그렇다면 거대한 거울이라고 할 이 우주인의 눈에 비친 우리 생명의 모습은 과연 어떠한가?

이 우주인의 눈에는 토끼 한 마리, 참나무 한 그루가 따로 따로 독자적 인 생명으로 비치지 않을 것이다. 그는 아마도 이미 대략 40억 년 전, 태 양으로부터 지구로 지속적인 에너지 흐름이 이루어지는 가운데, 우리가 흔히 "개체"라고 부르게 될 작은 분자 덩어리들이 형성되었다가는 해체 되고 형성되었다가는 해체되는 모습들을 눈여겨보았을 것이다. 이러한 개 체가 한번 형성되고 나면 상당한 기간 존속하게 되는데, 그 존속 기간은 개체가 지닌 구조적 특성과 주변 여건 사이의 관계에 따라 차이를 지닌 다. 수 억 년에 걸쳐 이러한 현상들이 반복되다가 어느 시점에 이르러 이 우주인은 다음과 같은 특이한 현상이 발생하는 것에 주목했을 것이다. 즉 어떤 한 개체가 우연히 형성되더니 이것이 지닌 기능의 일부로서 이와 구조적으로 거의 동일한 다른 개체들을 형성시키는 데에 결정적인 기여를 하는 모습이 나타난 것이다.

자체촉매적 기능이라 불리는 이런 특별한 기능이 발생하게 되면 새로 형성된 개체 역시 같은 구조적 특성을 가지게 되므로 처음의 것이 설혹 해체되더라도 후속 개체들은 계속 남아있게 된다. 그리고 이러한 과정이 한번 시작하게 되면 그 후속 개체의 수는 기하급수적으로 증가할 것이며 순식간에 전 지구를 덮게 될 것이다. 일단 이러한 상황이 전개되면 각각의 개체들은 주변의 동료 개체들이 존재한다는 점에서 새로운 여건에 접하게 되며 이 때 서로간의 협동을 통한 고차적 개체의 형성 또한 가능해진다. 한편, 우연히 발생한 이러한 개체가 주어진 여건 아래 이러한 기능을 가진 최선의 개체일 것이라고 생각할 이유는 없다. 흡사한 주변 여건 아래 약간 다른 구조적 특성을 지닌 개체가 놓이더라도 이러한 일이 일어날 수 있으며, 경우에 따라서는 이것이 더욱 효과적으로 이러한 작업을 수행될 수도 있다. 그러므로 만일 복제 과정에 약간의 과오가 발생하여 다소 다른 구조적 특성을 지닌 개체가 만들어지더라도 이것이 결과적으로 더 성공적으로 존속해가면서 더 효과적으로 복제를 해내는 개체가 될 수도 있는 것이다.

만일 우리의 우주인이 우리 지구의 과거를 계속해서 면밀히 관찰해 왔다면 이러한 일들이 우리 지구 위에서 수 없이 이루어져 내려왔음을 보았을 것이다. 시간이 지나가면 지나갈수록 좀 더 성공적으로 존속하고 복제해나가는 개체들이 생겨나고, 다시 이러한 개체들이 서로 결합하고 협동해가면서 온갖 신기한 모습을 지닌 여러 개체들이 형성되다가, 급기야 오늘 우리가 보는 동물과 식물 그리고 인간의 모습으로 변하는 놀라운 결과를 관찰했을 것이다.

여기서 특히 주목해야 할 매우 중요한 사실은 외형적으로 분리된 것으로 보이는 이러한 개체들은 이들이 놓여있는 매우 특별한 주변 여건 아래서만 생명체로서의 기능을 유지할 수 있을 뿐, 이를 떠나서는 그 생존이 전혀 불가능한 존재들이라는 점이다. 하나의 개체가 특정의 기능을 나타내게 되는 것은 이것이 지닌 구조적 특성이 이것이 놓인 여건에 적합할 때에 한하여 가능한 것이므로, 현재 지구 위에 살고 있는 모든 동식물과 우리 인간 하나하나도 태양과 지구라는 특수한 여건과 함께 주변 생태계와의 긴밀한 연계 아래서만 생명체로서의 기능을 할 수 있게 된다. 그리고 이러한 개체들의 유전자 속에 들어있는 생존정보는 물론 그 중추신경계 속에 담긴 감성과 의식조차도 최초의 개체에서 출발한 이러한 긴 전수과정을 통해 얻어진 것임에 유의해야 한다.

이제 이 모든 것을 관찰해 온 우주인의 눈에 의미 있게 여겨질 생명 현상이 있다면 이는 분리시켜서는 그 특성을 유지할 수 없는 이 전체로서의 체계, 즉 태양과 지구 사이의 에너지 흐름을 모태로 대략 40억 년 전에 탄생했으며, 이후 지속적인 성장과 번영을 이룩하면서 최근에는 인간과 같은 영특한 존재까지도 발생시켜 온 이 모두를 아우르는 그 무엇이 될 수밖에 없다. 이 우주인에 있어서 생명이라는 것은 40억 년을 이어 온 이러한 정보적 연계와 태양과 지구 그리고 그 안에 그물과 같이 짜여진 생태계적 연계를 떠나 생각할 수 없는 것이다. 우주인의 눈에 나타날 이러한 총체적 의미의 생명을 우리는 이 안에서 의존적 한시적 생존을 유지해 가는 하나 하나의 개체 즉 "낱생명"과 구분하여 "온생명"이라 부를 수 있다. 예컨대 한 마리의 토끼나 한 그루의 참나무가 가진 생명은 낱생명들인데, 이들은 모두 온생명이라고 하는 큰 틀을 떠나 독자적으로 생존해 나갈 수 없으며, 오직 온생명의 한 부분으로서 이것에 의존해서만 생존할 수 있는 존재들이다.[3]

---

3) 온생명에 대한 최초의 논문은 1988년 4월 당시 유고슬라비아 두브로브닉 (Dubrovnik)에서 있었던 Philosophy of Science Conference에서 발표된

이렇게 마련된 낱생명들은 그 자체로서 유한한 생존 기간동안 상당한 독자성을 부여받아 활동하면서, 이른바 자연선택이라 불리는 온생명 내적 기제를 통해 더욱 정교한 새 형태로 지속적인 변형의 과정에 놓이게 된다. 그리고 이러한 개체들은 다시 자신들 간의 일정한 유기적 관계를 형성함으로써 보다 높은 질서의 구현체인 상위의 개체를 이루어 나가기도 한다. 예컨대 대표적인 하위 개체인 "세포"들이 모여 상위의 개체인 "유기체"를 형성할 수 있으며, 다시 유기체들이 모여 더욱 상위의 개체라 할 수 있는 "공동체"가 이루어지는 것이다. 그리고 정신이라든가 문화와 같은 보다 고차적인 질서는 다시 이렇게 이루어진 상위 개체들인 유기체나 공동체를 바탕으로 가능해진다.

삶의 주체가 보는 생명

이상의 내용이 바로 현상으로서의 생명이 지닌 모습, 즉 외계로부터 방문한 우주인들이 파악한 우리 생명의 모습이다. 그런데 생명이 지닌 매우 특이한 성격은 이러한 생명 체계 안에서 자신을 주체로 파악하게 되는 "의식"이 발생한다는 점이다. 이러한 의식은 본질적으로 그 의식의 주체가 되어보지 않고는 파악할 수 없는 성격을 지닌다. 그러므로 제아무리 완벽한 지적 능력을 지닌 외계의 지성이라 하더라도 그 자신 이와 유사한 의식의 주체가 되어보지 않은 이상 이 의식을 이해할 방법은 없을 것이

Zhang, H. I. 「The Units of Life: Global and Individual」에서이며, 그 내용은 다시 Zhang, H. I. 「Humanity in the World of Life」, *Zygon* 24, 447-456(1989, December); 장회익, 「생명의 단위에 대한 존재론적 고찰」 『철학연구』 제23집, pp.89-105(1988); 장회익, 『과학과 메타과학』 제9장(지식산업사, 1990); 장회익, 『삶과 온생명』 제2부(솔출판사, 1998) 등에 발표되었다.

다. 반면 이러한 생명 안에서 이러한 생명의 일부로 태어난 우리는 이 생명을 주체적으로 의식할 수 있는 존재가 되어 있으며, 따라서 우리에게는 외계의 지성으로서는 파악할 수 없는 또 한가지 특이한 방식으로 이 생명을 이해할 수 있게 된다.[4]

여기서 중요한 점은 이 두 가지 생명 이해의 방식이 서로 다른 두 가지 대상에 대한 이해가 아니라 하나의 대상에 대한 두 가지 측면에서의 이해라고 하는 점이다. 그렇기 때문에 이들 이해 사이에는 필연적으로 일정한 관계가 맺어지게 된다. 예를 들어 의식의 존재와 그 존재 범위는 이 의식을 담아내는 물질적 바탕의 물리적 여건에 결정적으로 의존한다. 간단히 마취약만 투여해도 의식을 잃고 마는 것이 이를 입증하는 단적인 사례라 할 수 있다.

그런데 여기에 한가지 어려운 문제가 끼어 든다. 즉 이들 사이에 인과관계가 존재하는가 하는 문제이다. 생명 현상을 물리적 입장에서 바라보았을 때, 이것이 물리적 인과관계를 벗어난다는 아무런 증거도 찾을 수 없다. 이는 의식을 담당하는 물리적 기구에 대해서도 예외가 아니다. 그렇다면 의식 그 자체도 물리적 인과관계에 예속되는 것이며 따라서 의식 주체의 이른바 자유의지라는 것도 실은 물리적 인과의 사슬에서 벗어나는 것이 아니다. 그러나 이것은 우리가 주체적으로 느끼는 경험 사실과 모순되는 듯이 보인다. 우리는 제한된 범위에서나마 신체의 일부를 마음대로 움직일 수 있다. 내가 마음먹기에 따라 나는 내 팔을 들어올릴 수 있다. 그런데 이것이 이미 물리적 필연에 의해 들어올릴 수밖에 없게 되어있는 것이라면, 내 의지로 들어올렸다는 느낌은 한낱 허구라는 말인가? 누가 무엇이라고 말하든 경험의 주체로서 우리는 내 의지로 팔을 움직인다는 이 엄연한 경험 사실을 부정할 수가 없다. 그렇다면 이 문제는 어떻

---

4) 장회익, 『삶과 온생명』 제7장(솔출판사, 1998)

게 해명될 수 있는가?

바로 여기에 의식이 지닌 신비로운 속성이 있다. 그리고 이 신비의 열쇠는 의식이 물질을 바탕으로 일어난다는 사실을 좀더 깊이 성찰함으로써 찾을 수 있다. 내 의식이 물질을 떠나 있을 수 없는 것이므로 내가 어떠한 의식을 지닌다는 사실은 곧 내 신체를 구성하고 있는 물질이 이러한 의식을 가지도록 마련되어 있다는 이야기가 된다. 그러므로 내가 자유의지를 가지고 내 몸을 움직인다고 할 때에는 이미 내 몸이 이를 움직여낼 물리적 여건을 갖추고 그러한 움직임을 일으킬 상황에 당도해 있다는 것을 의미한다. 이는 곧 내가 자유를 느끼는 것만큼 내 몸이 이에 상응하는 여건에 놓여 있음을 말하는 것이다. 이 점에 있어서는 내가 보람을 찾고 행복을 찾는 경우도 크게 다를 것이 없다. 내가 보람을 찾게되고 행복을 찾게되는 것도 이미 내 몸의 물질적 바탕이 이러한 느낌을 일으킬 여건을 구성하고 있기 때문이다.

이렇게 생각할 때에 우리는 내 의지가 물질에 종속되는 것이 아닌가 하는 생각을 할 수도 있다. 그러나 전혀 그런 것이 아니다. 이러한 물질의 상황을 떠나 "내 의지"라는 것이 따로 있는 것이 아니기 때문이다. 그럼에도 불구하고 내가 의지를 발동하여 물질(몸)을 움직이게 하든가, 혹은 내가 물질(몸)에 이끌리어 그러한 의지를 발동하게 된다고 생각하게 되는 것은 우리가 무의식적으로 "나"라는 것과 "물질"이라는 것이 별개의 존재라고 하는 이원적 구도를 전제하고 있기 때문이다. 우리가 일단 이러한 이원론적 전제를 벗어나 마음과 물질이 한 대상의 다른 두 측면이라고 생각한다면 이러한 모순된 상황에서 어렵지 않게 벗어날 수 있다.

그러나 설혹 우리가 이러한 점을 인정한다 하더라도, 일정한 형태의 물질적 구도 즉 우리의 중추신경계가 이루어진다고 하여 그 안에서 "나"라고 하는 의식이 발생한다고 하는 사실은 적어도 현대 물리학의 틀 안에서는 해명해낼 수 없는 커다란 하나의 신비라고 해야 한다. 물리학 그 자체는 사물의 물질적 측면에 대한 서술을 일관되게 해내는 것이며, 적어도 물질적 측면에 관한 한, 생명체라든가 심지어 사람의 의식을 발생시키는 중추신경계에 대해서도 예외가 허용되지 않는다. 그러면서도 그 안에 이러한 물리적 질서를 전혀 거스르지 않으면서도 자기의 의지에 따른 주체적 삶을 영위해나갈 수 있는 존재가 나타날 수 있다는 것은 물리학에 의해 전혀 설명될 수 없는, 그러면서도 전혀 모순되지도 않는, 새로운 차원의 사실이다. 오직 우리는 이러한 주체 자체가 우리들 자신이라는 점에서 이러한 삶의 기회를 부여받은 자신에 대해 스스로 경탄을 금치 못할 뿐이다.5)

주체가 의식하는 "나"와 "내 몸"

이미 언급한 바와 같이 이러한 의식은 물질적 바탕을 떠나서 발생하는 것이 아니다. 이러한 의식은 사람의 신체 특히 그 중추신경계를 통해 발생하며 좀더 정확히 이야기하자면 의식이라는 것은 이러한 물리적 기구의 주체적 양상이라고 말할 수 있다. 그러나 설혹 그렇다 하더라도 이러한 물리적 기구 자체가 곧 이 의식이 나타내는 주체의 내용에 해당하는 것은 아니다. 사실 의식의 주체로서는 자기 의식을 가능하게 하는 물리적 기구가 어디 놓여있는 어떤 것인지도 잘 알지 못한다. 그러면서도 의식은 주체로서의 "자기"를 곧잘 상정하게 되는데, 이것이 우리가 흔히 말하게

---

5) 이 문제는 철학자들 사이에서 오랫동안 논란의 중심이 되어왔던 이른바 신체(body)·정신(mind) 문제이다. 여기서 취하는 관점은 "하나의 실재에 대한 내외 양 측면론"이라 할 수 있다. 이 가운데 한 측면 즉 외적 측면은 과학적 서술의 대상이 되고, 다른 한 측면 즉 내적 측면은 오직 주체적 성찰의 대상이 될 뿐이다. 우리 이 두 측면을 함께 고찰할 때, 이는 과학적 고찰을 넘어선 메타적 고찰이 된다.

되는 "나"의 내용이다.

그렇다면 우리의 의식이 상정하고 있는 "나"란 무엇을 말하는 것인가? 우리의 일차적인 상식에 의하면 이것은 곧 "내 몸" 즉 의식을 일으키는 사람의 신체를 지칭하게 된다. 그런데 좀더 깊이 고찰해 보면 "나"라는 내용 속에는 신체로서의 내 몸만이 들어있는 것이 아니다. 오히려 인격체로서의 "나", 그리고 한 삶의 주체로서의 "나"가 더 중요한 내용으로 담기게 된다. 가령 누가 나를 힐난한다고 할 때에 내가 느끼는 불쾌감은 내 신체에 위해가 오기 때문에 느끼는 것이 아니다. 한 인격체로서, 한 삶의 주체로서 "나"가 지니고 있는 위상에 손상이 오기 때문일 것이다. 이렇게 생각해 볼 때 "나"라는 것이 지니고 있는 내용은 단순한 신체의 범위를 크게 벗어나 정신적 삶이라고 하는 새로운 차원의 존재성을 확보하게 된다. 그러나 이러한 새 차원의 "나"라고 하더라도 신체적 의미의 내 몸과 완전히 결별할 수 있는 것은 아니다. 우선 이것을 느끼는 내 의식 자체가 내 신체를 통해서만 작동하는 것이며, 또 내 신체를 건강하게 그리고 안락하게 보존하는 일 자체가 결코 간단한 작업이 아니기에 내 몸이 주체적 삶의 주요 관심사에서 쉽게 벗어나지는 못하게 된다.

여기서 우리는 주체적 의식이 내포하고 있는 "나"의 범위 안에 최소한 신체로서의 자신의 몸과 인격체로서의 한 개인이 포함되어야 함을 알 수 있다. 그러나 이것은 일단 최소의 요건일 뿐 삶의 주체로서의 "나"가 지니고 있는 개념의 범주 안에는 보다 확장된 내용을 쉽게 담을 수 있다. 이것이 곧 함께 살아가는 공동 주체로서의 "우리"의 개념이다. 우리의 삶은 결코 하나의 낱생명인 단독 개체로 분리되어 이루어지지 못한다. 같은 목표를 지향하여 협동해 살아가는 다수 개인의 집단이 많은 경우 의미 있는 삶의 단위를 형성하고 있으며, 이렇게 될 경우 "나"의 범위를 넓혀 자신을 포함한 이 전체 집단을 새로운 하나의 주체로 인식한 개념이 바로 좀 "더 큰 나"인 "우리" 개념이다. 말할 것도 없이 이러한 "우리"를 형성하는 가장 전형적인 경우가 자신과의 혈연관계를 가장 가까이 맺고 있는 가족 단위로서의 "우리"이다.

우리는 다시 이러한 "나"의 의식이 어디까지 확장될 수 있는가 하는 점에 관심을 가져 볼 수 있다. "나"의 의식이 어디까지 확장될 수 있는가 하는 문제는 원칙적으로 내가 "나"로 느끼게 되는 범위가 어디까지냐 하는 것으로 규정될 수밖에 없다. "나"라고 하는 것 자체가 내가 "나"로 의식하는 것 바로 그 이상도 그 이하도 아니기 때문이다. 그러나 여기서 우리가 반성해 보아야 할 점은 이러한 우리의 의식이 우리가 처한 상황에 대한 객관적 인식의 내용과 무관하지 않다는 사실이다. 우리가 주변의 상황을 어떻게 파악하고 있느냐에 따라 이것이 내 몸의 일부로 느껴지기도 하고 그렇지 않게 느껴지기도 한다. 가령 주변에 서 있는 나무가 바람에 쓰러져 말라가고 있을 때, 내가 아픔을 느낀다면 이것은 내가 이 나무를 내 몸의 일부로 느끼고 있다는 증거라고 할 수 있다. 그러나 이러한 아픔은 반대로 내가 이 나무를 내 몸의 일부로 보고 있느냐 아니냐에 따라 느껴질 수도 있고 느껴지지 않을 수도 있다. 이 나무가 나와는 아무 관련도 없는 존재라고 생각하는 사람에게는 아마도 이러한 아픔이 전혀 느껴지지 않을 것이다.

그러므로 어디까지를 "나"의 일부로 보아야 할 것인가 하는 점은 현재 어디까지가 "나"의 일부로 느껴지느냐 하는 기준에만 맡겨 둘 것이 아니라, 내 주변 상황에 대한 합리적 성찰에 의해, 어디까지를 "나"의 일부로 보는 것이 마땅한가에 대한 올바른 판단에 이르는 것이 중요하다. 특히 이러한 구분을 온당하게 해내는 것이 중요한 이유는, 이 구분여하에 따라 이것에 대한 내 느낌만이 달라지는 것이 아니라, 이에 대처하는 내 행위의 내용에 크게 영향을 미칠 것이기 때문이다. 즉 이것이 내 몸의 일부냐 아니냐에 따라 거기에 대하는 내 자세가 크게 달라진다는 것이다.

그렇다면 그 어떤 대상을 내 몸의 일부로 보아야 하는지 혹은 내 몸밖에 있는 환경으로 보아야 하는지를 판정할 기준은 어디서 찾을 수 있는가? 이 점을 생각하기 위해 우리는 기왕에 내 몸이라고 판정된 대상은 어떠한 성격에 의해 이러한 판정을 받게 되었는지를 살펴보는 것이 하나의 방편이 될 것이다. 이러한 점에서 우리는 내 몸이 도대체 어떠한 특성을 가졌기에 이를 "나"의 일부로 보게 되는가를 생각해 볼 필요가 있으며, 그 결론으로 우리는 내 몸이 지닌 다음과 같은 세 가지 특성을 제시해 볼 수 있다.

첫째는 이것이 통합의식의 단위를 이룬다는 점이다. 의식이 가능하기 위해 우리의 몸 안에 하나의 중추신경계가 형성되어야 하는데, 이는 두뇌에 놓인 의식의 중추부분과 신체 각 부분에까지 뻗어있는 말단신경으로 구성되어 있다. 이러한 중추신경계는 신체 전반에 걸쳐 발생하는 여러 상황들을 지속적 통합적으로 점검하면서 수면 시간을 제외한 거의 모든 시간에 그침 없이 작동하고 있다. 이와 함께 자신이 경험한 주요 내용들을 단기 혹은 장기적인 정보로 보존하며 필요에 따라 이를 이끌어내어 활용하고 미래에 대한 계획도 수립하여 이를 수행해나간다. 한마디로 우리의 몸은 과거의 경험, 현재의 상황 그리고 미래의 계획까지 아우르는 총체적 정신활동을 일원적으로 관장하는 통합적 의식의 단위를 이룬다고 할 수 있다.

그리고 둘째로 우리의 몸은 생존을 위해 필수적으로 유지되어야 할 자체보존의 단위가 된다. 우리의 몸이 만일 정상적인 기능을 유지할 수 있는 상태에서 벗어나게 되면 우리의 생존이 불가능해지며, 따라서 이것은 지속적인 보살핌의 대상이 될 수밖에 없다. 그리고 여기서 또 한가지 유의해야 할 점은 이것은 서로 분리되어서는 정상적인 기능을 수행할 수 없는 하나의 유기적인 연계 단위를 이루고 있다는 점이다. 즉 우리의 몸이란 토막 토막으로 나누어질 수 없는 하나의 전체를 이룬다는 점이다.

그리고 셋째로는 이것의 안위가 삶 그 자체의 행복 여부와 직결된다는 점이다. 신체의 불편 혹은 결함이 삶을 즐겁게 영위해나가는 데에 얼마나 큰 영향을 주고 있는가는 더 이상 논의할 필요가 없다. 특히 내 몸에 그 어떤 상해가 발생하면 나는 이것을 곧 아픔이라는 형태로 받아들이게 되며, 반대로 내 몸이 안락한 상태에 놓이게 되면 내 마음 또한 여기에 준할 만큼의 행복을 느끼게 된다. 즉 "내 몸"과 주체로서의 "나" 사이에는 이런 특별한 심적인 관계를 유지하게 된다.

일단 우리가 "내 몸"이라는 것이 가지는 이러한 특성들을 인정한다면, 우리는 이를 바탕으로 하여 우리 주변의 대상들에 대해 이것이 내 몸에 해당하는 것인지 아닌지에 대한 좀더 객관적인 판정을 시도해 볼 수 있다. 이렇게 할 경우 그 어떤 대상이 내 몸에 해당하는 모든 특성을 다 갖추었다고 하면 이를 굳이 내 몸이 아니라고 하는 것이 잘못된 판단이었음을 알 수 있으며, 반대로 내 몸이라고 생각했던 것이 사실은 이러한 기준에 맞지 않는 것이었다고 하면 내 몸이라고 생각했던 것 자체가 잘못된 판단이었다고 말할 수 있다.

내 몸으로서의 온생명

우리는 이제 이러한 기준을 활용함으로써 앞서 논의한 "온생명"이라는 것이 "내 몸"이라고 보기에 적합한 것인지에 대해 생각해 보기로 한다. 그렇게 하기 위하여 우리는 먼저 "내 몸"이 지닌 첫 번째 특성 즉 이것이 하나의 통합의식을 형성하는 단위를 이루고 있느냐 하는 점을 생각해 보아야 한다. 온생명은 우리 신체의 범위를 넘어서므로 우리의 신경세포들로만 구성된 중추신경계만으로는 온생명 전체를 포괄하는 통합의식을 이루어내기 어렵다. 그러나 우리 인류는 이미 온생명 전역에 걸치는 인공 정보 채널을 마련하고 있으며, 이를 통해 형성되는 정보가 우리의 오관을 통해 우리 중추신경계에 전달되고, 반대로 우리 중추신경계에 형성된 의식 내용이 이러한 인공 정보 채널을 통해 온생명 전체로 그 영향을 미쳐나가는 구조를 지니게 되었다. 다시 말하면 우리는 적어도 기왕의 "나"를 중심에 둔 확대된 중추신경계를 통해 "확대된 나"를 의식할 수 있는 물리적 체계를 갖추고 있다는 이야기를 할 수 있다. 다만 여기에 각 개인이 느끼는 "나"들 사이에 다소의 차이가 있을 것이며, 이러한 차이에 의해 나타나는 서로 다른 "나"들은 하나의 "나"가 지닌 서로 다른 표현인가, 아니면 본질적으로 서로 다른 "나"들이 함께 하고 있는가 하는 문제가 발생한다. 이 문제는 앞에서 이미 언급한 "우리"로서의 나를 개입시키면 쉽게 풀릴 수 있는 문제이다. 그러나 설혹 이러한 개념을 개입시키지 않더라도 각 개인들이 지닌 특유의 내용만을 예외로 한다면 이 모두는 하나의 큰 "나"를 각자가 지닌 의식 기구를 통해 함께 의식하는 성격을 지닌 것으로 해석할 수 있다. 결국 이러한 큰 "나" 속에 담겨 공유되고 있는 내용은 인류가 오래 전부터 형성해 내려오고 있는 이른바 "문화"라고 불리는 내용과 크게 다르지 않을 것이다.

둘째로 온생명 자체가 생존을 위해 필수적으로 유지되어야 할 자체보존의 단위가 되는지를 살펴보아야 할 것인데, 이 점이야말로 온생명이 지닌 가장 중요한 특징을 이루는 사항이다. 생명이 존재하기 위해 갖추어야 할 기본 여건을 구비한 최소의 단위가 바로 온생명이므로 이것이야말로 유지 보존되어야 할 기본적인 단위가 될 수밖에 없다. 이와 함께 온생명은 그 최초의 출현 단계에서 오늘에 이르기까지 그 생존의 모든 단계에서 구성요소 하나 하나 사이의 긴밀한 협동을 통해 성장해 온 하나의 거대한 유기적 체계이며, 임의롭게 분리시켜서는 그 기능을 다 할 수 없는 하나의 전체를 이루고 있다.

셋째로, 온생명을 내 몸으로 보기 위해서는 이것의 안위에 대한 관심사가 내 삶에서 느끼게되는 행복 여부와 관련이 있는지를 살펴보아야 한다.

사실 온생명의 일부가 손상을 입는다고 하여 우리 몸이 상해를 받을 때와 같은 직접적인 아픔을 느끼는 것은 아니다. 그러나 일단 온생명의 중요성을 인지하고 이것과 내 삶과의 관계를 파악하고 나면 사정이 크게 달라질 수 있다. 온생명이 위해를 입을 때 이것이 설혹 생리적인 아픔으로 느껴지지는 않는다 하더라도 심리적인 고통이 느껴질 것은 분명하며, 온생명의 안위가 위협받는 상황을 눈앞에 보고 있으면서 우리가 여전히 안락한 주체적 삶을 영위해나갈 수 있으리라고는 기대하기 어렵다.

이러한 점들로 미루어 볼 때 우리는 온생명 자체를 내 몸으로 생각해야 할 충분한 이유를 갖추었다고 말할 수 있다. 사실 내가 지닌 본능과 심성 그리고 우리의 지능에 이르기까지 이 모든 것이 짧은 내 생애 안에서 이루어진 것이 아니라 40억 년이라는 긴 진화과정을 통해 이루어진 것이며, 내 생각과 지식 이 모든 것이 내 개인의 경험 속에서 얻어진 것이 아니라 장구한 역사를 통해 걸러지고 다듬어진 우리의 문화 속에서 빚어진 것임을 생각할 때, 내 정체성은 한낱 낱생명으로서의 나로 규정될 것이 아니라 온생명으로 대표되는 공동 주체의 한 부분으로 여겨지는 것이 옳을 것이다.

이와 관련하여 우리는 온생명 안에서 차지하고 있는 인간의 위치를 생각해 볼 수 있다. 인간 역시 온생명 안에서 생존해 가는 하나의 낱생명이어서 인간의 생존 방식 또한 여느 낱생명이 지니는 생존양상과 크게 다를 바 없다. 그러나 인간은 여타의 낱생명들과는 달리 자기 스스로를 의식할 뿐 아니라 최초로 자신이 속한 생명의 전모 즉 온생명까지를 파악할 수 있는 존재가 되어가고 있다. 이미 언급한 바와 같이 우리는 인위적인 정보의 채널을 마련하여 온생명의 전 영역에 미치고 있으며, 우리의 의식의 단위를 온생명 전체로 확장해나가고 있다. 이러한 우리의 정보 채널은 우리 신체 안의 중추신경계와 유사한 역할을 해내고 있으며, 우리가 공동으로 만들어내고 있는 "문화"라고 하는 것은 우리 개개인이 지닌 "마음"과 유사한 성격을 지니고 있다.

우리가 만일 이러한 점들을 인정한다면 온생명 안에서 인간이 차지하는 위치는 마치도 인간 신체 안에서 신경세포들이 차지하는 위치와 매우 유사하다고 말할 수 있다. 이는 곧 인간의 문화를 통해 마련된 이 확장된 의식이 온생명을 바로 자기 자신이라고 파악하는 주체로 등장했음을 의미하는데, 이를 다른 각도에서 해석해 보면, 온생명 자체가 바야흐로 자의식을 지닌 새로운 존재로 깨어나고 있다는 이야기가 된다. 이러한 점에서 인간의 출현은 온생명 자체의 입장에서 볼 때 의미심장한 사건이라 아니할 수 없다. 마치도 인간이 어느 정도 성장하면 스스로의 신경망을 통해 자기 스스로를 의식할 수 있는 존재가 되듯이, 우리 온생명도 생명으로 출생한 이래 40억 년 동안이나 자의식이 없는 존재로 생존해오다가 이제 인간이라는 특별한 존재를 통해 최초로 자기 자신을 의식하는 주체적 존재로 깨어나고 있기 때문이다.

그러나 여기서 우리가 특히 강조해야 할 점은 인간이 생각하게 되는 이러한 온생명 의식은 객체로서의 온생명이 느끼는 의식일 뿐 아니라 인간 주체의 연장선에서 인간이 느끼는 인간의 자기 의식이라는 점이다. 이것은 기왕의 주체인 인간의 작은 "나"가 그 중심에 놓이면서 자신의 의식을 내부로부터 온생명 전체로 확대해 나갈 수 있기 때문이다. 이 점이 바로 인간이 온생명을 제 삼의 실체가 아닌 바로 "내" 몸으로 의식하게 되는 중요한 근거가 된다는 점에 특히 유의할 필요가 있다.

"내 몸"으로서의 자연과 "환경"으로서의 자연

그렇다면 이러한 논의를 확장하여 자연 전체를 "내 몸"으로 보는 것도 가능할 것인가? 그렇지는 않을 듯하다. 우리가 여기서 특히 주목해야 할 점은 온생명과 자연은 그 외연이 일치하지 않는다는 사실이다. 외연이 일치하지 않을 뿐 아니라 사실 온생명은 자연의 극히 작은 일부분일 뿐이다. 그럼에도 불구하고 우리 "지구인"의 시각에서는 온생명과 자연이 잘 구분되지 않았던 것이 사실이다. 우리가 지구상에서 살면서 자연이라고 생각해 왔던 것 대부분이 실은 온생명의 한 부분들을 이루는 것이었다. 인간의 육안에 들어오는 대상들 가운데 온생명의 부분에 속하지 않는 것이라고는 태양을 제외한 외계의 천체들뿐인데, 이른바 "별"이라고 불리는 이 천체들은 인간이 지금까지 생각해 온 자연의 범주에서 보자면 한갓 밤하늘을 수놓는 장식품 이상의 구실을 하는 것이 아니었다. 그러므로 온생명에 해당하는 내용을 파악하여 이를 자연 전체로 확대 해석하는 것은 너무도 자연스런 일이었다고 할 수 있다.

그러나 우리가 일단 지구인의 편협한 일상적 시각에서 벗어나 현대 과학이 마련해 준 "우주인"의 시각을 통해 다시 본다면 자연에 대해 전혀 다른 모습들을 찾아 볼 수 있다. 우리가 지금 자연이라 부르게 되는 우리 우주는 대략 150억 년 전에 "대폭발"과 함께 태어나 팽창을 계속하는 가운데 현재 반경 백억 광년에 해당하는 광활한 공간을 이루고 있으며, 그 안에 수 천억 개의 은하들이 퍼져있다. 이러한 은하 하나 하나 안에는 다시 태양 규모의 별들이 수 천억 개씩이나 들어있다. 이 많은 별들 가운데 몇 개의 별에서 생명이 발생하고 있는지, 즉 몇 개의 별 안에 온생명이 이루어지고 있는지 우리는 현재 알 길이 없다. 우리는 오직 하나의 온생명만을 알고 있으며, 이것이 바로 태양과 지구 사이에 형성되어 있는 우리 온생명이다.

우리가 속해있는 이 온생명은 지구 위의 물과 공기, 그리고 산과 들을 포함하는 모든 물리적 여건들과 그 안에 살아가는 모든 낱생명들을 품고 있는 우주내의 극히 특수한 작은 한 영역에 해당한다. 이것이 바로 온생명으로서의 우리 "몸"에 해당하는 부분이다. 우리 낱생명의 몸이 일정한 생리 질서를 따르는 정교한 구조를 유지해야 하는 것과 같이, 우리 온생명의 몸도 "온생명의 생리" 질서를 따르는 정교한 생태 구조를 유지해나가야 그 안에 생명을 존속시킬 수 있다.

그럼에도 불구하고 이 안에서 태어나 이 안에서만 줄곧 살아 온 우리는 낱생명으로서의 생존유지에 급급했던 나머지 이것을 자연의 전부인 것으로 생각하면서, 어이없게도 자신의 "몸"의 일부라고 할 온생명을 두려움의 대상이나 극복의 대상으로 지목하고 이에 대한 개발과 수탈에 열을 올려 온 것이다. 그러나 자연의 이 부분은 실제로 우리의 몸에 해당하며 이러한 점에서 이는 우리의 환경이 아니라 우리의 주체에 속하는 부분이 된다.

그러나 위에서 언급한 바와 같이 우리가 지금까지 자연이라 생각해 온 내용은 대부분 온생명으로서의 우리 몸에 해당하는 극히 제한된 부분이며, 우리가 미처 잘 알지 못했고 우리의 힘이 미치지 않았던 자연의 그 나머지 부분은 온생명의 외부에 속하는 것으로서 앞으로 온생명 자체의 중요한 활동 무대가 될 수 있는 부분이다. 그러므로 우리가 자연과 조화를 이룬다고 하는 것은 온생명의 일부인 우리가 온생명의 건강한 생리에 맞추어 살아가는 동시에 온생명 밖에 놓인 나머지 우주에 대해서도 겸허한 자세로 신중한 새 관계를 맺어나가야 함을 의미한다. 그러나 자연의 이 나머지 부분에 대해서는 우리의 몸 즉 우리 주체에 해당하는 부분이라 보기보다는 오히려 온생명의 장래 활동무대로 보는 것이 더욱 적절할 듯하다.

이러한 관점은 자연 전체를 우리의 몸 또는 우리의 주체로 보는 관점과 구분된다. 이미 언급했듯이 자연 전체를 우리의 몸으로 보는 관점은 온생명을 우리의 몸으로 보는 관점에서 파생한 것일 수 있다. 그리고 우리의 현실적 영향권에서 크게 벗어나 있는 별들의 세계를 제외한다면 이 두 가지 관점은 사실상 대등한 것일 수 있다. 그러나 우리가 자연에 대한 현대 과학적인 이해를 전제할 경우 이 두 관점의 사이에는 실질적인 차이가 발생하게 된다. 만일 우리가 자연을 우리의 몸으로 보는 입장을 취하게 되면 우리는 자신을 우주 전체와 일체화시키는 입장에 서게 되는데, 이는 우리의 몸을 너무 넓게 설정함으로써 우리가 특별히 돌보아야 할 부분 즉 우리 온생명에 대한 관심을 상대적으로 희석시키는 약점을 지니게 된다. 그리고 우주 전체는 우리의 의지 여하에 따라 그 안위가 좌우될 성격을 지닌 것이 아니므로 자연은 우리가 보살펴야 할 대상이라기보다는 그 자체로서 생명을 지니는 신비로운 존재가 될 것이며 그 신비의 한가운데서 우리가 주체로 들어서서 신이 누릴 자리를 점유하는 것과 같은 상황을 연출하게 된다.

온생명의 건강문제

반면에 우리가 온생명을 우리의 몸으로 생각할 경우에는 온생명 즉 우리의 몸이 건강을 상실할 가능성을 현실적으로 염려하게 된다. 우리 온생명 또한 하나의 생명체로서 병적인 상황에 놓일 수 있으며, 심지어 사멸해버릴 가능성까지 가지고 있는 존재이기 때문이다. 우리 주위에는 아직 온생명의 건강을 진단할 전문적인 "온생명 의사"가 존재하지 않지만, 정황적인 증거들을 놓고 볼 때에 우리 온생명은 현재 건강을 크게 훼손하고 있으며, 그 원인으로서 우리는 바로 인간을 지목할 수 있다. 인간은 지금 온생명의 정상적인 생리를 심각하게 왜곡시키고 있을 뿐 아니라 이를 아예 사멸시킬 수도 있는 존재가 되고 있는 것이다.

온생명에 대한 이러한 인간 행위는 신체에 대한 암 세포의 행위에 비교될 수 있다. 암 세포란 신체에 침입해 온 외부의 침입자가 아니라 바로 자기 신체의 일부이다. 이것은 단지 신체 안에서 스스로를 무제약적으로 증식시켜나가는 성질을 가지는데, 이러한 증식이 신체의 정상적 기능을 가로막게 되고 급기야는 죽음을 불러오는 것이다. 인간 또한 암 세포와 같이 온생명의 주요 부분을 점유하여 서식하면서, 이를 자신의 번영과 증식만을 위해 변형시키는 모습을 보여주고 있다.

이제 이러한 사실을 확인하기 위하여 다시 한번 지구상의 인구가 얼마나 빨리 증가하는지에 대해 살펴보자. 앞에서 보아온 바와 같이 초기 생존에 어려움을 겪었던 인류는 대략 4만 년 전부터 수렵, 채취 등 원시적 형태의 생활을 통해 지구 전역에 퍼져 살면서 오랫동안 대략 400만 정도의 인구로 생태계와의 균형을 유지하고 있었다.6) 그러다가 약 1만 전 문명을 이루어가기 시작하면서 그 숫자가 증가하기 시작하여 최근에는 60억을 넘어섰다. 이를 생물학적으로 보자면, 문명 이전에 대략 400만으로 생태학적 균형을 이루던 개체 수가 이른바 문명을 통해 그 1,500배에 해당하는 60억으로 증가했음을 말해 준다. 이는 생태계에 대해 그 만큼의 과부하가 가해졌음을 의미한다. 이만한 규모의 인구를 부양할 생필품을 이 생태계 어디에서인가 짜내어야 하기 때문이다.

그러나 이러한 인간의 개체 수 증가와 생태계에 가해지는 부담의 증가만을 놓고 암적인 증상이 나타난 것이라고 해석하는 데에는 반론이 있을 수 있다. 인간에게 있어서 정신적 기능이 중요하듯이 온생명에 있어서도 정신적 활동이 중요한 의미를 지니는 것이라고 한다면, 주변 생태계의 적지 않은 희생을 대가로 하여 형성된 인간의 문명이라는 것이 온생명의 단순한 병적 증상만이 아닌 건강한 성장의 한 과정이었다는 주장을 펴볼 수도 있기 때문이다. 사람 신체의 경우 태아의 두뇌 부분은 출생 이전에 이미 불균형에 가까울 만큼 급성장을 하는데, 이는 결국 정신적 활동에 필요한 여분의 중추신경계를 마련하기 위한 과도기적 현상이라고 해석될

---

6) L. R. Brown and C Flavin, 앞의 글.

수 있는 것이다.

이러한 관점에서 보자면 생태계 안에서의 인간의 과잉 번영은 온생명의 정신적 중추를 형성하기 위한 과도기적 상황이었다고 말할 수도 있다. 그러나 오늘의 실정은 이러한 과도기적 상황이 허용할 범위를 크게 넘어선 것으로 보인다. 이러한 판단을 뒷받침하는 많은 현상들 가운데 하나가 주변 생물종들의 멸종이다. 인간 번영의 대가로 지구상의 생물종의 멸종속도는 정상적인 멸종속도의 1,000 배를 넘어서고 있다. 생물학자 에드워드 윌슨의 추산에 따르면 연간 27,000종의 생물이 멸종되고 있다고 하는데, 이러한 비율로 나가다가는, 현재 지구상의 생물종의 수를 대략 3,000만 종으로 추산할 때, 앞으로 1,000년이면 모두 멸종하고 만다는 이야기가 된다.7) 이것은 이미 40억 년을 생존해왔고 앞으로 적어도 그 이상의 기간을 태양계 안에서 생존할 수 있는 우리 온생명으로서는 비극적인 진단이 아닐 수 없다.

그렇다면 어떻게 할 것인가? 우리는 원시 생태계로 되돌아 갈 수는 없지만 이것이 하나의 준거가 되어 우리가 지향할 방향을 선택하는 데에 도움을 받을 수는 있다. 우리가 무리하게 원형을 되찾으려 하기보다는 오늘의 상태에서 출발하여 아주 조심스럽게 보다 건강한 상태로 전환할 가능한 방책을 모색해야 하는 것이다. 이는 마치도 중병에 걸려있는 환자가 하루아침에 건강한 신체로 복귀하려는 무리를 범해서는 안 되는 사정과 흡사하다. 중요한 것은 우리 자신이 스스로 환자임을 자인하는 일이다. 그것이 바로 환자가 스스로를 치유 받는 첫 걸음이 된다. 그리고 이러한 인식은 자연 특히 그 가운데 우리 온생명 부분이 환경이 아닌 주체 즉 내 몸임을 철저히 인식하는 일이다.

---

7) E. O. Wilson, *The Diversity of Life*(Harvard University Press 1992) p.268; E. O. Wilson, *The Future of Life*(Alfred Knopf, New York 2002) pp.98-102.

장회익의 메타과학

소 홍 렬(포항공대, 철학)

1. 메타과학의 과학과 철학

장회익 교수와 나는 과학철학을 강의한다는 공통점을 가지고 있다. 그러나 나는 철학자이고 장회익 교수는 과학자이다. 우리가 강의하는 과학철학은 장회익 교수가 말하는 "메타과학"(Metascience)에 해당한다. 과학철학의 개념과 역사가 다양한 내용을 포함하고 있지만 우리가 강의하는 과학철학은 **메타과학**이라고 하는 것이 가장 적절하다.

메타과학은 우선 과학(science)과 비교해서 그 연속성과 불연속성을 규정해주어야 한다. 말하자면, 현대과학을 바탕으로 하면서 아직은 과학적 방법으로 검증될 수 없는 문제에 대한 이야기를 하자는 것이다. 과학적으로 이론화될 수는 없지만 현대과학이 허용하는, **과학적**이라고 할 수 있는 세계관을 세워보자는 것이다.

메타과학에서 주장되는 내용은 과학의 발전에 따라서 과학적 이론으로 받아질 수 있으리라는 희망을 갖게 한다. 다만, 과학의 발전 그 자체가 한계성을 가지고 있다면 적어도 우리 인간이 하는 과학의 역사 안에서는 과학적 이론이 될 수 없는 메타과학의 주장이 남아있을 수 있다. 이런 뜻에서 메타과학(metascience)은 **유사과학**(pseudoscience)과 같은 의미를 가질 수 있으나 유사과학에 포함되는 반과학적인 또는 미신적인 믿음 같은 것은 메타과학의 주장이 될 수 없다. 유사과학에는 **가짜 과학**이란 뜻도 있다. 메타과학은 과학에 위배되는 주장을 하자는 것이 아니다.

메타과학(Metascience)은 새로운 형이상학(metaphysics)이라고 할 수 있다. 메타과학을 "과학철학"이라고 할 수 있는 것은 메타피직스가 "형이상학"이 된 것과 비슷한 이유 때문이다. 메타과학의 문제들은 형이상학적 문제를 포함하면서 훨씬 더 많은 대상들을 다룰 수 있게 한다. 현대과학이 방법론적 엄밀성과 제한 때문에 다루지 못하는 문제들 중에서 철학적 관심의 대상이 되는 것은 무엇이든 다루고자 하는 것이다. 그러므로 메타과학은 **과학철학**이 될 수 있는 것이다.

우리가 메타과학이라는 과학철학에서 만날 수 있는 것은 이처럼 과학과 철학이 만나는 문제영역에 관심을 갖기 때문이다. 장회익 교수는 철학을 이해하는 과학자이다. 나는 과학을 이해하고자 하는 철학자라고 할 수 있다. 메타과학은 우리 같은 과학자와 철학자가 만날 수 있는 영역이라는 뜻이다. 물론 지금은 과학자이면서 철학자인 사람이나 철학자이면서 과학자인 사람이 있으므로 그런 사람이야말로 메타과학의 주인이라고 해야 할 것이다.

　　메타과학이 철학의 전통적인 형이상학을 대신하게 되리라는 생각을 하면 미래의 철학자들은 과학자—철학자가 되어야 하겠다는 주장도 가능하다. 그러면서 미래의 과학자들 중에는 철학자—과학자가 더 많이 있어야 하리라는 생각도 함께 하게 된다. 장회익 교수는 우리의 철학계와 과학계에서 이런 의미의 선구자 역할을 해주고 있다.

　　그런데 메타과학에서 만나게 된 장회익 교수와 나의 관계에서 특이하게 나타나는 한 가지 현상이 있다. 아마 이것도 우리 세대의 과학철학에서 나 볼 수 있는 것인지도 모른다. 그러니까 장회익 교수가 현대과학을 바탕으로 한 메타과학의 문제를 제기하면서 자기 주장을 조심스럽게 펴나가면, 철학자인 나는 장회익 교수의 그런 주장을 좀 더 자유롭게, 좀 더 과감하게 철학적으로 확장시키고 전개시키기를 요구한다는 것이다.(「온생명과 온정신」, 『과학철학』, 1999 봄, pp.111-129.) 이러한 나의 요구와 철학적 비약에 대하여 장회익 교수는 철학을 이해하는 과학자로서 수용할 수 있는 부분을 조심스럽게 받아들이면서 새로운 문제제기를 한다. 새롭게 자신의 주장을 정리하고 전개한다.(「생명이해의 논리」, 『과학철학』, 1999 가을, pp.89-111.)

　　이러한 우리의 대화가 멈출 수 없으리라는 것은 쉽게 짐작할 수 있을 것이다. 메타과학의 영역은 언제나 새로운 문제를 제기할 수 있게 하기 때문이다. "장회익의 메타과학(Metascience)"이라고 한 이 글에서도 장회익 교수가 주장해 온 메타과학의 내용을 그냥 소개하자는 것이 아니다. 그의 메타과학을 바탕으로 하여 또 한번 철학적으로 그 내용을 발전적으로 전개시켜 보자는 것이다. 과학자인 장회익 교수가 여기 제시되는 내용을 어느 정도 수용할 수 있을지는 문제시 않기로 했다. 변증법적인 우리의 대화에서 내가 할 수 있는 철학적 사유의 전개가 우리 두 사람의 메타과학을 발전시킬 수 있게 하는 것이 중요하기 때문이다.

2. 진화론과 메타과학

생명체에는 적응능력이 있고, 적응을 함으로써 살아남게 되고, 그러한 적자생존의 법칙에 따라서 생물은 진화한다는 사실을 부정할 수는 없다. 그런데 이러한 진화현상은 개체의 적응과정으로 보면 당연하고 필연적인 것 같은데, 그런 개체의 적응기능이 어떻게 종의 진화를 가능하게 하는가를 설명하고자 하면 진화론의 한계를 의식하지 않을 수 없다. 생물 세계의 역사는 진화의 과정을 필요로 한다는 데는 문제가 없는 것 같다. 하지만 진화의 과정만으로 생물 세계의 역사가 충분히 설명될 수 있느냐가 문제로 남아 있다. 진화의 과정에 의존하는 것은 틀림없다고 하더라도 그런 진화의 과정을 통한 "종의 진화"는 **진화**의 개념만으로 설명될 수 없다는 것이다.

『디스커버』지의 최근호에는 「Great Mysteries of Human Evolution」(Carl Zimmer, *Discover*, September 2003, pp.34-43.)라는 제목의 글이 인류 진화에서 아직 설명되지 않은 문제들을 지적해주고 있다. 진화의 결과이지만 진화론만으로는 설명이 되지 않는다는 것이다. 설명이 불가능한 여덟 가지 문제는 아래와 같다.

Who was the first hominid?
Why do we walk upright?
Why are our brains so big?
When did we first use tools?
How did we get modern minds?
Why did we outlive our relatives?
What genes make us human?
Have we stopped evolving?

　진화의 과정으로 얻어진 인간의 능력이지만 진화론만으로는 충분히 설명해 줄 수 없는 이러한 한계성 때문에 진화론을 유사과학(pseudoscience)이라고 비판하는 사람이 있다. 진화론이 유사과학이기 때문에 창조론이 유사과학인 것과 다를 바가 없다고 한다. 하지만 진화론은 유사과학이 아니다. 생명세계의 개체들은 적응능력을 가지고 있으며, 그런 적응기능을 통하여 살아남을 수 있고, 개체의 구조나 기능 또는 속성에 변화를 가져온다는 사실은 과학적으로 검증될 수 있다. 다만 그런 개체적 적응기능이 어떻게 생물 종의 진화를 가능하게 하는가를 설명하기에는 불충분하다는 것이다.

　진화론은 개체의 기능이나 속성을 통하여 전체의 기능과 속성을 설명하고자 하는 과학적 방법, 즉 상향적 방법(the bottom-up method)을 적용하고 있다. 분자의 기능과 구조를 통하여 세포를 설명하고, 원자의 기능과 구조를 통하여 분자를 설명하는 과학적 탐구의 방법과 같다. 상위 차원의 구조물은 하위 차원의 구조물에 의존하여 존재하고 기능하기 때문에 상향적 설명의 방법은 필요하고 유효하다. 그러나 상위 차원의 기능과 속성이 하위 차원의 기능이나 구조로 완전히 설명될 수는 없다. 환원적 설명으로서의 상향적 설명이 완성될 수는 없다는 뜻이다. 그런 환원적 설명만으로 충분할 수 있다면 상위 차원의 기능이나 속성이 독립적으로 존재할 이유가 없다. 연속 관계와 불연속의 관계가 함께 유지되어야 한다는 중층적 관계가 불가능하게 된다. 이것은 "전체는 부분의 합 이상의 기능과 속성을 가지고 있다"는 말로도 표현할 수 있다. 생명세계의 개체들과 종의 관계도 그러한 부분과 전체의 관계를 유지하고 있다.

　중층적 구조의 세계는 연속―불연속의 관계를 이루고 있으므로 연속관계를 설명해주는 상향적 방법과 불연속 관계를 설명해주는 하향적 방법(the top-down method)을 다같이 필요로 한다. 따라서 상향적 방법의 진화론은 하향적 방법에 의한 보완을 필요로 한다는 것이다. 생명의 세계를 개체 생명을 통하여 설명하고자 하는 것과 함께 "전체 생명"이라는 차원에서 **내려다보는** 설명도 필요하다는 뜻이다.

이것은 과학적 방법의 보완과 확장 및 발전을 의미하는 것이므로 유사과학이라기보다는 메타과학의 문제가 된다. 과학적 방법을 포기하는 유사과학이 아니다. 과학적 방법의 확장을 통하여 미래의 과학에 기대를 걸 수 있게 하는 메타과학에 해당된다. 장회익 교수의 "온생명" 개념은 이런 뜻에서 메타과학의 문제를 제기해주는 중요한 개념이 될 수 있는 것이다. 생명세계를 전체적인 차원에서, 하향적으로 설명해 볼 수 있는 가능성을 개념적으로 열어주는 시도인 것이다.

장회익 교수가 말하는 온생명의 조건이 성립되지 않은 자연의 상태에서 생명체들이 생겨나고 생존해갈 수 있으리라고 생각할 수는 없다. 과학적 탐구가 해야할 것은 그러한 온생명의 조건을 과학적으로 규명하고 설명하는 일이다. 지금은 메타과학의 이론으로 제시되는 "온생명"을 과학적 설명의 이론에 포함시키는 일이다. 그러한 과학적 설명의 가능성을 기다릴 수 없는 사람은 전지전능한 하느님의 존재를 가정하여 개체 생명들이 만들어졌다고 해버릴 수도 있다. 조각가가 작품을 빚어내듯이 개개의 생명체를 하느님이 만들어 낼 수 있다고 주장할 수 있다. 그런 하느님의 존재를 가정하면 불가능한 일이 있을 수 없기 때문이다. 하지만, 그런 전지전능한 존재를 가정한다는 것은 우리의 세계를 우리 인간의 체험과는 무관하게 설명해 버리겠다는 것이다. 경험적 설명을 바탕으로 하는 과학과는 무관하게 설명해 버리겠다는 것이다. 유사과학이 **반과학**을 의미하는 바를 그대로 인정하겠다는 것이다.

진화론을 유사과학이라고 하게 되면 진화 현상에 대한 과학적 설명의 가능성을 포기해버리는 것이 된다. 그러나 진화론의 과학적 설명력을 받아들이면서 그것이 미래의 과학에 의해 보완될 수 있다는 것을 믿는 주장은 메타과학에 해당된다. 이러한 메타과학의 영역에서 만나는 장회익 교수의 "온생명" 개념은 철학적 대화와 철학적 사유에 의한 전개와 확장을 가능하게 하면서도 언제나 미래적인 과학과 이어질 수 있다는 점에서 중요한 의미를 갖는다.

3. 우주인의 눈과 우주적 온생명

장회익 교수는 "온생명" 개념의 설명을 위해 "우주인의 눈"이란 개념을 도입한다.(「생명이해의 논리」 p.107; 「자연과 인간의 조화」, 『고등학교 철학』, 대한교과서주식회사, 2002, pp.155-160.) **우주인의 눈**은 현대과학이 우주의 역사와 생명세계의 조건을 통해서 보여줄 수 있는 관점을 말한다. 이러한 거시적이고, 역사적이고, 과학적인 관점에서 볼 때 지구와 같은 행성이 생명세계를 가능하게 한다는 사실은 그 자체가 하나의 특이한 우주적 사건이고 현상이 된다는 뜻이다. "살아있는 지구"로 볼 수도 있고, "에덴동산"으로 볼 수도 있고, "지구촌"으로 볼 수도 있다는 것이다. **생명세계**로서의 하나의 단위공간이 우주 역사의 과정에서, 또 여러 가지 생명출현과 지탱의 조건들을 갖춤으로써 등장하게 되었다는 것이다. 그것은 개체 생명들이 존재할 수 있게 하는 전체 지구를 하나의 단위로 하는 **지구적 생명**(the Global Life)이란 뜻에서 "온생명"으로 개념화한 것이다.

"우주인의 눈"으로 볼 때 우리의 지구처럼 생명세계를 가능하게 하는 행성은 모두 온생명으로 인식될 수 있다. 온생명은 **행성적 생명**이라고 할 수 있다. 그런데 행성적 생명을 온생명으로 단위화 하게 되면, 그러한 온생명으로서의 단위 생명들이 존재할 수 있게 하는 우주의 역사와 조건을 문제시하지 않을 수 없다. **우주인의 눈**은 우주의 역사와 우주 자체의 생명조건으로 관심의 대상을 확장하지 않을 수 없다. 개체 생명들에 대한 **행성적 온생명**이 있어야 하듯이, 행성적 온생명들에 대한 **우주적 온생명**이 있어야 하는 것이다.

　장회익 교수는 이미 이런 방향으로 개념화를 시도하고 있다. 「자연과 인간의 조화」라는 글의 마지막 짧은 문단에서 그는 "우주적 지성"과 "우주적 감성"이란 개념들을 제시한다. **우주적 지성**은 과학적 탐구를 통하여 포착되고 이해되는 것이며, **우주적 감성**은 예술적 창작을 통하여 표현되고 이해되는 것이다. 그런데 우주적 지성과 우주적 감성을 서로 독립된 별개의 것들로만 이해할 것이 아니라 서로 연관되어 상호작용 또는 상호보완 관계를 유지하는 것으로 대상화할 수 있는 가능성을 말하기 위하여 장회익 교수는 "과학자─예술가" 또는 "예술가─과학자"의 이상을 제안한다. "우주적 지성"과 "우주적 감성"은 **우주적 마음**으로 통합되어 이해될 수 있음을 함축하는 것이다.

　"우주적 지성"과 "우주적 감성"의 기능이 연결되고 통합된 것이 "우주적 마음"이라고 한다면 이것은 물질계의 우주와는 구별되는 개념이다. "우주적 마음"의 상대개념인 **우주적 몸**의 개념이 필요한 것이며 이것은 생명기능을 포함하는 우주적 물질계를 뜻하는 것이다. 그렇다면 "우주적 마음"과 "우주적 몸"은 "우주적 생명" 즉 **우주적 온생명**이라고 할 수 있다. 이러한 "우주적 온생명"을 전제하지 않고서는 **행성적 온생명**이 가능하지 않다. 결국 개체 생명들의 세계는 "우주적 온생명"의 개념화를 필요로 한다는 뜻이다.

　"우주인의 눈"이라고 한 개념화가 이처럼 온생명을 "행성적 온생명"으로 이해하게 하면서 "우주적 온생명"으로까지 확장된 포괄적 개념을 가능하게 한다는 것은 그 자체만으로도 깊은 의미를 갖는다. 하지만, 이러한 **과학적 관점**은 설명력이 없는 서술적 관점일 뿐이다. 진화론이 진화의 결과를 설명해줌으로써 진화적 측면을 볼 수 있게 하지만, 왜 그런 진화가 일어나게 되었는가를 설명해주지는 않는 것과 같다. 충분한 설명이 못된다는 뜻이다. 충분한 원인설명이 못된다는 뜻이다.

　온생명이 어떻게 개체 생명들의 출현과 진화의 원인작용을 하는가에 대한 설명이 없듯이 우주적 온생명이 어떻게 행성적 온생명의 출현을 가능하게 하는가에 대한 원인설명이 없다. 그렇다고 창조주의 창조의지로 그런 원인설명을 대신할 수도 없다. 스피노자는 "능산적 자연"이란 개념으로 창조주를 대신하고자 했지만 여기서의 **능산적**이란 표현은 "창조적"이란 개념 대신 사용한 것뿐이지 어떻게 그런 능산적 기능이 우주적 진화에 작용하고 있는가를 설명하지는 못하고 있다. 다만, 유대교–기독교의 **창조주**는 초월적 존재이어야 하는데 반해 스피노자의 **능산적 자연**은 내재적 존재, 또는 자연주의적 존재라는 점이 다르다. 우주적 원인작용의 힘을 우주 밖에 있는 어떤 존재에서 찾느냐, 아니면 우주 자체의 어떤 기능에서 찾느냐라는 문제이므로 중요한 존재론적 선택 문제가 된다. 메타과학이 과학적 설명의 연장과 확장을 추구한다면 스피노자의 자연주의적 존재론을 선택할 수밖에 없기 때문에 그 차이는 더욱 중요하다. 더욱이, 스피노자가 창조주와 초월주의를 거부하는 논거는 메타과학을 과학과 연결시켜주는 기본 명제이기 때문이다.

　창조주의 창조능력 또는 창조기능이 원인설명의 힘을 갖는다는 것은 창조작용을 원인작용으로 볼 수 있기 때문이다. 그런데 원인작용이 일어날 수 있으려면 원인과 결과의 관계를 맺어주는 동질적 요소가 있어야 한다. 동력작용이 일어나기 위해서는 에너지 이동이 가능해야 하며 이것은 원인과 결과가 다 같이 물질적 존재이어야 한다는 것이다. 만일 순수 정신과 물질의 관계는 동질적 요소가 전혀 없는 별개의 존재들을 말한다면 그러한 정신이 물질계에 대하여 어떤 원인 작용을 할 수 있다는 생각을 할 수 없다. 이러한 스피노자의 초월주의적 창조주 비판은 여전히 유효하다.

　쇼펜하워의 "생명의지" 개념은 "능산적 자연"과 유사하지만, **의지**를 기본개념으로 선택함으로써 전체와 개체의 관계를 설명하는 의미를 가지고 있다. 쇼펜하워는 우리 인간에게 있어서 지성의 힘보다는 감성의 힘이 더 강하고 더 기본적이라는 것을 받아들인다. 인간의 지성은 인간의 감성을 위한 지원 기능을 할 뿐이라는 것이다. 쾌락을 찾고 행복을 추구하는 감성을 위해 지성은 그 방법을 선택하는 판단의 기능을 할 뿐이라는 것이다. 그런데 감성보다 더 강한 것이 의지라는 사실에서 쇼펜하워는 그의 존재론의 바탕을 찾은 것이다. 그것은 본능적인 것이라고 할 수 있는 강한 힘이며 따라서 모든 인간 행동의 기본이 된다는 것이다. 쇼펜하워는 그것을 **생명의지** 또는 "살고자하는 의지" 또는 "생명을 지속시키고자 하는 의지"로 이해했다. 개체의 생명이 유한할 수밖에 없으므로 자손을 생산하여 생명을 이어가게 하는 "생명의지"라는 것이다. 행복이라는 감성은 자손을 낳게 하기 위한 "생명의지"의 수단일 뿐이며, 생명을 다음 세대로 이어주는 기능이 끝나면 행복이라는 감성도 사라져버린다는 것이다. 쇼펜하워는 모든 생명세계에서 작용하고 있는 이러한 "생명의지"의 기능을 우주적인 "생명의지"가 개체의 생명을 통하여 자신의 의지를 실현하는 것으로 보았다.

하느님의 창조의지를 생명현상의 의지적 기능으로 제한하여 설명한 쇼펜하워의 존재론은 초월주의적이면서도 의지기능 또는 의지작용을 통하여 우주적 **생명의지**와 개체 생명의 의지기능이 연결될 수 있음을 보여주기 때문에 내재주의적 설명의 가능성을 열어준다. 하지만 의지적 기능이 어떻게 **우주적 온생명**의 기능으로 설명이 될 수 있으며, 특히 개체 생명의 개체성이 보여주는 의지가 어떻게 전체적 존재인 "온생명"에 그대로 적용될 수 있는가에 대한 문제가 남는다. 우리 인간과 같은 개체적 속성을 가진 하느님의 존재를 가정하는데도 **의인화의 오류**가 문제시되고 있다. 개체성은 구체화를 뜻하고, 구체화는 유한화를 뜻한다. 개체적 기능을 하는 하느님이 전지전능하고, 무소무재하고, 영원불변한다는 것은 의인화로 인한 오류에서 오는 모순된 주장이다. 플라톤의 이데아 세계와 형상의 세계는 초월적이기 때문에 보편적인 세계이다. 개체성이 없는 세계이다.

플라톤의 문제는 그런 보편성의 세계 또는 일반성의 세계와 개체성의 세계 또는 구체성의 세계와의 관계를 설명하는 문제이다. 물론 스피노자의 반초월주의적 비판은 플라톤의 초월주의에도 적용된다. 그러므로 플라톤의 존재론을 자연주의화 하면서 보편세계와 개체세계의 관계를 설명하는 문제가 남아있다고 할 수 있다.

4. 온생명과 영혼

생명세계에 관련된 또 하나의 중요한 개념은 **영혼**이다. 영혼은 생명기능을 가능하게 하는 것이라고 한다. 영혼이 떠나면 생명체는 주검이 된다는 것이다. 생명이 숨쉬게 하는 것이 영혼이라고도 한다. 그러니까 생명기능을 하는 모든 것에는 영혼이 있다는 뜻이다. 영혼을 이렇게 이해할 때 개체 생명을 가능하게 하는 온생명은 생명체의 영혼과 무관할 수 없다.

온생명이 개체생명들을 가능하게 하는 것이라면 온생명으로부터의 특수한 원인작용 또는 특수한 정신기능이 개체생명들을 지탱해주는 것으로 봐야 한다. 이러한 온생명과 개체생명들의 관계를 맺어주는 정보기능을 **영혼**이라고 생각할 수 있다. 따라서 개체생명으로부터 영혼이 떠난다는 것은 온생명과 연결시켜주는 그러한 정보기능이 단절되어 버리는 것으로 이해할 수 있다.

마음도 정보기능으로 이해될 수 있는데, **마음이 떠난다**는 것과 **영혼이 떠난다**는 것은 아주 다른 의미를 갖는다. 사람의 마음은 방이 여러 개 있는 집과 같아서, 각기 다른 사람에게 마음을 줄 수도 있고, 여러 가지 다른 일에 마음을 빼앗길 수도 있다. 하지만, 사람의 영혼은 각자 하나 뿐이어서, 남에게 줄 수도 없고 빼앗길 수도 없다. 그 대신 영혼은 항상 다른 영혼들과 접속되어 교감할 수 있으며, 그런 교감과 접속관계를 통하여 집단의 영혼으로도 기능하게 된다. 원시부족 사회에서는 개인의 영혼보다 부족의 영혼이 더 중요하고 더 의미 있는 것으로 받아들여졌다고 한다.

이렇게 볼 때, 마음의 지향성(intentionality)도 영혼의 지향성과 기능적으로 구별될 수 있을 것이다. 마음의 지향성은 마음의 표상적 기능에서의 대상을 지향하는 성향을 의미한다. 마음의 인식능력에 기본이 되는 것이다. 그러나 영혼의 지향성은 온생명을 지향하는 기능과 이상적 가치를 지향하는 기능 등으로 이해될 수 있다.

넓게는 의식의 지향성에 마음의 지향성이 있고, 마음의 지향성에 영혼의 지향성이 있다고 할 수 있으나, 좁게는 생명세계의 공통적인 의식기능과 인간의 마음을 구별할 수 있으며, 마음의 기능과 영혼의 기능도 구별할 수 있다. 영혼은 개인의 영혼이면서, 동시에 부족의 영혼이나 종족의 영혼으로 기능한다. 개인의 생명기능이면서 또한 부족과 종족의 생존에 관계된 정보기능을 하는 것이 영혼이다.

이를테면, 공룡의 멸종현상을 진화론적으로 설명하는 것은 필요하다. 하지만 진화론적 설명만으로는 충분할 수가 없다. 공룡의 멸종은 온생명과의 관계를 통하여 설명하는 것도 필요로 한다. 온생명의 조건이 공룡의 멸종을 불가피하게 했을 것이기 때문이다. 말하자면 진화론적 상향적 설명도 필요하고, 온생명을 통한 하향적 설명도 필요하다는 것이다. 공룡이라는 종의 생존 자체가 진화론적 조건과 온생명적 조건을 충족시켰기 때문에 가능했던 것이다.

인류의 종말에 대한 예측을 하고자 할 때 우리는 온생명과의 관계를 우선 생각한다. 그러면서 진화론적 예측도 할 수 있어야 하는 것이다. 진화론적 예측은 개별 인간의 적응능력을 문제시한다. 그와 함께 그런 개인들의 생존전략이 전체 인류의 생존에 영향을 주면서 영향을 받는 관계를 고려해야 하는 것이다. 이러한 개체와 전체의 관계가 인간의 영혼기능을 통하여 온생명과 인류, 온생명과 개체의 관계를 유지해간다고 할 때 "영혼이 개체생명을 떠난다"는 것은 무엇을 말하는 것일까? 개체생명과 온생명간의 정보기능이 단절된다고 했는데, 그렇다면 왜 **영혼이 죽었다**고 하지 않고 **영혼이 떠난다**고 하는가? 개체의 영혼이라는 정보기능이 개체의 생명기능이 멈춘 후에도 어떤 방법으로든 지속될 수 있음을 말하지 않는가? 온생명의 조건이 그러한 개체생명의 영혼기능을 죽음 이후에까지도 어떤 방법으로든 연장시켜 줄 수 있음을 말하지 않는가?

한 맺힌 영혼이 구천을 떠돌아다닌다는 것은 그러한 영혼의 정보기능이 남아 있어서 이 세상에 살아있는 사람들에게 접속이 될 수 있음을 말한다. 살아있는 사람들에게 그런 정보 체험이 없다면 죽은 사람의 영혼기능을 말할 수가 없다. 또한 살아있는 사람이 아무도 없다면 죽은 사람과의 그런 접속이 일어날 수가 없으므로 역시 그런 영혼기능이 불가능할 것이다. 공룡이 멸종한 후에는 죽은 공룡들의 영혼이 접속하여 기능할 수 있는 조건도 없어져 버렸다고 해야할 것이다.

그런데 죽은 사람의 영혼이 산사람의 영혼과 접속되어 기능할 수 있는 것은 특정 사람과의 관계로 제한되어 있다는 사실도 중요한 것 같다. 그러니까 그렇게 접속해 줄 사람이 없으면 그런 영혼기능은 더 이상 가능하지 않게 된다는 것이다. 구천을 떠돌던 한 맺힌 영혼이 다시는 누구에게도 접속되지 않게 하는 조건의 변화 또는 조건의 형성이 가능하리라는 것이다. 구천을 떠돌던 한 맺힌 영혼이 영원히 저세상으로 가버렸다고 하는 현상이다. 하지만 우리의 영혼이 영원히 가버릴 수 있는 저세상이란 어떤 곳일까? 우주적 온생명의 세상이 그런 곳일까?

우주적 온생명은 행성적 온생명을 통하여 개체생명들이 생존할 수 있도록 한다. 우주적 온생명 그 자체는 개체생명들을 수용할 수 없다. 플라톤의 이데아 세계와 형상의 세계가 개체적 존재나 구체적 존재를 허용할 수 없는 일반성, 추상성, 보편성 및 상징성의 세계로 이해되는 것과 같다. 그러면서도 그러한 플라톤의 세계가 그냥 초월적 세계로만 존재하는 것이 아닌 까닭은 그것이 구체적이고 물질적인 세계에 대하여 이상적 세계와 현실적 세계와의 관계, 또는 완전한 세계와 불완전 세계와의 관계를 유지하면서 영향을 주고 있기 때문이다. 우주적 온생명의 세계도 플라톤의 세계처럼 행성적 온생명의 세계에 존재하는 개체들에게 영향을 주는 정보기능을 하는 것으로 이해할 수 있다.

우리는 영감으로, 계시로, 깨달음으로, 또는 직관으로 우주적 온생명의 정보에 접할 수 있다고 한다. 그런 우주적 온생명과 통하기 위해서는 일상적 마음의 기능이 아닌 영혼의 정보기능을 위한 준비를 해야한다는 것이다. 명상을 하고, 고행을 하고, 기도를 하고, 수행을 해야 한다는 것이다. 그렇게 함으로써 우리의 영혼이 순수하게 되어야 한다는 것이다. 마음을 비워야 한다는 것이다. 마음이 없어야 영혼의 소리를 들을 수 있다고 한다. 마음의 방들이 비어야 영혼으로 통할 수 있다고 한다. 무아(無我)의 경지에 이르러서 마음의 개체성과 주체성, 주관성과 지향성이 제거되어야 우주적 온생명의 정보를 접할 수 있다고 한다.

이런 것이 종교에서, 예술에서, 철학에서 이야기되어 온 것들이다. 그런데 지금은 메타과학의 문제로까지 제기될 수 있다는 말을 해본 것이다. 장회익 교수의 메타과학에 취해서 여기까지 생각을 끌어와 본 것이다. 만일 이러한 메타과학의 문제가 의미 있는 것으로 받아들여진다면 미래의 과학, 특히 정보과학이 다룰 수 있는 문제로도 의미가 있을 수 있다.

장회익 교수가 여기까지 수긍해줄 것인지는 짐작할 수 없으나 오늘은 이정도로 해두고, 우리의 "Metascience 쌀롱"에서 장회익 교수와 마주 앉아 "Metascience 포도주"를 마시면서 1988년 봄 당시 유고슬라비아의 두브로브닉에서 함께 마시던 포도주 이야기를 나누고 싶다.

(2003-9-24)

온생명에서 보는 동양사상
― 『주역』과 人物性同異論을 중심으로 ―

최 영 진(성균관대, 유학)

1. 온생명이라는 눈

망원경이나 현미경으로 사물을 관찰해 보면 육안으로 볼 수 없는 현상들이 나타나는 것과 같이, **과학**이라는 눈으로 세계를 바라 볼 때에 우리가 미쳐 깨닫지 못했던 점들을 발견하고 경이로워 한다. 그 사실들 중의하나가 **온생명**이라는 개념으로 표현되는 생명의 단위이다.1) 장회익은 생

---

1) 장회익, 「온생명과 현대문명」, 『과학사상』 12호, 1995년 봄호, 범양사, pp.139-160.

명의 개념을 "우주 내에 형성되는 지속적 자유에너지의 흐름을 바탕으로, 기존 질서가 새로운 질서의 모태가 되어, 지속적인 성장을 가능케 해나가는 그 어떤 정보적 질서의 총체"2)라고 규정한 다음에, 생명을 **온생명**과 **낱생명** 그리고 **보생명**으로 나누어 설명하고 있다. 온생명은 자족적 단위로서 "기본적인 자유에너지의 근원과 이를 활용할 물리적 여건을 확보한 가운데 이의 흐름을 이용하고 있는 각 단계의 개체들로 구성된 유기적 체계 전체"3)이며 낱생명은 의존적 단위로서 온생명을 구성하는 개체들의 생명이다. 그리고 보생명은 "온생명 안에서의 자신을 제외한 나머지 부분"이다.4) 낱생명들의 활동은 독립적인 것이 아니라 보생명과의 관계를 통하여 이루어진다. 그러므로 각 개체들은 개체로서의 생존을 유지해나가는 동시에 보생명과의 원만한 공존상태를 지속시켜나가지 않으면 안된다. 개체생명의 생존양상은 보생명과의 관계에서 개체 생존에 유리한 그 무엇을 얻어내야 하는 동시에 보생명과의 공존 유지를 위한 생태적 배려도 함께 해야 하는 이중적인 성격을 지닌다. 즉 개체들의 행위 성향 속에는 개체들 간의 경쟁을 통해 자신의 상대적 이점을 추구하려는 **개체 중심적 성향**과 주변 개체와의 협동을 통하여 전체의 화합을 추구하는 **생태 중시적 성향**이 공존하게 된다.

이상과 같은 생명관을 가지고 동양사상을 바라볼 때에, 우리는 새로운 사실들이 부각된다는 점을 깨닫게 된다. 동시에 동아시아의 전통사회에서 직관적으로 인식한 진리들이 과학적으로 검증되는 부산물을 얻게 된다.5) 온생명은 단순히 인문학적 상상력에 의하여 얻어진 개념이 아니라 고도의 현대 과학적 탐구를 통하여 얻어진 결과이기 때문이다.

---

2) 같은 책, p.140.
3) 같은 책, p.143.
4) 같은 책, p.144.
5) 장회익, 「온생명과 인류문명」, 『동아시아문화와 사상』 제4호, 2000년, 열화당, p.14.

2. 자연 : 생명의 유기적 관계망

자연계를 구성하고 있는 개체를 한자어로 표현하면 **물**(物)이 된다.『주역周易』「계사繫辭」의 "정기精氣가 물物이 된다"(精氣爲物)라고 한 구절에 의하면 물(物)은 "정기"(精氣)로서 이루어진 것이다. 기(氣)는 본래 생명현상과 깊은 관계 속에서 성립된 개념으로서,「역전易傳」이 성립된 시기로 추정되는 전국시대에 이르면 인간과 자연물, 즉 전 존재는 기(氣)로써 구성되며, 특히 정기(精氣)는 생명활동 내지 지적인 활동의 원천으로 이해된다.6) 그러므로 "정기위물"(精氣爲物)이라고 하는 바의 그 물(物)은 생명적 존재일 수 밖에 없으며, 각 개체들은 개체성을 보유하면서도 기(氣)를 공동 기반으로 하여 존재하고 활동한다는 점에 있어서 기(氣)라고 하는 전일적(全一的) 세계(世界) 내의 존재일 수 밖에 없는 것이다.7)

『주역』에 있어서 물(物)은 팔괘(八卦)로 표상된다. 팔괘(八卦)는 천天 · 지地 · 위鳥 · 수獸 · 신身 · 물物등 자연과 인간의 전 존재 양상을 귀납하여 성립된 것이기 때문이다. 팔괘가 표상하는 천天 · 지地 · 수水 · 화火 · 뇌雷 · 풍風 · 산山 · 택澤은 자연계를 구성하는 기본적인 물(物)로서 세계는 이들의 연결방식에 따라서 각각 다르게 나타나는 64개의 사태(事態)들이 전개되는 장(場)으로 이해된다.8)

『주역』의 원초적인 발상법에 의하면 각 개체들은 개체 자체로서 독립되어 있는 것이 아니라 항시 다른 개체와 관계되어 존재하고 작용한다.9)

---

6) 小野澤精一 外,『氣의 思想』, 전경진 역, 원광대, 1987, pp.126-127.

7) 장립문,『氣』, 북경, 인민대학출판사, 1990, p.31. 참조

8) 有天地然後 萬物生焉 盈天地之閒者 有萬物故 受之以屯 屯者盈也 屯者物
之始生也物生必夢故 受之以蒙 蒙者蒙也 物之穉也 物穉不可不養也 故受之
以需 需者飮食之道也 飮食必有訟 故受之以訟(「序卦」)

9)『주역』을 水와 雷(屯), 山과 水(蒙)등의 결합체들로 구성되어 있으며, 水 ·

그 가장 기본적인 관계 방식을 「설괘說卦」는 다음과 같이 제시한다.

> 天·地가 올바른 위치에서 자리잡고, 山·澤이 서로 氣를 통
> 하고 雷·風이 서로 접근하고, 水·火가 서로 싫어하지 않는
> 다.(天地定位 山澤通氣 雷風相薄 水火不相射)

천지(天地)가 상하(上下)에서 교감(交感)하여 만물을 낳고, 택기(澤氣)가 산으로 올라가 구름·비가 되며 산의 천맥(泉脈)으로 흘러 샘·물이 되고,[10] 수水·화火가 상극(相剋)의 관계에 있으면서도 서로 감응하는 상호 유기적 관계의 망이야말로 『주역』이 그리고 있는 자연계의 참모습인 것이다.[11]

팔괘(八卦)를 구성하는 기본 요소는 음효(--)와 양효(—)이며 그 비율에 따라 음·양괘로 분류된다.[12] 즉 뇌雷·수水·산山을 상징하는 진震·곤坎·감艮은 "일양이음"(一陽二陰) 양괘(陽卦)이고, 풍風·화火·택澤을 상징하는 손巽·이離·태兌는 "일음이양"(一陰二陽) 음괘(陰卦)가 된다. 그러므로 「설괘」가 제시하는 물(物)들의 관계망은 음양의 대대관계(對待關係)를 기본축으로 하여 설정된 것이라고 말할 수 있다.

『주역』에 있어서 음양은 구체적인 실재 사물 또는 사물의 양상을 지칭하는 개념이라기 보다, 상반적(相反的)인 타자(他者)를 자신의 존재성을

　　雷·山이 각 개체로서 존재하는 것은 아니다.

10) 澤氣之升於山 爲山爲雨 是山通澤之氣 山之泉脈 流於澤 爲泉爲水 是澤通
　　山之氣 是兩箇之氣相通(『주역정의대전』「설괘」小注)

11) 天地定位者 乾南坤北 上天下地 定其尊卑之位也 山澤通氣者 艮西北 兌東
　　南 山根著於地 澤連接於天 通乎天地之氣也 雷風相薄者 震東北 巽西南 雷
　　從北而氣 風從天而行 五相衝激也 水火不相射者 坎西離東 一左一右 不相
　　侵克也(上同)

12) 陽卦多陰 陰卦多陽(「繫辭」下 4장)

확보하기 위한 필수적인 전제로서 요구하는 관계, 즉 상호의존적 상함적(相含的)인 대대(對待)관계에 있는 전 개념 쌍을 포섭하는 용어이다. 그러므로 음양관계로 설정된 천天·지地, 산山·택澤, 수水·화火는 대대관계(對待關係)로서 이들을 구성요소로 하는 자연계는 상반적(相反的)인 물(物)이 서로 의존하고 서로를 머금는 관계의 망으로서 이루어진 전일한 생명의 세계라고 말할 수 있다. 여기에서 물(物)을 낱생명이라 한다면, 이들의 유기적인 관계망으로 이루어진 자연을 **온생명**이라고 부를 수 있을 것이다.13)

3. 유교의 타자관 : "천지지심"(天地之心)과 자연의 도덕성

인간은 인간이 아닌 존재, 즉 타자인 자연을 어떻게 인식해야 할 것인가, 라는 문제는 생태학의 핵심적 쟁점이 된다. 자연을 영혼이 빠져버린

---

13) 이와 같은 발상은 장회익의 다음과 같은 주장에서 시사 받았음을 밝혀둔다. "그러므로 우리는 생명의 **정상적 단위**로서 하나의 별-행성계 안에 상호 의존적으로 생존활동을 하고 있는 모든 작용체 및 그 보작용자의 총합을 생각할 수 있으며 이를 하나의 단위체로 보아 **우주적 생명**(global life)이라 부르기로 한다. 생명의 단위가 우주적 생명의 단계에 이르러 비로소 정상적 단위가 되는 것은 생명의 존재론적 구조가 본질적으로 **우주적 규모**(global scale)이어야 함을 말해주는 것이다. 그러나 여기서 강조되어야 할 점은 이러한 '우주적 생명'의 개념은 전체론적(holistic) 형이상학에 바탕을 둔 것이 아니라, 물리 및 생태계에 관한 물리적 법칙과 경험적 사실들을 바탕으로 도달한 개념이라는 점이다."(『과학과 메타과학』, 지식산업사, 1990, p.198.)
장교수는 하나의 통상적인 개체에 생명을 부여하는데 낱생명과 보완생명을 상보적으로 부여해야 한다는 새로운 발상법에 의하여 기존관념으로는 해결하기 어려운 개념적 문제가 해결될 수 있다고 하였는데(上同. pp.199-200.), 이같은 발상법의 기저를 이루는 **상보성**은 『주역』의 "對待性"과 같은 맥락에서 이해할 수 있을 것이다.

단순한 물질 내지 정교한 장치로 가동되는 기계로 규정하거나, 인간의 필요와 이해관계에 따라 보존해야 할 자원으로 보는 기존의 시각이 교정되지 않는 한, 생태계 위기의 주 요인이 되는 인간중심주의는 극복될 수 없다. 이와 같은 문제의식을 가지고 유학사상을 검토해 볼 때에 우리는 조선조 후기 유학의 최대논쟁인 호락논쟁(湖洛論爭)의 주제 가운데 하나인 인물성동이론(人物性同異論)에 주목하게 된다. 이것은 "물"(物)이라는 용어로 대표되는 자연물에 대한 인식이 그 주제로서, 인간과 **물**이 동등한 도덕성을 갖고 있는가,라는 문제에 대한 치열한 논변이었다. 이 논쟁을 **물**(物)이라는 용어로 대표될 수 있는 **타자에 대한 인식**이라는 시각에서 검토해 볼 때에 우리는 여기에서 유가의 자연관과 인간관의 한 단초를 발견할 수 있을 것이다.

낙론(洛論; 인물성동론)의 대표적 이론가인 외암은 다음과 같이 말한다.

> 인·물이 오행의 기를 균등하게 받았으나 偏全(치우침과 온전함)에는 분수가 있다. 지금 분수의 많고 적음과 발용 여부를 논하는 것은 좋지만 오행 가운데에 하나는 있고 하나는 없다고 말한다면 않된다. 한 포기의 풀과 한 그루의 나무도 모두 음양과 오행이 만든 것인데 하물며 초목보다 신령한 것이 어찌 다섯 가지의 이치를 모두 갖고 있지 않겠는가.14)

외암은 기가 있으면 반드시 그 이치가 있다는 성리학의 전제에 의거하여, 모든 사물은 음양 오행의 기로 이루어져 있음으로 그 이치인 오상

---

14) 『외암유고』 권7 「與崔性仲」.

을 균등하게 부여받았다고 주장한다. 반면에 **호론**(湖論; 인물성이론)의 대표적 이론가인 남당은 다음과 같이 말한다.

> 무릇 "지각 운동은 인·물이 동일하다"는 것이, 어찌 인간
> 은 알지 못함이 없고 깨닫지 못함이 없는데, **물**도 또한 인
> 간과 동일다는 점을 말하는 것이겠는가. 대개 지각이 인·
> 물에 있는 것은 비록 精純함과 粗惡함이 다르지만 그 지각
> 하는 것은 같다. 그러나 인의예지에 이르러서는 처음부터
> 정순함과 조악함의 섞임이 없으니 사물은 온전히 얻은 것
> 이 아니다. 그러므로 지각운동은 인·물이 같으나 인의예지
> 는 인·물이 다르다고 하는 것이다. 만약 인의예지가 있는
> 가 없는가, 온전한가 편벽되었는가를 논한다면 지각하는
> 기가 다른 데에 있다. 어째서 그렇게 말하는가? **물**의 지각
> 은 오행의 粗濁한 것을 얻었음으로 그 이치는 조탁한 이치
> 가 된다. 비록 그 이치가 없다고 말할 수는 없지만 인의예
> 지가 되는 것은 불가능하다. 인간의 지각은 오행의 精英한
> 것을 얻었기 때문에 그 이치는 인의예지가 되며 지각의 발
> 현은 인의예지의 작용이 된다.15)

남당은 인간과 사물의 지각능력에는 차이가 있으나 지각력을 갖는다는 사실은 동일하다고 본다. 그러나 인의예지와 같은 고차적인 도덕성에서는 본질적인 차이를 갖는다고 주장한다. 즉 엄밀한 의미에서의 인의예지는 인간에게만 가능하다고 본 것이다.

인물성동이론은 성리학파들의 논쟁으로 끝난 것이 아니다. 조선 후기

---

15) 『남당집』 권29 「論性同異辨」.

의 대표적 실학자인 담헌 홍대용의 「의산문답醫山問答」에도 인성人性/물
성物性에 대한 논의가 발견된다.

> 1. 실옹: 내가 너에게 다시 묻겠다. 생물의 종류에는 세 가
> 지가 있으니 인간과 금수와 초목이다. 초목은 倒生하기 때
> 문에 知는 있으나 覺은 없고, 금수는 橫生하기 때문에 覺은
> 있으나 慧가 없다. 세 가지 생물의 부류들이 엉크러지고
> 뒤섞여 서로 쇠퇴하기도 하고 왕성해 지기도 하니 귀천의
> 등급이 있겠는가?

> 2. 허자: 천지가 (만물을) 낳음에 오직 인간이 귀하다. 지금
> 금수와 초목은 慧 覺 禮 義가 없으니 인간은 금수보다 귀
> 하고 초목은 금수보다 천하다.

> 3. 실옹: 五倫과 五事는 인간의 예의이며, 무리 지어 다니
> 면서 서로 불러 먹이는 것은 금수의 예의이며, 떨기로 나
> 서 무성한 것은 초목의 예의이다. 인간으로서 "물"을 보면
> 인간이 귀하고 "물"은 천하며, 물로서 사람을 보면 물이
> 귀하고 인간이 천하며, 하늘에서부터 보면 인간과 "물"은
> 균등하다. 무릇 大道를 해는 것은 矜心보다 심한 것이 없으
> 니 인간이 인간을 귀하게 여기고 사물을 천하게 여기는 것
> 이 긍심의 근본이다.

담헌은 생태계를 구성하는 생물의 종류로서 인간 금수 초목을 들고 그
차별점을 지적한다. 그러나 "차별성"이 곧 "차등성"이 되는 것은 결코
아니라는 점을 강조한다. 인간-금수-초목이라는 위계질서를 주장하는 허
자를 비판하면서 금수와 초목에도 비록 그 내용은 다를지언정 나름대로

의 예(禮)와 의(義)가 있다고 말한다. 인·물의 귀천은 상대적인 것으로서, 하늘이라는 절대적 관점에서 본다면 인·물은 균등하다. 인간의 관점에 집착되어 **물**을 천하게 보고 인간을 가장 귀한 존재로 보는 궁심, 즉 인간중심적 사고야말로 진리를 해치는 근본 요인인 것이다.

담헌은 여기에서 한걸음 더 나아가 "군신의 의(義)는 벌에게서 취하고 병진(兵陣)의 법은 개미에게서 취하고 예절의 제도는 박쥐에게서 취하고 그물 치는 법은 거미에게서 취한 것이다. 그러므로 '성인은 만물을 스승으로 삼는다'라고 말한 것이다."라고 하여 **물**을 도덕적 규범과 문물의 원천으로 규정하였으며, "**물**은 거짓과 작위가 없기 때문에 인간보다 훨씬 귀하다"라고 하여 오히려 인간 보다 뛰어난 도덕성을 지닌 것으로 평가하기도 하였다.

그는 금수와 초목같은 생물뿐이 아니라 비와 눈 같은 기상현상에게도 인의라는 도덕성을 부여한다.

> 비와 이슬이 내리는 것과 싹이 트는 것은 惻隱之心이고 서리와 눈이 내리고 나무가지와 잎이 떨어지는 것은 羞惡之心이다. 인은 곧 의이고 의는 곧 인이니 이치는 한가지일 따름이다. 털끝만큼 작은 것도 다만 이 인의이며 천지와 같이 큰 것도 이 인의일 따름이다.(「심성문」)

이미 알려진 바와 같이, 서구의 근대 자연관 성립에 결정적인 영향을 미친 사상 가운데 하나는 데카르트의 정신과 물체를 별개의 실체로 보는 이원론적(二元論的) 사고(思考)이다. 그는 물체를 정신적인 어떤 것도 포함되지 않는 것으로 파악함으로써 물체들의 집합체인 자연을 영혼이 빠져버린 복잡한 구조의 기계적인 존재로 이해하게 된 것이다. 그러므로 자연에 대한 인식이 기계의 인과적인 작동원리를 밝혀내는 일과 같은 맥락으로 이해됨으로서 기계로서의 자연은 인간이 마음대로 소유하고 착취할 수 있는 대상으로 전락된 것이다.

이와 같은 서구 근대의 자연관과 유교의 자연관을 대표한다고 볼 수 있는『주역』의 경우를 비교해 볼 때에 두드러지게 부각되는 차이점은,『주역』은 자연을 기계적 물체가 아니라 생명체로 이해하고 있다는 사실과 아울러서 목적 지향적 존재로 규정함으로서 심적(心的)인 요소까지 인정한다는 점이다. 이와 같은 사실은 "복(復)에서 그 천지의 마음을 볼진저"(復見其天地之心)이라고 하여 천지에 **심**(心)을 적용시키고 있는 복괘(復卦)「상전象傳」에서 확인할 수 있다.16) 주지하는 바와 같이, 농경이라는 생산 양식을 토대로 하여 성립된 역학적(易學的) 사고(思考)에 있어서 사계절의 변화로 대표되는 자연의 운동은 최고가치(善)인 생명을 낳고 기르는 일련의 과정으로 인식된다.17) 천지는 만물의 생육(生育)을 목적으로 하는 유기체 즉 목적 지향적 존재라고 말할 수 있으며, 천지를 목적 지향적 존재로 규정지을 수 있다면 우리는 "천지지심"(天地之心)을 천지가 만물을 낳으려는 **목적의식**으로 해석할 수 있을 것이다. 즉 자연계의 변화는 맹목적적인 기계적 운동이 아니라 일정한 목적과 뜻(生意)을 가지고 진행되며, 이것을 **천지지심**(天地之心)이라고 표현한 것이다.

자연에 심적(心的) 요소까지 인정하는 유교의 자연관을 해명할 수 있는 또 하나의 자료는 **정기위물**(精氣爲物;『주역』「계사전」상편)이라고 하여 물(物)의 구성요소로 규정된 기(氣)에 관하여 진술하고 있는 전국시대의 제 문헌이다. 기존의 연구 성과에 의하면『맹자孟子』『장자莊子』『여

---

16) 이하의 논술은, 논지의 전개를 위하여 졸고「精神과 物質에 관한 易學的 理解」(『哲學』35집, 1991. pp.4-12.)의 내용을 요약한 것임.
17) 서복관,『중국인성론사』, 대만: 상무인서관, 1972, p.207. 참조.

씨춘추呂氏春秋』 등에 나오는 기(氣)는 신체·자연뿐만이 아니라 정신적
영역까지도 포섭하는데, 이와 같은 기(氣)의 성격을 물(物)에 전이시킨다
면 물(物)에 정신적인 요소까지 인정하지 않을 수 없는 것이다.

담헌이 비와 이슬이 내리고 서리와 눈이 내리는 자연현상을 "측은지
심" "수오지심"으로 규정한 것은 이와 같은 맥락에서 이해할 수 있을 것
이다. "측은지심"과 "수오지심"은 인과 의의 단서이며, 동시에 인과 의
의 발현체이다. 그러므로 티끌에서부터 천지에 이르기까지 전존재는 **인의**
라고 하는 도덕성으로 충만되어 있다. 세계는 **생명공동체**를 넘어서서 **도
덕공동체**로서 자리매김 되는 것이다.

자연에게 정신성과 더 나아가 도덕성까지 부여하는 유교의 관점이 과
연 정당화 될 수 있는 것일까. 장회익 교수는 의식이 총체적 의미의 생명,
곧 온생명 수준에서도 가능한가, 라는 문제를 제기한 다음에 낱생명에서
가능했던 의식이 온생명에서 가능하지 않을 이유가 없다고 주장한다.[18]
다만 온생명 그 자체를 하나의 통일체로서 인지할 그 어떤 형태의 의식
기구가 형성되어야 한다고 본다. 그리고 그 강력한 후보로서 집합적 의미
의 인간의식을 거론하고 있다. 인간이 온생명을 개체적 "나"의 연장선상
에서 이해하는 단계에까지 이르게 된다면 이것을 온생명의 의식 혹은 온
생명의 "정신"이라고 말할 수 있다는 것이다.
이와 같은 장교수의 주장에 비추어 본다면, 『주역』에서 말하는 **천지지
심**(天地之心)은 **온생명의 정신**과 유사한 맥락에서 이해될 수 있을 것이
다. 다만 『주역』을 위시한 유교에서 천지의 마음은 생명을 낳으려는 선
의지로 보고 여기에 인의라는 도덕성을 부여한다는 점에서 구별된다.

---

18) 「온생명과 인류문명」, p.27.

　지금까지 "온생명"이라는 관점에서 유교사상을 검토해 본다면, 느슨하게 말해서 물物=낱생명, 천지天地=온생명, (낱생명과 보생명의)상보적 관계=음양대대적 관계, 천지의 마음=온생명의 정신이라는 등식이 가능할 것이다.

온생명의 윤리학

신 중 섭(강원대, 철학)

1. 시작하는 말

"온생명"은 "생명의 단위는 무엇인가"에 대한 하나의 대답이다. 장회익은 생명의 기본 단위를 "온생명"으로 설정함으로써 자연과 인간 사이의 관계에 대한 기존의 이론에 도전하였다. 그는 개체 생명을 중심으로 한 전통적인 자연관과 인간관을 비판하고 "온생명"을 구성하고 있는 한 개체 생명으로서의 인간의 온당한 삶의 방식에 대해 새로운 입장을 개진하였다. 장회익은 인간을 "온생명"의 건강을 위협하는 "암세포"에 비유하기도 하였다. 인간을 우주의 중심에 놓고 그 존엄성을 지키려한 전통적인 철학의 입장에서 볼때 인간이 "암세포"라는 그의 주장은 하나의 충격이 아닐 수 없다.

이 글은 장회익이 어떻게 이같이 충격적인 결론에 도달하게 되었는가를 탐색함으로써 "온생명" 윤리학의 구조를 살펴보려고 한다. 물리학자인 장회익이 자연의 가장 큰 신비라 할 수 있는 생명 현상에 관심을 가질 당시에는 생명 현상에 대한 이해를 통해 현대 문명이 당면한 문제들을 해명하고 그 대안을 모색하거나 인간이 어떻게 살아야 할 것인가와 같은 윤리 문제에 지적인 관심을 집중한 것처럼 보이지는 않는다. 그러나 생명의 본질과 생명의 단위를 사색하는 과정에서 "온생명"이라는 독창적인 사고에 도달하면서 자연스럽게 윤리학자와 문명비평가의 길을 얼어갈 수밖에 없었던 것처럼 생각된다.

물리학자에서 윤리학자, 문명 비평가로 자신의 지적 영역을 확장하면서도 과학자로서의 기본 입장을 끝까지 견지하고 있는 장회익의 독특한 학문적 입장은 우리의 흥미를 끈다. 서양의 지적 전통에서 본다면 근대 과학이 발전한 이후 과학과 윤리는 분리되어 서로 다른 길을 걸어 왔다. 개념적으로 "사실"과 "가치"는 엄격히 구별되기 때문에 양자를 통합하면 논리적으로 오류에 빠질 수밖에 없다. 사실과 가치의 관계에 대해서는 일원론이 아니라 이원론이 정당한 학문적 입장이라는 정설이 굳어졌다. 논리 실증주의는 "의미 기준"을 제시하면서 검증가능하지 않은 윤리학의 명제를 "무의미한 명제"로 분류하여 의미 있는 철학적 문제의 영역에서 추방하기도 하였다.

이러한 지적 전통 아래서 물리학을 공부해온 장회익은 사실과 가치를 통합하려고 한다. 그는 "올바른 가치 판단과 당위 설정을 위해서는 기필

코 사실에 대한 바른 이해가 선행되어야 한다."[1]고 주장한다. 이러한 주장에 따르면 과학에 기초한 윤리학만이 올바른 윤리학이 될 수 있다. 우리가 올바른 삶을 살기 위해서는 과학의 가르침을 충실히 따라야 한다. 윤리학은 과학의 인도를 받아야 한다는 것이다. 이와 같은 그의 윤리학은 경험과 지식에 대한 새로운 해석, 동양 학문의 태도를 높이 평가하고 있는 그의 지적 통찰에서 나온 것이다.

2. 대생(對生) 지식과 장회익의 학문관

장회익에 따르면 인간이 겪어온 개별적이고 집합적 경험이 지식을 형성하며, 그 지식이 후세에 전해진다. 지식의 근원은 경험이고 경험의 종류에 따라 지식은 세 가지로 구분된다.(1998, 14-16)

첫 번째가 대인(對人) 경험이다. 대인 경험은 태어나자마자 겪게 되는 가장 친숙한 경험으로 부모를 포함하여 사람들을 접하는 경험이다. "이 세상에는 사람이라는 것이 있고, 사람의 기분은 변한다. 기분이 좋을 때는 나에게 잘해주고 나쁠 때는 나를 때리기도 한다. 이 사람은 성품이 이러하고 저 사람은 성품이 저러하다"와 같은 경험이 대인 경험이다. 대인 경험을 통해 얻은 지식이 대인 지식 곧 인간에 대한 지식이다.

두 번째가 대물(對物) 경험이다. 대물 경험은 물체를 접하는 경험으로, 이 경험은 "이 세상에는 사람만 있는 것이 아니라, 사람하고는 그 성격이 많이 다른 물건이 존재한다. 이것은 가만히 두면 그저 제자리에 움직이지

---

1) 장회익(1998), 『삶과 온생명: 새 과학 문화의 모색』, 솔, p.392. 앞으로 이 책에서 인용할 경우 (1998, 쪽)으로 표시.

않고 있다가 내가 만일 건드리거나 집어 던지거나 하면 수동적으로 움직이게 되는 그러한 종류의 대상들"에 대한 경험이다. 대물 경험을 통해 얻은 지식이 대물 지식 곧 물리적인 대상에 대한 지식이다.

세 번째는 대생(對生) 경험이다. 대생 경험은 자신의 삶 그 자체를 직접 체험하는 종류의 경험이다. 목이 마르다거나 배가 고프다고 하는 경험이 여기에 해당한다. 이러한 경험은 곧 그에 따르는 대처 방안을 모색하게 한다. 이 대생 경험은 "나의 문제" 해결에 초점이 맞추어져 있다는 점에서 앞의 경험들과 구별된다. 대생 경험은 우리가 어떤 삶의 장 안에 놓여 있으며 이 안에서 성공적인 삶을 이루어내기 위하여 어떻게 해야 할 것인가 하는 삶의 원초적 관심을 충족시켜주는 경험이다. 이러한 대생 경험을 통해 얻은 지식이 대생 지식 즉 삶의 장과 삶의 양상에 대해 아는 지식이다.

철학의 일반적인 구분법에 따르면 대인 지식은 인간학, 대물 지식은 자연과학, 대생지식은 윤리학에 대응한다고 할 수 있다. 장회익은 지식을 세 가지로 구분하고 대물 지식에 많은 관심을 가졌던 서양의 지적 전통과 달리 대생 지식을 중시한 동양의 학문적 전통을 올바른 학문적 태도로 높이 평가한다. 동양 학문의 관심은 우리가 인식한 사물이 우리 삶에 대해 어떠한 연관을 가지느냐, 그것이 우리의 사람다운 삶을 이루어 나가는 데에 어떻게 기여하느냐 하는 것이지, 내가 돌을 던지면 그 돌이 어디에 가서 떨어지느냐 하는 현상 자체에 대한 지식은 아니었다. 동양 학문은 지식 자체가 아니라 사람이 사람답게 살기 위해 필요한 지식을 가장 중요한 지식으로 생각하였다는 것이다.

장회익은 동양 전통 학문의 대표적인 방법론이라 할 수 있는 격물치지

(格物致知)를 예로 들어 동양 학문이 중시한 대생 지식의 특성을 설명하고 있다. 격물치지에 따르면 우리는 사물을 철저하게 통찰하여 의미 있는 앎에 도달해야 한다. 이는 서구의 과학 정신과 동일하다. 그러나 대상에 대해 철저하게 관찰하고 깊이 숙고하여 투철한 이해를 얻은 후 이를 현실의 삶 속에서 행동으로 옮겨야 한다고 주장한다는 점에서 동양 학문은 서구 과학의 자세와 엄청난 차이를 보인다는 것이다.

동양 학문은 대물에 대한 지식에서 끝나는 것이 아니라 어떻게 사는 것이 옳은 삶인가 하는 논의로 넘어간다. 서구 철학적인 관점에서 보면 이는 "자연주의적 오류"에 해당한다. 사실적 지식을 토대로 가치나 윤리를 이끌어 내는 것은 오류이다. 그러나 동양적 사고에서는 이러한 논리적 전이가 무척 자연스럽다는 것이다.

동양적 관점에서는 그 무엇을 바라볼 때에 "이것이 사물이다, 사물이니까 사물의 운동 법칙에 따라서 이러저러하게 움직일 것이다."라고 하는 방식으로 보는 것이 아니고, "이것은 내 삶과 이러 저러한 관련 아래 있다. 내 삶과 이렇게 관련된 것이 현재 이러저러한 상황에 있으니, 나는 이러저러하게 해야 한다."라는 방식으로 사물을 이해한다는 것이다. 동양적 사고에서는 자연 그 자체가 이미 내 삶과의 연관 아래 개념화되어 있기 때문에, "자연이 이렇다."고 하면 "그러니까 나는 이래야 된다."는 주장이 파생되어 나온다. 이는 자식 자체를 목적으로 한 서양의 대물 지식 중심과 기본적으로 다른 점이다. 이는 곧 삶의 장, 삶의 체계 안에서 자연을 보는 관점이며, 이 관점 안에서 개념화된 "사실"은 이미 "당위"와의 사이에 논리적 단절이 없는 대생 지식이라는 새로운 지평 위에 떠오르는 개념이 되는 것이다 장회익은 대생 지식의 관점에서 대물 지식에 의미를 부여한 동양의 학문 태도를 올바른 학문관으로 높이 평가하고 전수하려고 한다. 그는 동양의 학문적 태도 위에서 자신의 지적 체계를 구축하였다. 그는 "동양에서의 학문적 지향은 사실 그 자체에 대한 객관적 이해에 있기보다는 그것이 삶에서 어떠한 의미를 지니느냐 하는 데에 있었던 것이며, 이렇게 될 경우 삶의 의미와 연관된 그 어떤 함축적 내용도 담지 않은 순수한 개념 요소들은 받아들이기가 어렵게 된다."(1998, 97)고 주장한다. 그는 자연을 깊이 이해하면 이해할수록 그 안에서 삶의 기본 양식과 지혜를 터득하게 되며, 이는 곧 인간의 도와 연결된다고 믿는다.

그러나 그는 동양 학문의 기본적인 태도는 높이 평가하지만 세계에 대한 올바른 지식을 토대로 삶의 문제를 해결하는 데까지는 도달하지 못했음을 인정하고 있다. 곧 동양 학문의 한계를 깨닫고 있다. 그리하여 그는 대물 경험을 통해 획득한 서양의 과학과 대생 지식의 바탕이 되어온 동양 학문의 강력한 목적의식을 결합하여 서구 과학의 성과를 재해석하고 재구성하는 작업을 자신의 과제로 삼게 되었다.

그의 분석에 따르면 "(성리학의) 그 주된 경향을 보면 자연 현상에 대한 객관적 이해를 도모하기보다는 인간의 심성론에 치중해왔으며 사실상 성리학에서 객관적 자연 현상에 관심을 가진다는 사실조차 거의 잊혀질 정도였다."(1998, 381)

그는 율곡의 『천도책』이나 여헌의 『우주설』과 같은 책은 각종 구체적인 대상에 대해 격물할 것을 강조하고 있으나 격물을 통해 알려진 내용 자체를 서술하지는 않았다고 진단한다. 그들은 자연 법칙에 해당하는 "리"(理)의 중요성을 강조하면서도 그 구체적 내용에 대해서는 말하지 않았다는 것이다. 그들은 "리"(理) 즉 사물의 법칙은 언어적으로 서술할 수 없다거나 서술해서는 안 된다고 본 동양사상의 전통을 따르고 있기 때문이다. 뿐만 아니라 동양사상은 실험적 방식을 채택하여 지식을 검증하려고 하지 않았다. 장회익은 이러한 동양 학문과 그렇지 않은 서양 학문의 특성을 다음과 같이 요약하고 있다.

> 자연에 대한 동양사상의 이해 방식만으로는 삶과 직접 관련되지 않은 자연의 보편적 질서 즉 그 물리적 원리들을 파악하기 어려우며, 이것이 곧 동양사상이 지녔던 기본적인 한계이기도 하다. 어느 의미에서는 동양사상을 자연의 생명 보전 기능과 이를 넘어서는 자연의 보편적 질서를 구별하지 않고 한 묶음으로 이해하려는 시도라고 볼 수도 있으나, 결과적으로 볼 때에는 자연의 보편적 질서 이해에는 거의 접근하지 못한 것으로 나타난다. 반대로 서구 사상은 자연의 보편적 질서 이해에 적지 않은 성공을 거두었으며, 생명에 대해서도 생명의 보전이라는 기능적 측면보다는 주로 사실적인 접근에서 많은 성과를 거두고 있다. 그러나 아직 이 모든 현상들을 묶어 삶이 이루어지는 현장으로서의 전체 모습을 그려내는 데에는 이르지 못하고 있는 상황이다.(1998, 163)

장회익에 따르면 동양 학문과 서양 학문은 그 나름의 장점이 있지만 각각의 한계를 지니고 있다. 그는 양자의 장점은 취하면서 단점은 극복할 수 있는 제3의 길을 찾는다. 올바른 가치 판단과 당위 설정을 위해서는 사실에 대한 바른 이해가 선행되어야 한다고 믿기 때문이다. 동양과 서양의 장점을 모두 취하면서 그가 제시하고 있는 제3의 길이 바로 "온생명"

사상이다.

> 온생명이라는 것은 분명히 서구의 과학 이해를 바탕으로
> 이루어진 개념이며 온생명 자체의 생리와 건강을 논의하는
> 것도 서구 과학이 이룩해낸 최선의 성과를 활용함으로써만
> 이 가능해지는 것이다. 그러나 이러한 논의의 중요성을 지
> 시해주는 것은 바로 동양적 학문의 정신의 소치이며, 또
> 이를 통해 그 어떤 의미를 추구해 나가는 것은 바로 동양
> 적 학문이 그동안 취해온 방식을 따르는 것이라고 말할 수
> 있다.(1998, 394-395)

따라서 장회익의 "온생명"사상과 이에 기초한 윤리학은 동양과 서양, 가치와 사실의 통합이라는 점에서 역사적 의의를 지닌다. 그의 윤리학의 기초가 되는 온생명사상을 살펴보기로 하자.

3. "온생명"과 윤리학

장회익에 따르면 "실증적 검토 없이 깊이 있는 사실적 지식에 도달할 수 없으며 깊이 있는 사실적 지식 없이 바른 삶의 길을 찾는 것은 무모한 일일 수밖에 없다."(1998, 391) 그는 과학적 탐구의 결과로 얻은 "온생명"을 자신의 윤리학의 기초로 삼는다. 그는 "인간과 사회를 바로 이해하기 위해서는 과학에 관한 기왕의 통념적 이분법에서 벗어나 우주와 생명 그리고 인간에 이르는 모든 현상을 하나의 일관된 관점에서 통합할 수 있는 새로운 이론을 구축하고 이에 의거하여 이들이 지닌 그 어떤 본원적 특성들을 파악해 나가려는 자세가 필요하다"(1998, 219-220)고 하였는데,

여기서 말하는 "새로운 이론"이 바로 "온생명"사상이다. 그는 과학이 마련해주는 새로운 시각인 "온생명"사상을 통해 우리가 어떻게 살아가고 있는지, 그리고 이러한 삶이 과연 바른 삶이라 할 수 있는지를 살펴나가려고 한다. 그는 우리는 과학을 통해 "온생명"의 전모를 파악하게 되었으며, 그 안에 놓인 인간의 위치를 파악할 수 있게 되었기 때문에 올바른 삶이 어떤 삶인가를 알 수 있게 되었다고 주장한다. 장회익은 과학을 우주인의 눈에 비교하면서 다음과 같이 말한다.

> 우주인의 눈을 빌려 보기 전에는 우리의 생명이 어떻게 하여 존재하게 되었으며 우리 자신이 이 안에서 어떠한 위치를 점유하게 되는지조차도 거의 알지 못하고 살아 왔다. 우리는 오직 우주인의 눈이라 할 수 있는 과학을 통해 우리 자신이 근원적으로 어떠한 존재인지를 알아 볼 수 있게 되었으며, 이러한 점에서 과학이라고 하는 것은 우리 자신의 모습을 비추어 주는 거대한 거울이라고도 할 수 있다.[2]

우주인의 눈에 따르면 이 지구상에는 태양과 지구 사이에 형성된 지속적 자유에너지 흐름을 바탕으로 대략 35억 년 전에 하나의 생명이 형성되었으며, 이것이 지속적인 성장 과정을 거쳐 오늘에 이르게 되었다. 우주 내에는 이것말고도 바로 이러한 의미의 생명이 또 다른 곳에서도 형성될 수 있으며 바로 이 순간에도 그 어떤 곳에 이러한 생명이 현실적으로 존재할 수 있다. 그러나 태양-지구 사이에 나타난 이 생명은 우주 내에 가능한 여타 생명과는 무관하게 그 자체로서 하나의 독립된 실체를 이루고 있으며 이것이 우리가 보는 지구상의 생명이다. 장회익은 이 생명을 "온

---

2) 장회익(2002), "자연과 인간의 조화", 『고등학교 철학』, 대한교과서 주식회사, p.158., 앞으로 이 책에서 인용할 경우 (2002, 쪽)으로 표시.

생명"(global life)이라 부른다. 그의 온생명은 지구상에 나타난 전체 생명 현상을 하나 하나의 개별적 생명체로 구분하지 않고 그 자체를 하나의 전일적 실체로 인정한다는 점에서 기존의 생명 개념과 구별된다. 나아가 장회익은 온 생명을 구성하고 있는 개별적 생명체를 "개체생명"(individual life)이라 부른다.(1998, 181)

한 개체생명의 입장에서 보면 자신의 생존은 필연적으로 온생명의 생존과 함께 이루어지며, 자신의 생존이 자신을 제외한 온생명의 나머지 부분에 결정적으로 의존한다. 한 개체생명을 기준으로 하였을 때 "온생명에서 이 개체생명을 제외한 그 나머지 부분"은 이 개체생명의 "보생명"(co-life)이다.(1998, 190)

인간의 출현은 "온생명"의 입장에서 볼 때 의미심장한 사건이다. "온생명"은 생명이 출현한 이래 40억 년 동안이나 자의식이 없는 존재로 생존해오다가 이제 인간이라는 특별한 존재를 통해 자신을 의식하는 주체적 존재로 깨어나게 되었다. 인간은 "온생명" 의식을 가질 수 있다. 인간은 개체로서의 자신의 주체 의식에만 머물지 않고 자신의 의식을 "온생명" 전체로 확대해 나갈 수 있기 때문이다. 이 점은 인간이 "온생명"을 바로 내 "몸"으로 의식하게 되는 중요한 근거가 된다.(2002, 162)

4. 위기에 빠진 "온생명"

장회익은 생명의 단위를 "온생명"으로 잡고 인간을 "온생명"을 구성하고 있는 개체 생명 가운데 하나로 "온생명" 안에서의 인간의 자리를 설정한 후에 인간은 "온생명"의 자의식을 일깨운 소중한 존재가 되었음에도 불구하고 "온생명"을 위기에 빠지게 하였다고 주장한다. 그는 『삶과 온생명』서문에서 다음과 같이 말한다.

> 우리는 지금 엄청난 변화의 시대에 사고 있다. 놀라운 속
> 도로 변모하고 있는 과학 기술의 와중에서 우리가 과연 이
> 대로 이끌리어 살아가도 좋은 것인가 하는 우려를 금할 수
> 없다. 이는 마치 엄청난 급류에 휩쓸리듯이 그 어느 방향
> 으로 달려가고 있는 배를 타고 불안해하는 정황과 흡사하
> 다.(1998, 5)

장회익은 "온생명" 자체의 생리나 병리 현상을 검진할 수 있는 신뢰할 만한 방법은 존재하지 않지만, 인간의 건강에 비추어 "온생명"의 건강을 진단하면 지금 "온생명"은 심각한 질병을 앓고 있다고 주장한다. 지구의 평균 기온의 상승, 지구상의 토양, 물, 대기 등의 성분과 농도들이 급격히 변함으로써 생물 생존에 필요한 물리적 여건들을 크게 훼손시키고 있다는 것이다. 대체가 불가능한 자원들의 고갈과 처리 곤란한 폐기물들이 적체되는 현상, 지구상의 대다수 생물종들이 서식처를 잃고 이미 멸종하였거나 멸종 위기에 빠져 있다. 그는 이러한 현상을 "온생명"이 위기에 빠져 있다는 증거로 제시하였다.

왜 "온생명"이 위기에 빠지게 되었는가? 장회익은 그 원인을 인간에게서 찾는다. 인간이라는 생물종이 기형적으로 번성했기 때문이라는 것이다. "온생명"이 위기에 빠진 이유는 "신체의 각 부위에 암세포가 번성하였듯이 인간이 온생명의 각부위를 점유하면서 비정상적인 번영을 누리고 있기"(1998, 250) 때문이라고 진단한다.

인간의 출현은 지구생명의 탄생 이후 35억 년 만에 처음으로 "온생명"
의 자의식을 일깨운 놀라운 우주사적 사건이었지만, 이제는 "온생명"을
죽이는 암세포로 기능하게 되었다는 것이다. 이는 너무나 역설적인 우주
사적 비극이다. 그의 주장에 따르면 현재로서는 "온생명"의 암적 질환이
구체적으로 어떠한 결과를 초래할 것인지 분명히 말하기 어렵다. 이것이
단지 인간을 비롯한 지구상의 고등 생물종들의 멸종으로 끝날 것인지, 또
는 지구상의 모든 생명이 완전히 사라지는 데까지 이를 것인지 속단하기
어렵다는 것이다.

그런데 왜 인간이 "온생명"의 암세포가 되었는가? 장회익은 이와 관련
하여 다음과 같이 단정한다.

> 인간이 온생명 안에서의 자신의 위상을 파악하지 못하고
> 스스로 번영하는 것으로 착각하고 있다는 사실이다. 이것
> 이 바로 암세포의 역할을 하고 있다는 결정적 증거이다.
> 암세포라는 것은 외부에서 침입한 병원균이 아니다. 엄연
> 히 신체에 속하는 자체 세포로서 오직 그 어떤 연유로 신
> 체 안에서의 자신의 위상을 망각함으로써 자신이 지닌 생
> 존 기술을 무분별하게 활용하여 자신의 번영과 번식만을
> 꾀하는 세포들이다.(1998, 250)

> 온생명 안에서 태어나 이 안에서만 줄곧 살아 온 우리는
> 낱생명으로서의 생존 유지에 급급했던 나머지 이것을 자
> 연의 전부인 것으로 생각하면서 어이없게도 자신의 "몸"
> 의 일부라고 할 온생명을 두려움의 대상이나 극복의 대상
> 으로 지목하고 이에 대한 개발과 수탈에 열을 올려 온 것
> 이다. (2002, 166)

　인간이 보다 큰 근원적 생명체로서의 "온생명"을 이해하지 않고 개체 생명들간의 상대적 이해만을 추구하여 현대 문명이 파멸에 이르게 되었다는 것이다. 인간의 생명이나 문명은 "온생명"이라는 하나의 큰 틀 속에서 이루어지는 부분적인 현상임에도 불구하고 인간은 이러한 사실을 알지 못하고 과학 기술을 통해 "온생명"을 무자비하게 공격하였다는 것이다.

　과거 인간의 기술적 능력이 미미했던 시기에는 인간의 행위가 생태계에 대해 오직 국지적 영향밖에 주지 않았으며 이는 곧 복원되거나 그렇지 않더라도 전체 생태계에 대한 우려할 만한 손상은 불러오지 않았다. 그러나 이제는 과학 기술로 인한 인간 능력의 대대적 신장에 의해 "온생명"에 대한 전역적인 영향이 가능하게 되었고 이것이 과거에는 존재하지 않았던 새로운 양상을 조성하게 되었다는 것이다.

> 과학 기술이라는 엄청난 행위 능력을 소유하게 된 인간은 이를 그 개체 생존의 전략으로 활용함으로써 적어도 단기적으로는 인간이 지닌 욕구를 상당 부분 충족시키기에 성공함과 동시에 이 산업 기술을 효과적으로 활용할 강력한 사회적 장치로서 경쟁 위주의 사회 체제를 확립하였다. 그런데 이러한 경쟁 원리에 입각한 상업주의적 산업 사회는 단순히 기왕의 욕구를 충족시키는 데에 그치는 것이 아니라 이를 더욱 부추김으로써 상승된 새로운 차원의 욕구를 불러일으키고 있으며, 이러한 욕구는 다시 이를 만족시키기 위해 더욱 치열한 경쟁을 불러일으키면서 새로운 기술 개발에 박차를 가하게 된다.(1998, 247)

　과학 기술과 결합한 인간의 욕구가 "온생명"을 고려하지 않고 자기 충족을 추구하고 있으며, 이러한 욕구 충족의 본능은 시장 경제의 치열한 경쟁과 맞물려 새로운 기술의 개발에 박차를 가하게 되고 이는 또다시 "온생명"을 위협하며, 이러한 악순환이 계속된다는 것이다.

　이러한 악순환이 계속되면서 인구가 팽창하였다. 인류는 약 4만 년 전부터 수렵, 채취 등 원시적 형태의 생활을 통해 지구 전역에 퍼져 살면서 오랫동안 대략 400만 정도의 인구로 생태계와 균형을 유지하고 있었다. 그러다가 약 1만 년 전 문명을 이루어가기 시작하면서 그 숫자가 증가하여 기원 원년 경에는 대략 1억의 인구를 이루었고, 그 후 1000년 경에는 3억 5천만, 1900년경에는 16억이 되었다가 다시 최근에는 60억을 넘어섰다. 생물학적으로는 생태학적 균형을 이루는 인구는 문명 이전의 400만이다. 현재의 인구인 60억은 1,500배 증가한 것이다. 이는 생태계에 1,500배 과부화가 된다. 장회익은 급속한 인구 팽창은 "온생명"의 위기를 초래한 또 다른 이유 가운데 하나로 지적하였다.(2002, 162)

　장회익은 "온생명"의 위기를 이렇게 진단하고 있지만, "온생명"이 위태롭게 된 원인을 과학의 잘못으로만 돌리지는 않는다. 물론 과학 기술이 인류의 위기를 초래하는데 결정적인 역할을 하였다는 것은 인정하지만, 그것을 부정하고 거부해야 새로운 문명을 건설할 수 있다고 생각하지는 않는다. 오히려 그는 새로운 과학 문화를 정립해야 이 위기를 극복할 수 있다고 주장한다. 새로운 과학 문화는 기존에 우리가 가지고 있는 모든 지혜와 함께 과학을 통해 얻은 새로운 깨달음을 의미 있게 결합함으로써 얻어질 수 있다고 확신한다.(2002, 155)

　장회익은 "온생명"이 건강한 상태를 "원시 생태계"로 설정하고 있다.

원시 생태계를 준거로 우리의 삶이 재조정되어야 한다는 것이다. 그는 "원시 생태계에 준하는 건강의 회복과 함께 그 안에서의 조화로운 삶을 이룰 수만 있다고 하면 그 위에 수준 높은 창조적 문화를 전개해 나가는 것은 얼마든지 허용될 수 있는 것이다."(2002, 165)라고 주장한다. 원시 생태계를 회복하기 위해서 우리는 "온생명"의 건강을 더 악화시키는 방향으로 행동해서는 안 된다. 그의 "온생명" 치유 방식에 따르면 우리는 인구를 줄여야 하며, 야생의 영역을 더 이상 훼손시켜서는 안 되며, 훼손된 부분은 복원시켜야 한다. 물자를 더 이상 증산하지 말고 소비를 줄여야 하며, 폐기물을 더 이상 방출하지 말고 이미 발생한 오염 물질은 자연스럽게 제거해 나가야 한다. 생태계가 안정적인 건강 상태에 도달했다는 확신이 설 때까지는 "생태적으로 건전한 지속 가능한 감축"을 수행해야 한다.

그렇게 하기 위해서 우리는 자연과 조화로운 새로운 관계를 맺어야 한다. 새로운 관계를 맺기 위해서는 지금까지 우리가 지녀온 가치관을 전면적으로 수정해야 한다. 장회익은 지금까지의 선이 악이 되고, 악이 선이 되는 근원적인 가치 전환이 이루어져야 한다고 주장한다. 이러한 전환을 이룩하기 위해서는 무엇이 진정한 선이고, 진정한 가치인지를 살펴보아야 한다. 누구도 부정할 수 없는 가장 기본적인 가치가 무엇인가.

장회익이 말하는 가장 기본적인 가치는 생명의 가치이다. 가치 있는 다른 것을 추구하기 위해서는 자신의 생명이 존재해야 하기 때문에 생명 가치는 모든 가치를 가능하게 하는 가장 기본적인 가치이다. "온생명"을 구하기 위해서는 인간 중심에서 생명 중심으로 가치의 축이 옮겨가야 한다는 것이다. "지금까지 우리가 인간, 특히 인간의 생명을 최상의 가치로 놓고 생태계를 포함한 주변의 환경이 이 가치에 기여한다는

점에서 소중히 생각해 왔다면, 새로운 생태 윤리는 '온생명'을 가치의
중심에 놓고 이를 소중히 보살피는 일을 가장 중요한 과제로 삼게 된
다."(2002, 168-169)

장회익에 있어서 생명 가치를 중심에 놓는다는 것은 "온생명"의 관점
에 서는 것이다. "온생명"의 관점에 서면 "온생명"의 생존과 성장이라는
근원적 당위를 바탕으로 각각의 개체생명들이 지녀야 할 당위적 생존 양
식이 매우 자연스럽게 도출된다. 그러나 상황을 지나치게 단순화하여 상
위 개체를 위해 하위 개체의 희생을 강조하는 전체주의에 빠지거나, 모든
것을 자연 그 자체로 맡겨 두어야 한다는 방임주의에 빠져서는 안 된다고
주장한다. 그가 "온생명"적 관점이라 함은 "온생명" 안에 나타나는 모든
현상에 대해 그 본말을 분명히 가려 최적의 판단에 이르는 것을 의미한
다.(1998, 192)

그러면 우리가 어떻게 "온생명"의 관점을 취하여 "온생명"의 안위에
일차적 관심을 두고 이것을 보장하는 범위 안에서 우리의 안위를 보장할
수 있는가? 장회익은 그렇게 하기 위해서 우리는 "온생명"을 나로 의식
해야 한다고 주장한다.

장회익의 분석에 따르면 인간은 자기 정체성을 지닌 유일한 낱생명이
다. 일반적으로 우리는 자기 정체성의 기준을 의식의 단위에 둔다. 중추
신경계와 연결되어 하나의 통합적 의식을 형성하는 신경 세포들이 오직
한 개인의 신체 안에만 퍼져 있기 때문에 우리는 "나"라고 하는 존재를
자신의 신체에 국한한다. 그렇다면 우리는 우리 정보의 채널이 "온생명"
의 전 영역에 미치고 있기 때문에 우리 의식의 단위도 "온생명" 전체로
확장될 수 있다. 이렇게 의식이 확장되면 우리는 "온생명"을 자기 자신

이라고 느끼게 된다. 장회익은 "모든 것의 성패를 결정할 관건은 곧 "온생명"이 바로 내 몸임을 느끼는 의식의 차원에까지 이르는 일이 될 것이다."(1998, 264)라고 확신한다. 그는 이러한 과정을 자세하게 다음과 같이 설명한다.

> "나"라고 느끼는 존재가 한계지어 지는 것은 "나"를 이루는 신경 세포들의 주된 정보 활동 및 통합의 기능이 자신의 신체 안에 국한되어 있으며 소중히 보존해야 할 대상의 범위가 자신의 신체를 이루는 세포들에 한정된다는 본능적인 자각에서 온다. 그러나 우리가 교환하며 통합하는 정보의 내용이 체외에까지 뻗어 나가고 협동하고 보존해야 할 대상이 보다 넓은 영역으로 확대될 경우 우리는 흔히 이를 우리의 확대된 주체로 느끼게 된다. 가족을 비롯한 각종 사회 공동체에 확대된 일인칭인 "우리"라는 개념을 사용하는 것이 바로 이를 의미한다. 온생명이 주체로서 이해된다고 하는 것은 바로 이러한 확대가 생명의 최종 단위인 온생명에까지 이어짐을 의미하는 것이다. 이는 한편 충분히 가능한 것이면서도 이것이 이루어지기까지는 상당한 의식의 장벽이 존재하리라는 것을 쉽게 예상할 수 있다.(1998, 240)

인간이 자기 의식을 "온생명"으로 확장하면 인간은 개체로서 개인에 국한되지 않고 자신의 연장인 인류로, 그리고 종국에는 "온생명"으로 확대되어 간다. "온생명"을 나로 인식해야 한다. 곧 "온생명"을 내몸 같이 사랑해야 한다는 것이다. 이렇게 하여 에너지 자원을 최소로 소모하면서 최대의 문화 수준을 유지하는 삶을 유지해야 한다.

이렇게 하려면 현재까지 우리에게 익숙해진 생활 방식의 많은 부분을 폐기하거나 크게 수정해야 한다. 예를 들어, 사소한 인간의 이익 혹은 향락을 위해 동식물의 자연스런 생활 터전을 빼앗거나 그들의 생명을 남획하는 일이 없어야 할 것이며, 단순히 신체의 보존을 위해 원시적 상황에서 필요로 하였던 것 이상의 물질적 소모를 하려 해서는 안 될 것이다. 지나친 의료 활용을 통한 생명의 인위적 보존이나 부자연스러운 수명의 연장 등도 일단 인간 본연의 생존 방식에 벗어나는 것들이라고 보아야 한다는 것이다.

앞으로 기대되는 그리고 지향해야 할 생활 방식은 외형적으로는 수만 년의 원시림과 동식물이 되살아나는 지구 환경을 유지하면서 사람 각자는 이러한 환경 안에서 자연스런 육체적 활동 및 휴식을 취함과 함께 고도로 발전된 문화 창조 및 교류 시설들을 활용하여 높은 정신 문화를 누려나가는 형태가 되어야 할 것이다. 이러한 경우 지금과 같은 대규모 도시 건설이나 대규모 교통 시설은 아마도 필요하지 않을 것이다.

이를 위해서 우리는 본능적으로 요구하고 있는 여러 가지 일들을 의식적으로 검토하여 정말 잘 사는 것이 무엇인가에 대한 표준을 설정해야 한다. 외적으로는 생태계로부터 얻어낼 수 있는 자원과 물질의 한계가 무엇인가를 명백히 설정해야 한다. 이제부터는 생태계적 "온생명"적 허용치를 분명히 산정하고 개발의 총량을 이 범위 안에서 엄격히 제한해야 한다는 것이다.

이러한 수요와 허용 가능치가 설정되면 전체 인류를 감안한 총수용치와 생태계의 허용 가능치를 비교하여 가능한 인구의 상한치를 설정해야 할 것이다. 만일 현존 인류의 총인구 또는 가까운 장래에 예상되는 인구가 이렇게 상정되는 인구의 상한치를 초과할 경우 우리는 불가피하게 인구 억제 정책을 쓰지 않으면 안 된다고 주장한다. 그는 "각각의 개인에 대해서는 이렇게 상정되는 일인당의 자원 및 물질 허용량 이상의 소모를 억제토록 해야 할 것이며, 이는 일차적으로는 가치관의 개편에 의한 도덕적 의무로 부과하는 것이 옳은 일이겠으나 경우에 따라서는 법적 구속에 의한 시행도 고려하지 않을 수 없다."는 결론을 내리고 있다.(1998, 261-262)

그러나 장회익은 상황이 그렇게 쉽게 역전될 것이라고 낙관하지는 않는다. 현대 인류가 지닌 가치관을 바꾸는 것은 지극히 어려운 일이기 때문이다. 그의 제의가 현재 지배적 사회 체제로 정착한 자유 시장 경제 체제와 정면으로 배치되는 것이기 때문이다. 그의 분석에 따르면 자유 시장 경제 체제는 기본적으로 인간의 본능을 부추기고 이를 통해 소비를 조장하는 구조이며, 정치에서 본능을 자제하고 소비를 통제해야 할 당위성에 대해 구조적으로 역행하는 성격을 지니고 있기 때문이다.

우리는 결국 무제한적인 이러한 자유 시장 경제 체제를 바꾸거나 최소한 그 어떤 근본적인 수정을 가하지 않고는 다른 해결 방법이 없다. 문제는 우리가 체제 내적 방식에 의해 이러한 변혁을 시도할 것인가 혹은 체제 외적 방식으로 이를 시도할 것인가 하는 점이다. 먼저 체제 외적 방식을 살펴본다면 이는 현실적으로 실현 가능성이 빈약하다. 지금까지 자유 시장 경제 체제에 대한 가장 유력한 대안 체제였다고 생각된 사회주의 체제는 이미 몰락하였거나 적어도 여기서 요청되는 측면에서는 자유 시장 경제 체제와 별로 다르지 않은 형태로 변형되고 있음을 우리는 본다. …

결국 현 체제로부터의 점진적 변형을 시도할 수밖에 없다.
인간이 희구하는 자기실현의 가능성을 넓게 열어놓고 이의
성취를 위한 경쟁적 활동을 최대한 허용하면서도 적어도
물질적 여건에 관한 한 전면적인 협동의 원리에 입각한 새
로운 사회 체제를 모색하는 것이 필요한 것이다.(1998,
263)

"온생명"의 건강을 회복하기 위해서는 의식의 전환을 이룩하고, 원시적 상태에 맞추어 삶의 조건을 재조정하고, 시장 경제 체제를 바꾸거나 수정해야 한다는 장회익은 주장은 실현 가능성이 적으나 논리적으로 엄밀한 일관성을 지니고 있다.

몇 가지 질문들

우리는 지금까지 온생명의 윤리학의 특성을 살펴보았다. 삶의 문제에 바탕을 둔 동양 학문의 태도를 원칙적으로 수용하면서도 삶이 객관적 지식에 기초해야 한다는 장회익의 일관된 학문적인 입장에서 우리는 앎과 삶을 통합하려는 그의 진지한 노력을 읽을 수 있다. 그의 이러한 노력은 "있는 그대로의 사실"을 있는 그대로 밝히려는 "존재의 학" 또는 "사실의 학"과 "우리가 마땅히 해야 할 바"를 밝히려는 "당위의 학" 또는 "가치의 학"을 구별하는 서양의 이원론을 극복하려는 노력으로 높은 평가를 받을 수 있다.

장회익은 동양의 학문적 태도와 서양의 과학을 통합하여 새롭게 "온생명" 이론을 제시하였다. 우리는 그의 "온생명" 이론이 기존의 이론과 명

백하게 차별되는 독창성을 지녔다는 점을 인정하고 이를 높이 평가해야 할 것이다. "온생명"의 건강이라는 관점에서 그가 제시한 현대 문명 비판과 대안 제시도 기존의 입장과 다른 이론적 특성을 지니고 있다. 그의 생명 중심주의는 인간 중심주의나 생태 중심주의와 구별되는 이론적 강점을 지니고 있다.

그러나 그가 "온생명"의 건강을 위해 우리가 지향해야 할 바람직한 상황으로 설정한 "원시 생태계"가 우리 문명의 대안이 될 수 있는가는 의문의 여지가 있는 것처럼 보인다. 문명의 관성과 진화의 방향에 비추어 볼 때 180도 방향을 바꾸어 온 길을 역류하기란 거의 불가능한 일이기 때문이다. 그의 생각처럼 어떻게 "원시 생태계"에서 고도의 정신 능력을 지닌 인간의 삶이 실제로 가능할 수 있겠는가?

뿐만 아니라 사실과 당위를 통합하려는 그의 윤리학적 태도는 포퍼가 지적한 닫힌 사회나 원시 사회의 한 특성을 반영하고 있는 것처럼 보인다. 포퍼에 따르면 사실과 당위를 구별하지 않고 사실과 당위를 같은 것이라고 생각하는 소박한 일원론은 닫힌 사회의 특성이다. 닫힌 사회에 사는 사람들은 자연 법칙과 규범 법칙을 구별하지 못하고 규범 법칙도 자연 법칙과 같이 변경 불가능한 것으로 믿었다. 닫힌 사회에서 사회구성원들은 스스로의 선택에 의해 행동을 결정하는 것이 아니라, 정해진 규칙을 무조건 따를 수밖에 없었다. 닫힌 사회에서 사회 제도는 절대적으로 옳은 것이라 생각되었기 때문에 비판의 대상이 될 수도 없었다. 따라서 닫힌 사회에서는 사회적 규범을 생산하는 국가가 절대 권력을 사용하여 사람들의 생활을 전면적으로 통제하였다. 만일 "온생명"의 생리에 맞추어 인간이 살아야 한다면, 그 생리도 자연 법칙의 행태를 띠게 될 것이고, 그것에 따라 인간의 행위를 통제하는 것이 장회익의 입장에서는 정당화될 수 있을 것이다.

개인이 아니라 국가가 무엇이 옳은가를 결정하고, 개인은 국가의 결정을 따르기만 하면 된다. 이러한 사회에서는 책임을 수반하는 개인 결단의 영역이 존재하지 않는다. 반면에 사회 규범을 인간이 만든 것으로 이해하는 비판적 이원론이 통용되는 열린 사회에서는 개인의 결단이나 사회적 합의를 통해 그 규범을 변경할 수 있다. 물론 그것에 대한 도덕적 책임도 개인이 져야 한다. 이러한 맥락에서 본다면 인류는 닫힌 사회에서 열린 사회로 진화해 왔다고 할 수 있다.[3] 그렇다면 장회익의 일원론은 이러한 자연스러운 인류 지성의 진화 과정을 거역하는 것으로 해석할 수도 있다.

장회익의 현대 문명의 위기에 대한 대안은 현실적인 설득력이 대단히 약한 것처럼 보인다. "온생명"의 건강을 위해서 원시 상태가 바람직하긴 하겠지만, 문명화된 현대인이 그것을 바람직하게 여기기를 기대하기란 힘들다. 생활은 원시인처럼 하고 사고는 현대 문명인처럼 할 수 있는 그러한 인간이 어떻게 탄생할 수 있겠는가? 극소수의 사람은 그럴 수 있지만 대다수의 사람이 그럴 수는 없을 것이다. 사회적 강제가 없다면, 생활 양식은 원시로 되돌아가고 사고 방식은 고도로 발전한 문명 상태가 공존하는 것은 이론적으로 가능할 수 있을지 모르나 현실적 접합성은 약한 것처럼 보이다.

역사 경험적으로 보더라도 원시인들이 "원시 생태계"의 가치를 알았다고 보기는 어렵다. 그들은 "원시 생태계"의 소중함을 전혀 인식하지 못했을 것이다. 뿐만 아니라 장회익이 말하는 "온생명"의 건강을 보호하

---

3) 포퍼, 『열린 사회와 그 적들 I』, 이한구 역, 민음사, 1982, pp.92-103. 참고.

려는 생활 방식은 오히려 경제적으로 후진국이 아니라 선진국에서 잘 시행되고 있는 것처럼 보인다. 대부분 후진국은 경제적으로 뒤져 있기 때문에 먹고 사는 문제에 급급하여 생명을 보호해야 한다거나, 자연의 생리에 맞추어 살아야 한다는 자각조차 없다. 장회익의 표현을 따른다면 과학적으로 자연을 인식하지 못하고 있을 뿐만 아니라 "온생명"에 대해서는 완전히 무지 상태에 있다. "원시 생태계"로의 회복은 산업화를 넘어서, 계몽된 인간만이 가질 수 있는 가치라고 볼 수밖에 없다.

나아가 인구 문제만 하더라도 그렇다. 역사적으로 경제적으로 선진화된 사회가 상대적으로 인구 증가의 둔화 현상을 보여주고 있다. 인구가 가파르게 상승하고 있는 나라는 대개 후진국들이다. 인구 감소는 서구적인 의미의 산업화를 거친 나라에서 나타나는 현상이다. 그렇다면 세계의 모든 나라가 선진국 수준에 도달할 때 장회익이 바람직하다고 생각하는 인구 감소의 현상이 나타난다고 할 수 있다. 서구 문명의 방향을 "원시 생태계"에 적합한 상태로 되돌릴 것이 아니라 후진국을 선진국으로 만들어야 할 것이다. 그 후에야 "원시 생태계"를 향한 노력이 싹틀 수 있을 것이다.

또 다른 맥락에서 본다면 인간이란 자연과 비교하여 연약한 존재이다. 파스칼의 말을 빌리면 인간은 갈대다. 갈대처럼 연약한 존재다. 이런 인간이 자연을 정복한다거나 자연을 파괴한다는 것은 어불성설이다. 이는 인간에 대한 과대평가이다. 자연은 하루아침에 인간을 무력화 시킬수 있는 능력을 가지고 있다. 인간을 자연과 대비시켜 자연을 보호해야 한다는 주장 자체가 자연에 대한 잘못된 이해에서 출발한 것인지도 모른다.

인간은 자연의 일부이다. 인간이 "온생명"을 구성하고 있는 개체 생명이라면 인간의 모든 행위는 "온생명"의 질서에 따른 것이라 할 수 있다. 인간은 자연의 일부인 이상 자연의 질서를 벗어날 수 없다. 자연을 파괴하는 것처럼 보이는 인간의 행위도 실제로는 자연으로부터 온 것이다. 자연은 인간의 자연 파괴적 행위조차 포용할 수 있을 정도로 관대하고 포용력이 있는 존재인지도 모른다. 이렇게 본다면 자연과 인간이라는 이분법적 대결 구조에서 자연과 인간을 논할 것이 아니라, 인간과 인간과의 관계 속에서 자연의 문제를 논의하는 것이 설득력이 있고 현실적 적합성이 있을 지도 모른다. "원시 생태계" 중심이나 "온생명" 중심이 아니라 진정으로 인간 중심적이 될 때 장회익이 희망하는 인간의 행동들이 도출되어 "온생명"의 안위가 보장될 수 있을 것이다.

장회익 선생과 온생명: 기억과 질문

이 봉 재(서울산업대, 철학)

1. 기억

장회익 선생은 특별한 분이다. 적어도 나에게는 그렇다. 그 분과 함께 책을 읽어온 지 이제 15년이 되었다. 그 기간동안 내가 배운 것은 막대하다. 이건 겉치레 말이 아니다. 미국의 철학자 힐러리 퍼트남(H. Putnam)이 그의 선생 한스 라이헨바하(H. Reichbach)에게 대해 이렇게 말한 적이 있다.

당시 내가 학위를 준비하던 시기는 분석철학의 초창기로

서, 대부분의 선생들이 내가 관심 갖던 물음들, 마르크스·
프로이트·삶의 의미 등의 문제들에 대해 그건 무의미한 물
음들이라고, 철학에서 다룰 수 없는 물음이라고, 종교학이
나 사회학, 심리학에 가보라고 말할 때, 라이헨바하만은 모
든 것에 대해 답해주었고 답할 수 있었다.

장선생을 처음 만났던 1980년대 벽두는 한국에서도 분석철학의 초창
기가 시작되고 있었다. 그 분야에서 철학공부를 시작한 나에게 분석철학
은 퍼트남에게 만큼 답답한 느낌이었다. 의미를 이해하고 의미를 분석하
는 것이 중요한 철학적 작업인 것은 분명하지만, 그것이 철학적 문제의
모든 것인 양 말하는 것은 납득하기 어려웠다. 그건 무엇보다도 흥미롭지
못했다. 이 점에 관한 한 "언어분석 말고, 의미 말고 중대한 문제가 철학
에 있다."고 말했던 과학철학자 칼 포퍼(K. Popper)가 옳았다고 나는 생
각한다.

어쨌든 간에 분석철학의 기이한 결벽주의에 지쳐있던 나에게 장회익
선생은 일종의 라이헨바하였다. 토론에서 제기되는 모든 물음에 대해서
장선생은 답이 있었다. 항상 과학의 성과를 밑바탕에 놓고 나름의 정돈된
관점에서 어떤 답을 내놓는 그 모습에 대해 나는 무척 놀랐다. 이럴 수도
있는가? 이럴 수도 있구나.

꿈이란 무엇인가?
한국에도 수학이 있었는가?
기독교가 과학에 끼친 영향은 무엇인가?
양자역학은 어떤 철학적 의미를 갖는가?
기계론이란 철학적 입장은 과연 옳먹을 것인가?

당시 이야기되었던 몇 가지 물음들이다. 답변의 자세한 내용은 희미해졌지만 이들 물음에 대해 장회익 선생은 나름의 답변을 들려주었다. 맞건 틀리건 간에 정연한 대답을 내놓는다는 것, 그것은 대단히 중요하다. 제대로 형태를 갖춘 답이 제시되어야, 문제를 가지고는 미처 생각하기 어려웠던 사람들이 비로소 생각을 시작할 수 있기 때문이다. 제시된 답변을 수선해가며 진보의 사다리를 올라갈 수 있기 때문이다. 문제만 있는 곳, 모두들 문제만 쳐다보는 곳, 단지 추측에 지나지 않는 답들만 남겨지는 곳- 거기가 지식의 황무지다.

그런 공부의 인연으로 나는 장회익 선생과 개인적인 대화의 기회도 가질 수 있었다. 그 대화 중 어떤 부분들을 나는 아직도 기억한다.

"인문학자들은 너무 책에 있는 내용만 따지는 것 같네. 직접 문제를 답해보려고 하지 않는 것 같네."

"내가 물리학을 너무 많이 한 것 같아. 철학적 작업들을 할 수 있는 시간이 부족해. 여러 가지 생각은 많이 해놓은 것 같은데, 제대로 정리할 시간이 있을지 모르겠어."

"갈릴레오가 천체에 대한 책을 출판했을 때, 조선에서도 천체론이 출간되었네. 아직 한국에서는 아무도 읽지 않은 책이네. 내가 그걸 읽지 않을 수 없지."

"어느 나이가 되면 어학을 책상에서 공부하기는 어렵지. 카드에 문장을 써놓고 버스에서 지하철에서 오가며 연습하는 거지."

장회익 선생은 이미 우리 현대 지성사의 중대한 인물이다. 그의 공과가 어떻게 기록될지 아직은 모른다. 그러나 나에게 장회익 선생은 의심의 여지 없이 최고의 한국 철학자였다. 생각하는 법, 답하는 법에 대한 생생한 모범이었다. 내 철학은 스타일에 있어서 장회익의 철학을 지향한다. 그 분을 기념하는 논집에 참여한다는 것은 내게 커다란 영광이다.

2. 『삶과 온생명』

장회익 선생의 주저는 두 개다. 『과학과 메타과학』, 『삶과 온생명』.[1] 『과학과 메타과학』이 과학지식의 인식론적 구조를 해명하는 데 초점 맞추고 있는 반면, 내가 특히 관심갖는 『삶과 온생명』은 대단히 중요한 다른 물음들을 다룬다. 그 첫째는 우리 동아시아 전통에게 서양과학은 어떤 의미를 가지는가, 어떻게 수용되어야 하는가, 우리의 수용에서 미흡한 점은 무엇인가 등의 중차대한 물음이며, 둘째는 삶과 생명을 어떻게 보아야 하는가, 현대과학이 그에 대해 알려주는 것은 무엇인가를 철학적 수준에서 묻는 것인데, 그 연구의 결실에는 "중요한" 물음들에 대해서 과학의 성과를 바탕에 놓고 나름대로 정연하고 흥미진진한 답변을 내놓는다는 장회익 선생의 특징이 여실하다. 내가 특히 인상적으로 생각하는 몇 구절들이다.

> … 동양적 사고에서는 자연(自然) 그 자체가 이미 내 삶과
> 의 연관 아래 개념화되어 있기 때문에, "자연이 이렇다"고

---

1) 『과학과 메타과학』, 장회익, 지식산업사, 1990. 『삶과 온생명』, 장회익, 솔출판사, 1998.

하면, "그러니까 나는 이래야 된다"는 것이 곧 파생되어 나오는 것이다. 이것이 바로 동양적 자연관이 서구적인 대물(對物)지식의 성격과 기본적으로 다른 점이다. 이는 곧 삶의 장, 삶의 체계 안에서 자연을 보는 관점이며, 이 관점 안에서 개념화된 **사실**은 이미 **당위**와의 사이에 논리적 단절이 없는 대생(對生)지식이라는 새로운 지평 위에 떠오르는 개념이 되는 것이다.(『삶과 온생명』, p.29.)

… 다산은 그의 리기(理氣)관에서 리(理)개념에 비해 기(氣)개념을 상대적으로 강조함으로써 현상으로서의 자연에 한층 접근해간 반면, 자연법칙으로서의 리(理)개념을 실질적으로 무력화함으로써 보편원리를 추구한다는 과학의 이상으로부터는 오히려 멀어지는 결과를 초래하였다.(같은 책, pp.156-157.)

다산 이후에도 최한기 등 출중한 실학자들이 이어졌으나 어느 누구도 고전역학을 비롯한 근대과학의 체계적 이론에 접근해간 증거를 찾을 수 없으며, 서구과학을 오직 실용의 학으로만 이해하는 데 그치고 있는 것이다.(같은 책, p.158.)

이들 구절들은 그 자체 흥미진진하다. 서양학문과 동양학문은 대물지식과 대생지식이라는 개념을 통해 총체적으로 비교규정될 수 있다는 발상이 참신하며, 조선 후기의 실학사상이 어떤 의미에서 서양과학에 접근하는 동시에 서양과학을 멀리하고 있는지를 논구하는 정약용에 대한 평가 또한 주목할 만하다. 그러나 중요한 것은 장회익 선생이 제시하는 결론의 내용만이 아니다. 우리가 더욱 주목할 것은 그 물음의 현대성이다. 철저히 현대적인 문제의식 속에서 우리 전통의 문헌을 직접 해석하고 평가한다는 것, 그것은 우리에게 절대 흔하지 않기 때문이다. 식민지 역사의 후유증이겠지만, 철학을 전문으로 공부한다는 이른바 서양철학자들조차 전통의 문헌을 읽어볼 엄두를 내지 못하는 우리의 일그러진 현대에서 장회익 선생의 시도는 진귀한 것이다. 이들 해석에 대한 관련 전문가들의 깊이있는 평가를 기대해본다.

3. 온생명

장회익 선생이 남긴 또 하나의 커다란 업적은 "온생명"의 개념이다. 간략히 말해서 그것은 우리들, 숨쉬고 활동하고 이야기하는 우리 생명체들은 결코 자족적인 생명단위가 아니며, 지구 단위를 포괄하는 생명단위의 부분이라는 통찰을 특유의 방식으로 개념화하는 것이다. 장선생은 이 개념을 통해 생명에 대한 기존의 관점이 잘못됨을 지적하며, 새로운 생명 개념에 비추어 현대문명을 진단하기도 한다. "온생명"이 아니라 "개체생명"을 생명의 근본단위로 삼는 종래의 생명관 아래서는 개체생명의 생존을 지상가치로 삼으며, 따라서 개체생명들 간의 생존경쟁을 생명의 고유한 활동으로 파악할 수밖에 없다는 것이다.

> 그러나 일단 온생명의 관점을 취하게 되면 자연의 본원적 질서는 기본적으로 경쟁이 아닌 협동으로 이해할 수 있게 된다. 동종의 개체들은 협동을 통해 한층 높은 차원의 상위 개체를 형성하며 이러한 상위개체들은 다시 그들 사이의 새로운 협동을 통해 한층 더 높은 상위 개체를 형성해가면서 최종적으로는 하나의 생존단위인 온생명에 이르게 되는 것이다.(같은 책, p.192.)

생명의 진정한 단위는 우리들 개체가 아니라 그것들을 하나로 묶는
온생명이라는 단위라는 제안, 그리고 온생명의 개념 아래 다윈 이래 경
쟁으로 이해되어온 생명계의 활동논리를 협동의 그것으로 대체할 수 있
는 대안의 관점이 마련된다는 제안은 충분히 흥미롭다. 그것은 결코 단
순한 흥미가 아니다. 생명과 생태계에 대한 고조된 위기의식에 의하여,
그리고 급속히 현실화되고 있는 생명의 공학적 조작가능성이라는 위협
에 대하여, 생명이 어떤 것이며, 어떤 것으로 존속되어야 하는지를 말해
주는 의미있는 대안의 관점일 수 있기 때문이다. 그런데 온생명은 과연
그런 역할을 감당할 만한가? 그럴 만한 이론적 참신성과 깊이를 가지고
있는가?

우리의 논의를 위해서 온생명의 개념을 조금 세밀하게 이해해보자.
이미 말했듯이 온생명 개념의 요점은 생명이란 우리가 흔히 생각해왔던
그것, 인간과 동식물의 개체를 단위로 존재하는 그런 것만은 아니라는
것이다. 엄밀히 말해서 그들 "개체생명"(individual life)들은 어떤 "진정
한 하나의 생명" 속에 포함되어 있는 "생명의 부분"일 뿐이라는 것이
다.

우리들 개개인의 생명이 하나의 생명이라기 보다는 "생명의 부분"이
라니, 이게 무슨 소리일까? 그러나 현대인들에게 이것은 그다지 충격적이
지 않다. 우리의 일상경험과 지식 속에 이미 유사한 깨달음들이 담겨있기
때문이다. 예를 들면 이런 것이다. 우리들 개개인의 생명은 부모로부터
부여받은 것이며 자식들에게 이어진다. 그럴진대 우리들의 생명이란 도도
히 흐르는 생명의 어떤 흐름 속에 놓여있는 부분이 아니겠는가? 다른 방
식으로도 말해볼 수도 있다. 현대 생태학의 지식에 따르면 우리의 생명은
자족적으로 존재하지 않는다. "먹이사슬" 등의 개념이 알려주듯 우리의
삶은 다른 동식물, 그리고 미생물들의 존재와 불가분의 관계에 놓여있으

며, 그런 의미에서 개개 생명들은 거대한 "생명의 그물"을 이루고 있다. 거기서 우리들 개개의 생명은 그물의 코 같은 것, 하나의 부분이라고 말하게 된다.

그런데 온생명은 이런 정도의 개념인가? 그렇지 않다. 장선생이 온생명의 개념으로 제안하려는 요점은 개개 생명들이 필수적으로 상호연관되어 있다는 생태학적 지식 정도의 반복에 멈추지 않는다. 장선생에 따르면 그물을 이루고 있는 생명들 ― 그것은 실질적으로 거대한 "하나의 생명체" 즉 실재하는 실체로 간주되어야 한다. 이는 비유도 아니며 새로운 용어법의 제안도 아니다. 장선생에 따르면 그것은 현대 과학의 성과에 기반한 세계에 대한 사실적인 서술의 부분이다.

장선생에게 온생명의 개념은 생명에 대한 유사 열역학적 정의에 기반하여 도출된 것이다. 출발점이 되는 생명현상에 대한 정의는 이렇다. "우주 내에 형성되는 지속적 자유에너지의 흐름을 바탕으로, 기존 질서의 일부 국소질서가 이와 흡사한 새로운 국소질서 형성의 계기를 이루어, 그 복제생성률이 1을 넘어서면서 일련의 연계적 국소질서가 형성 지속되어 나가게 되는 하나의 유기적 체계."(같은 책, p.177.) 이 정의로부터 추론하건대 생명은 개체들의 단위에 한정되지 않으며, 지구상에 나타난 전체 생명현상이 그자체 하나의 "전일적(holistic) 실체"로 판명된다는 것이 온생명론의 논쟁적인 핵심이다.

이렇게 온생명의 개념 및 단위를 확정짓고 나면 우리에게는 우주는 다른 모습으로 나타난다. 태양과 같은 에너지 덩어리를 근원으로 삼는 지구 형태·규모의 거대한 생명체들이 우주 곳곳에서 마치 푸른 거인들처럼 숨을 몰아쉬고 있는 모습. 인간의 몸이 털과 살과 피와 기관들로 이뤄졌듯이 우주거인들의 몸은 암석과 바다, 하늘 (공기) 그리고 그 사이를 쏘다니는 온갖 동식물들로 이뤄진다. 장선생의 설명에 따르면 이 거대한 생명체는 지능 또한 갖는다. 인간의 몸이 뇌와 중추신경계라는 특화된 부분을 통해 지능을 갖듯이, 우주거인은 인간이라는 특별한 개체생명을 통해서 지능을 갖는다. 달리 말해서 우주거인 속의 인간은 인간 몸의 뇌 같은 것이다.

정말 굉장한 상상력 아닌가? 더구나 이 상상력은 공상적이지 않다. 장선생이 강조하듯 열역학, 분자화학, 진화생물학의 성과들을 진지하게 수용하는 **과학적** 상상력이다. 온생명의 용어법이야말로 과학의 현대적 성과와 가장 잘 부합하는 생명개념이며, 그런 의미에서 온생명은 과학적 개념이라고 거듭 강조된다.

4. 온생명에 대한 질문[2]

온생명의 개념은 어떻게 평가되어야 할까? 무엇보다도 그 개념적 창의성은 존중되어야 한다. 개념은 중요하다. 분절적 언어 없는 사유가 내용 없는 모호함에 지나지 않듯이 정교한 개념들 없이 고급의 사유도 존재할 수 없기 때문이다. "개념적 진리"(conceptual truth)를 발견하는 사람이라는 철학자의 정의가 시효를 상실한 이후, 철학자란 리처드 로티(R. Rorty)가 말하듯 새로운 개념 또는 어휘를 만드는 사람이다.[3] 우리의 새로운 경험들, 거기서 비롯되는 혼란 및 당혹을 일관적으로 이해할 수 있

---

2) 이 절의 내용은 교수신문에 기고했던 내용을 보완한 것이다.(『오늘의 우리 이론 어디로 가는가』, 교수신문 편, 생각의 나무, 2003, pp.127-133.)

3) 전래의 철학방법과 대비되는 "…[새로운] 철학 '방법'은 … 유토피아 정치학이나 혁명적 과학의 '방법'과 똑같다. 그 방법이란 수많은 것들을 새로운 방식으로 재서술하여, 자라나는 세대가 그것을 채용하고 싶어할 때까지 당신이 언어행위의 패턴을 창안하는 것을 말하며, 그렇게 함으로써 그들로 하여금 가령 새로운 과학장비나 새로운 사회제도의 채택처럼 비언어적 행위의 적절한 새 형태를 추구하게 하는 것을 말한다."(로티, 『우연성·아이러니·연대성』, 민음사, 1996, p.39.)

게 해주는 새로운 개념을 개발해주는 사람, 그리고 그 개념에 적절한 내용을 채워주는 사람, 바로 그런 사람이다. 그런 의미에서 철학사란 개념 창조의 역사이며, 현대 한국의 철학·사상이 빈곤하다는 것은 우리의 부실한 개념창조 능력을 지적하는 것과 다르지 않다.

새로운 개념이라는 의미에서 온생명은 충분히 **철학적**인데, 장선생에게 그것은 동시에 충분히 **과학적**이다. 장선생이 빈번히 지적하듯이 온생명의 개념은 철학적 (또는 형이상학적) 상상이라기 보다는 생명에 관한 현대과학의 성과들을 종합적으로 조합하는 **과학적**인 것이다. 현대과학이 생명에 대해 밝혀낸 최선의 내용들을 기반으로 삼아, 우리의 통상적인 생명에 대한 관념을 재조정해보려는 의욕이 온생명의 개념 속에 담겨있다. 그러나 과연 그렇게 말할 수 있을까? 먼저 온생명의 정의를 따져보자.

> 우주 내에 형성되는 지속적 자유에너지의 흐름을 바탕으로, 기존 질서의 일부 국소질서가 이와 흡사한 새로운 국소질서 형성의 계기를 이루어, 그 복제생성률이 1을 넘어서면서 일련의 연계적 국소질서가 형성 지속되어 나가게 되는 하나의 유기적 체계.(같은 책, p.177.)

이 정의로부터 과연 장선생 특유의 온생명 개념이 도출될 수 있는지는 분명치 않다. 정의가 말하건대, 지속적 자유에너지라는 조건 아래서 어떤 국소질서가 형성된다는 것은 개체생명이라는 현상을 열역학적 표현으로 재구성한 것이며, 그 국소질서가 복제생성률 1을 넘어서는 자기복제율을 갖는다는 언급은 개체생명의 자기복제라는 생물학적 현상을 말하는 것으로서 전혀 낯설지 않은데, 문제는 이들 "일련의 연계적 국소질서가 형성 지속되어 나가게 하는 하나의 유기적 체계"라는 부분에 있다. 이 부분이 말하는 것이 정확히 무엇일까? 쉽게 해석하건대 하나의 개체생명이 자손을 만들며 지속적으로 존속해가는 과정 전체와 그 과정이 가능하게 되는 에너지 환경 전체를 뭉뚱그려 하나의 유기적 체계라고 말하는 것인데, 그런데 이로부터 이 거대한 유기적 체계만이 진정한 생명의 단위라는 추론이 가능한가? 나에게는 분명치 않다. 왜냐하면 위의 정의를 개체생명의 역사와 그것을 가능케 했던 물리화학적 조건들을 포괄적으로 언급하는 것으로 해석하지 못할 이유를 알 수 없기 때문이다. 생명현상을 가능케 하는 조건들을 생명 또는 생명의 부분이라고 굳이 말해야할 이유는 무엇일까? 온생명에 대한 장선생의 부연에서도 이러한 의심은 완화되지 않는다.

> … 지구상의 생명은 대략 35억년 전에 이루어진 어떠한 국소질서가 생명형성을 위해 필요로 하는 몇 가지 조건, 특히 그 복제생성률이 1을 넘어서는 조건을 처음으로 만족시킨 시기를 기점으로 탄생한 것이라고 말할 수 있으며, 이를 계기로 이어져 내려온 후속질서의 총체를 일러 생명을 이루는 실체, 즉 생명체라고 부를 수 있다.(같은 책, p.178.)

여기서 35억 년 전 탄생한 것은 무엇인가? 개체생명인가, 온생명인가? 온생명이 아니라고 말하는 것이 아니다. 개체생명이 아니라고 말할 이유가 무엇이냐고 묻는 것이다.

물음은 여기서 멈추지 않는다. 온생명의 정의가 타당하다고 해보자. 그렇다면 이제 그것은 충분히 과학적인 개념인가? 과학의 성취들을 부정하지 않는 한, 받아들일 수밖에 없는 생명의 새로운 "과학적" 개념인가? 이에 대해서도 나는 확신할 수가 없다.

  좋은 과학적 개념(또는 가설)이란 일반적으로 다음 몇가지 특성을 갖는다. 그 개념에 의해서만 비로소 무질서해 보이던 일련의 경험들이 정확하게 그리고 일관적으로 이해될 수 있으며 또한 이전에는 상상할 수 없었던 새로운 경험가능성들이 그 개념에 의거하여 포착될 수 있어야 한다. 한마디로 말해서 좋은 과학적 개념이려면 어떤 방식으로든 새로운 경험내용을 함축해야 한다. 과학사의 중요한 개념들은 모두 그런 특성을 갖는다.

  그런데 온생명의 개념은 어떤가? 어떤 새로운 경험에 대해 말해주는가? 온생명의 개념을 받아들일 때, 우리는 우주에 대한 새로운 그림을 그릴 수 있다. 그러나 그 그림을 통해 새롭게 정돈되는 경험내용은 무엇인가? 그로부터 도출되는 새로운 경험내용이 있는가? 대단히 불투명하다. 예를 들어 온생명의 개념 아래 장선생은 개체화 전략을 중요한 개념으로 도입한다. 그리고 인간의 지능을 온생명의 지능으로 재규정한다. 그러나 이러한 새 개념과 재규정은 모두 기존의 경험·지식 내용을 반영할 뿐이다. 개체화 전략이란 지구 위에 개체로서 존재하는 생명현상에 대한 재서술일 뿐이며, 온생명의 지능으로서의 인간지능이란 지구위 인간이 지능을 갖는다는 사실의 재서술이다.

  이는 온생명론과 흡사한 내용을 갖는 가이아 가설(Gaia hypothesis)과 비교해볼 때 더욱 분명해진다. 대기과학자 제임스 러브록(J. Loverock)이 제안한 가이아 가설은 그 이름의 문학적 뉘앙스와는 달리 견실한 과학적 가설이다. 그것은 지구대기의 특성에 대한 세밀한 경험적 연구로부터 출발하여 무기물과 유기물의 상호의존성, 그리고 지구가 그 자체 하나의 생명체처럼 자기조절 능력을 드러낸다는 꽤나 충격적인 결론을 이끌어낸다. 가이아가설은 그러나 충분히 과학적이다. 예컨대 가이아가설에 따르면 화성의 생명체 존재여부를 화성 대기의 분석을 통해 예측할 수 있다. 그리고 지구대기의 화학적 항상성을 유지하는 실질적 메카니즘이 지상에 존재해야 한다고 스스로 요구한다. 실제로 린 마굴리스(L. Margulis) 등의 생물학자들에 의하여 그런 미생물의 메카니즘이 발견되었으며, 그것이 가이아 가설의 확립에 결정적인 계기가 되었다.

간단히 말해서 가이아가설은 어떤 경험내용들을 새로이 과학적으로 부각시키며 과학적으로 예측하고 있다. 이 점에서 온생명의 개념은 상당히 미진해 보인다. 장교수가 직접 가이아가설을 평가하는 대목이 있다. "… 러브록의 가이아 개념은 '정신'마저도 지니고 있는 온전한 생명체로서의 의미를 지니는 데까지는 이르지 않고 있다."(같은 책, p.186.) 분명 온생명과 가이아에는 그런 차이가 있다. 그런데 그 차이는 과학적인가? 어떤 경험적 차이를 수반하는 것인가?

그리하여 나는, 장선생의 의도와는 달리, 온생명 개념을 **과학적** 개념이라기 보다는 **자연철학**의 개념으로 받아들이게 된다. 신뢰할 만한 지식들을 토대로 하여 자연에 대한 일관적 형이상학을 시도하는 작업의 부분으로서. 그렇다면 자연철학의 개념으로서의 온생명은 어떻게 평가될 수 있을까?

형이상학의 개념으로서 온생명이 포착하고 있는 통찰은 무엇일까? 그것은 아무래도 우리들 개별적 생명체들은 본질적으로 다른 생명체들과 연관되어 있다는 이른바 생태학적 연관에 대한 인식일 것이다. 오늘날 생태학은 그런 깨달음을 공유하고 있다. "생명의 그물"이라는 유명한 비유 역시 그들의 것이다. 가이아이론은 그 그물 속에 무기물조차 포함되어 있음을 확인해 주었다. 그렇다면 이들 유사한 통찰의 표현에 있어서 온생명 개념이 담당하는 특유의 역할을 무엇인가? 그것은 그물처럼 엮어진 생명들의 연계를 하나의 실체로 격상시키는 것이다. 그러나 이러한 존재론적 격상은 어떤 의미에서 타당한가, 그리고 우리 생태학적 위기의 문명에게 어떤 새로운 메시지를 던져주는가? 온생명 개념의 자연철학적 가치는 이런 물음들에 대한 대답능력에 달려있을텐데, 나에게 그것은 분명치 않아 보인다.

다시 말하건대 온생명 개념은 우리 학계에서 드문 흥미로운 철학적 개념이다. 그것이 배경으로 하는 과학적 지식, 그것이 그려주는 우주의 새로운 모습 등은 흥미진진하다. 그럼에도 불구하고 온생명의 개념은 아직까지 지적 동조자를 얻는 데 성공하지 못했다. 온생명 개념이 제안하는 통찰에는 많이 공감하면서도 그 개념을 발전시키고 풍부히 해가는 과학적－철학적 작업에 동참하는 사람은 흔치 않은 듯하다. 왜 그럴까? 내 생각에 그것은 온생명 개념이 스스로 자신의 생산성을 드러내지 못하고 있기 때문이다. 새로운 경험과의 연관이 모호하며, 기존의 유사 개념과 비교할 때, 어떤 새로운 철학적－형이상학적 통찰을 담고 있는지 모호하기 때문이다.

온생명론의 생명철학적 의미[*]

구 승 회(동국대, 철학)

1. 서 언

인간은 온생명 안의 여러 개체들 중에서 유일하게 주체적 의식이 가능한 피조물이다. 개체 생명 내에서 스스로 특별한 존재임을 인식한 인간은 성찰과 반성, 이성적 검증을 통해 온생명 내에서 자신의 존재에 대해 사유할 수 있게 되었다. 이런 사유를 구체화한 것이 철학이고, 과학이다. 장회익 교수의 온생명사상은 이런 자기 인식으로부터 출발하고 있다.

---

* 본 연구는 "동국대학교 논문게재연구비 지원"으로 이루어졌음.

이 글은 장회익 교수의 온생명론을 생명철학적 관점에서 검토하고, 그것이 현대의 다양한 생태사상들 내에서 어떤 위상을 가지는지를 살펴보는 데 그 목적이 있다. 그러나 무엇보다도 중요한 것은 온생명이 과학적으로 검증된 생명 이해방식이고, 유효한 "생명의 단위"라 하더라도, "지구—태양 시스템"으로서 온생명이 인간의 자기 생명 이해에 "유의미한가"를 따져 보지 않을 수 없다. 즉 개체생명이 온생명 의존적일 수밖에 없지만 — 그래서 자족적인 생명의 단위가 될 수 없지만 — "내" 자신의 생명을 이해하기 위해서는 개체생명의 존재가 필수적이며 절대적이다. 그러므로 온생명 내에서 인간의 위상에 대한 반성[1]은 결국 "개체생명의 자기이해"로 귀착될 수밖에 없다.

현대는 생명, 특히 인간 생명에 대한 놀라운 사건들을 만들어 내고 있다. 생명에 대한 이해 방식의 변화를 몰고 온 이런 일련의 과학적 연구 성과가 "내가 생명이 있는 한 인간으로 살아있다"는 말은 무엇을 의미하는지, 그러한 설명을 내가 이해할 수 있는지, 내가 제대로 이해했다면 "나는 살아 있는 한 사람이다"라는 인식은 변하는지, 어떻게 변하는지, 그러한 인식의 변화는 내 삶 — 삶이란 말 그대로 생명활동 전반을 지칭한다 — 에 긍정적인지 부정적인지……, 결국 온생명적 생명 이해가 지금, 여기 살아 있는 나를 행복하게 하는지 등등 끝없는 의문의 연쇄로 이어진다.

그래서 이 글은 처음부터 장회익 교수의 온생명론과 직접 대면하지 않고, (1) 우선 저런 의문의 연쇄의 맨 마지막 물음에서부터 거꾸로 거슬러 올라가는 방식을 취한다. 그런 다음에 (2) 생명철학 일반의 문제의식을 간략히 정리하고, (3) 본고의 핵심 주제인 온생명의 생명철학(유기체철학)적 의미를 따져 본다. 이미 많은 사람들이 그의 온생명에 대하여 논의해 왔기 때문에, 본고에서는 온생명론의 "진리값"을 따지기보다는, 그것이

---

1) 장회익, 『삶과 온생명. 새 과학 문화의 모색』, 솔출판사, 1998, 7장 참조.

작게는 생명윤리학의 기초가 되는 생명관으로 자리 잡고, 크게는 초월론적인 생명-형이상학과 더불어 확장될 수 있는 생명관인가에 대해 필자의 소견을 덧붙이는 정도로 끝내고, (4) 마지막으로 그의 온생명론이 현대의 다양한 생태사상들 가운데 어떤 부류에 속하는지, 그 위상을 점검한다.

2. 생명과학의 발달과 "인간으로 살아있음"의 의미

인류는 우주 전체와 인간의 관계에 대한 보다 많은 것을 이해하기 위해 끝없는 질문을 던져왔다. 그 결과 현대 생명과학은 괄목할만한 진보를 이룩하였으며, 이는 인간의 본질에 관한 더욱 정교한 질문을 가능케 해주었다. 한편으로는 모든 유기체의 DNA를 해독하는 과정 및 길고 복잡한 분자로 구성된 뉴클레오티드(핵산의 구성성분) 체계의 추론과정이 일반화되었으며, 다른 한편 정교한 실험과 기술 덕택에 원시적이기는 하지만 뇌-지도와 뇌의 기능에 대한 세밀한 탐색을 가능케 해주었다.[2]

그러나 이런 진보가 우리에게 무엇을 가져다 줄 것인가? 생명에 대한 가차없는 과학적 공격으로 모든 "살아있는" 유기체의 최종적인 청사진을 제시하게 될 것인가? 우리의 궁극적인 관심사인 "인간으로 살아있다"는 의미의 본질을 파악해 줄 수 있을까?

복잡한 유기체에 대한 완벽한 설명이 근본적으로 불가능하다는 명백한 증거가 있는 것은 아니지만, 인간 또는 여타의 생명체의 두뇌 이해에 대한 중대한 발전, 즉 두뇌의 유전적 구조에 대한 해명에 이르기까지 놀라운 진보가 있어 왔지만, "복잡성 체계"(complexity)의 근본적인 예측불가능성을 고려해 보면, 인간에 대한 완전한 해명은 불가능해 보인다.[3]

---

2) C. Blakemore, *Mechanics of the Mind*, Cambridge: Cambridge University Press, 1977.

1960년대 이래의 비선형적 현상에 대한 연구, 그리고 카오스 이론은 자연과학의 범형 이동(paradigm shift)에 결정적인 기여를 했다. 완전히 결정론적으로 보였던 체계는 이제 "동전 던지기만큼이나 예측 할 수 없는" 역동적인 것으로 이해되었다. 이러한 발견은 자연 현상에 대한 관찰과 분석에 있어 심대한 방법상의 변화를 초래했다. 이러한 진보와 더불어 게놈 프로젝트의 성공적 완수, 신경생물학 연구의 놀라운 비약, 그리고 카오스 이론의 혁명은 수세기 동안 인간 사고를 지배해왔던 물음의 근원을 뿌리 채 흔들어 놓았다.

1) 인간 생명의 근원을 찾아서

위의 물음에 대해 확신에 찬 대답을 줄 수 없다는 것을 알고 있지만, 현대의 생명연구는 부분적이고 불완전한 대답에 좀더 가까이 다가서려는 노력을 계속하고 있다. 인간 생명에 대한 우리의 경험적 인식이 생명의 긴 연쇄의 극히 일부분에 지나지 않음에도 불구하고, 일단 우리의 물음은 여기서 출발할 수밖에 없다. "인간 생명이란 무엇인가?"라는 질문은 우리가 알고 있는 이런 일면적인 생명현상에 대해 "의미를 부여함"으로써 비로소 던져질 수 있는 것이기 때문이다. 그러므로 인간 생명에 대한 우리의 인식관심(Erkenntnis-Interesse)은 과학적 추론 — 이는 "생명 일반은 무엇인가?"에 대답하는 데 유용하다 — 을 수단으로 하여 초월론적인 형이상학적 추론 — 인간으로 살아 있음은 무엇을 의미하는지에 대한 — 으로 나아간다.

예를 들면 인간의 과학적 성취 가운데 최고의 걸작으로 꼽히는 인간 게놈 연구 결과는 생명의 **사실**과 **의미**의 관계를 새롭게 하는 계기가 되었다. 이 연구 결과로 정확히 무엇이 성취되었으며, 인간 게놈이나 다른 유기체의 게놈지도가 무엇을 의미하는지 이해하려면 다소의 배경 지식이

---

3) M. M. Waldrop. *Complexity*, New York: Simon and Schuster, 1992.

필요하다.

　지난 세기 생물학의 주된 연구 분야는 DNA 분자의 중요성과 유전 법칙을 판독하는 작업이었다. 이는 세대간 유전형질의 법칙을 최초로 체계적으로 탐구한 멘델에서 시작된 긴 여정이었다. 멘델의 완두콩 실험은 형질이나 특징이 유전적이며, 우리가 지금 유전자라 부르는 것에 의해 다음 세대로 전수된다는 사실을 밝혀냈다. 실험을 통해 알게 된 염색체, DNA 분자와 그 구조, 유전자 코드의 발견 등 일련의 이정표를 따라 중요한 개념을 명확하게 설정하기까지는 한 세기 이상 걸렸다.[4] 현재 자세한 내용들을 계속 알아가는 중이지만, 중요한 기본적인 사실은 다 밝혀진 상태이다. 포유류거나 세균이거나 모든 유기체는 기본적으로 그 기능에 필요한 모든 정보를 지닌 DNA 분자를 가지고 있다. 이 정보는 DNA 분자 구조 내에 A, T, G, C로 표시된 4가지 상이한 아분자로 코드화되어 있다. DNA 분자의 크기와 아분자의 위치와 순서는 유기체의 생물학적 기능을 결정한다.

　그런 의미에서 모든 유기체는 독특하다. 그러나 인간을 포함한 이 지구상의 모든 생명체는 30억 년 전쯤 발생한 하나의 사건에서 진화되어왔다. 이 창조의 사건은 지구상의 모든 생명 유형의 토대일 뿐만 아니라, 그런 의미에서 공통된 유전자 코드와 공통된 진화의 역사를 가지고 있다. 이런 진화의 역사에서 DNA 분자가 중추적인 역할을 해왔다. DNA 분자 복제는 때로는 신중하고, 때로는 우연적인 오류와 돌연변이를 허용해왔다. 이는 진화를 위한 내적 촉매였다. 진화의 또 다른 외적 촉매는 물리적 환경인데, 이는 적응하기 위해 진화하고, 살아남기 위해 적응해야만 하는 모든 유기체에 대한 도전 양식을 부단히 변화시킴으로써 끊임없이 변화해왔다.

　지금까지 과학자들이 해낸 일은 이 유전자를 포함하고 있는 거의 모든 영역이 아주 구체적으로 드러나게 하기 위해, 유전자 지도를 작성하는 작

---

4) 예를 들어 J. Watson, et. al. *Molecular Biology of the Gene.* Complete Vlume 4/e. New York: Benjamin-Cummings, 1987.

업이었다. 화학과 분자생물학의 눈부신 발전은 이런 일을 아주 일상적인 것으로 만들었다. 이제 남은 일은 머지않아 성취될 것이지만 차례로 30억 문자의 완전한 목록을 만드는 것이다. 인간의 유전 정보를 완전히 해독하고 나면, 다음 작업은 모든 유전자를 찾는 일이다. 특히 이스트균이나 박테리아 같은 나머지 유기체들의 유전자를 찾는 작업은 대체로 성취되었다. 인간 DNA의 두 개의 염색체의 유전자 찾기는 이미 완성되었다.

그래서 어떻다는 것인가? 인간의 DNA나 다른 유기체 DNA의 모든 유전자가 알려질 수 있다는 전망은 결국 우리가 가장 기본적인 수준 이상으로 유기체를 더 잘 이해할 수 있으리라는 희망을 품게 만든다. 그러면 인간이 된다는 것은 무엇을 의미하며, 유기체가 "살아있다"고 말할 때, "살아있음"의 의미는 무엇인가?

2) 인간은 인간 유전자의 총합 이상인가?

유전자를 찾는다는 말은 DNA의 암호를 해독하는 작업이다. 특히 유전자가 어떤 일을 하는지 알아내는 작업은 암호 해독과 직접 연관된다. 알고 있듯이 인간의 기득형질은 멘델이 유전자와 거의 일대일의 상응관계가 있는 완두콩의 유전형질처럼 반드시 한 개의 유전인자의 결과가 아니다. 유전자군은 소위 "유전적 효과"를 창출하기 위해 총체적으로 작용해야 한다. 유전자의 본성상 단일 유전자가 거대한 복잡성의 실체인 유기체의 어떤 특징을 결정하지 않는다.

오늘날 대부분의 생물학자들은 대략 4만~10만 개의 유전자가 인간만큼 크고 복잡한 유기체의 기능을 결정짓는데 관여한다고 생각한다. 세균의 경우는 이보다 훨씬 적다: 전부 합해서 약 1천 개의 유전자를 가진 유기체도 있다. 고등한 유기체일수록 그 기능에 필요한 유전자의 수가 많다는 것은 대체로 사실이지만, 반드시 그런 것만은 아니다. 이처럼 유기체의 복잡성, 게놈의 길이, 유전자의 개수간의 상관관계는 매우 복잡하다.

한 유기체가 다른 유기체보다 더 복잡하다고 말하는 것, 혹은 한 사물이 다른 사물에 비해 복잡하다고 말하는 것은 진정 무엇을 의미하는 것일까? 아주 간단히 정의하자면 복잡성이란 대상을 완전히 설명하는데 얼마나 시간이 걸리느냐 하는 것이다. 어떤 사물이 복잡할수록 그것에 대해 말할 것이 더 많기 때문이다. 심지어 명백히 이런 제한된 복잡성 개념에 비추어 보더라도, 인간은 지구상의 다른 어떤 유기체보다 더 복잡하다. 이런 구분은 대체로 인간을 다른 생명체와 구분하기 위해서 설정된 인간 행위의 특징 — 언어, 감정, 철학, 종교심, 문화 등 — 을 열거하는 유형으로 받아들여진다. 이런 속성을 가진 것이 인간만이 아니라는 증거가 있긴 하지만, 이 모든 것을 고도로 발달시킨 유일한 존재는 인간이다.

복잡성 체계의 또 다른 특징은 "발생"이라는 현상이다: 전체는 부분이 가질 필요가 없는 — 가질 수 없는 — 특성을 지니고 있다.[5] 발생은 집단적 현상이다. 의식은 그것이 인간 두뇌의 특성이라는 점에서 집단적 현상의 좋은 예이다. 그러나 두뇌를 구성하는 개체적 신경단위인 "뉴런"은 결코 의식적이지는 않다. 좀 더 간단한 예를 들자면, 물분자의 집합은 액체적 특성을 갖지만, 물의 분자는 액체가 아니다. 이처럼 발생이란 간단하지만, 심오한 복잡성 체계의 중요한 속성이다.

이제 우리는 이런 질문에 봉착하게 된다: 우리가 인간조건이라고 규정하는 이 모든 속성은 인간의 유전인자에 직접적이고 결정적으로 의존하는가? 이는 인간 세포에 들어 있는 DNA의 "결과"인가? 유전공학적으로 대답하면 "그렇다!" DNA는 인간을 구성하는 모든 것의 청사진을 가지고 있기 때문에, 그것이 모든 것을 결정해야 한다. 그러나 "이러한 사고,

---

5) M. M. Waldrop. *Complexity*, New York: Simon and Schuster, 1992. Ramakrishna Ramaswamy, "Genes, Brains, and Unpredictability", 동국대학교 방문강연 원고, 2000. 11. 7.,에서 재인용.

기억, 행동이 이들 유전자군에 의해 어떻게 통제되는가? 아니 도무지 통제되고 있기나 한 것인가?"라는 좀 더 구체적인 질문에 대해서는 아직 이해 가능한 대답을 준비하고 있지 못하다. 이는 "인간은 누구이며, 어떻게 존재하며, 어디로 가고 있는가?"와 같은 아주 심오한 형이상학적 물음이다. 이에 대한 대답을 위한 결정적인 실험은 여전히 특수한 감정이라는 물리적 현상의 차원에서만 수행될 따름이다.

3) 기억의 진화, 영혼, 그리고 뇌과학

현대의 뇌과학, 신경생물학 연구는 이 과정에서 진화가 모종의 역할을 할지도 모른다는 인식에 이르렀다. 사고의 본질이 뇌의 발달 과정의 필연적인 결과일까? 이는 선구적 사상가들, 특히 과학적 사고의 본질을 분석하고자 했던 물리학자들을 지배하고 있는 물음이다. 예를 들어 아인슈타인은 1921년 1월 27일 독일 베를린의 프러시아 과학아카데미의 연설에서 과학적 사유의 발달에서 수학의 중요성을 논의하면서 "… 전 세대에 걸친 탐구의 열정을 추동했던 수수께끼가 드러난다. 결국 경험과 무관한 인간 사고의 부산물인 수학이 실제의 대상에 이토록 놀랍도록 적합한 것이 될 수 있었을까? 그렇다면 인간의 이성은 경험 없이도 사고할 수 있고, 실체의 특질을 간파할 수 있다는 말인가?" 그러나 15년 뒤에 그는 "인간의 총체적 감각이 경험하는 그 사실이 사고에 의해서 질서를 지니게 되고, 그 사실이 우리를 경이감에 사로잡히게 하지만 인간은 결코 그것을 이해하지 못할 것"(Albert Einstein, "Physics and Reality", 1936)이라고 말하고 있다. 혹자는 칸트(I. Kant)를 원용하여 "세계의 영원한 신비는 바로 그 이해가능성에 있다"고 말할 수도 있을 것이다.

인간의 합리성은 진화의 산물인가? 다윈적인 자연도태는 사실인가? "장구한 세월에 걸쳐 증폭된 진화에 있어서의 유리함으로 인해 세계를 설명하는데 탁월한 재능을 가진 인간의 두뇌가 존재할 수 있었다. 진화와 더불어 두뇌는 온갖 속성을 지니게 되는데, 이 속성들 가운데 진화과정에 도움을 주고 선택적 유리함을 제공하는 것들이 포함되어있다. 이 인간정신의 속성들 가운데는 설명하고 정의하기 어렵다고 알고 있는 것들, 예를 들어 창조력, 상상력, 감정, 철학 그리고 종교 같은 것이 있다. 그래서 지금까지 진화는 아마도 어떤 방향으로는 생각할 수 없게끔 장애물로 작용해왔는지도 모른다. 생각할 수 없는 제약된 사고가 있을 수 있다"[6]는 생각에 이르게 되었다.

그렇다면 생각할 수 있는 사고란 어떤 것인가? 만일 수십 억의 서로 연결된 뉴런을 지닌 인간 두뇌의 발달이 진화로 인해 수학적 사고가 가능하게 되도록 보장받는다면, 그와 유사하게 진화의 부산물인 의식의 다른 측면들이 있을 수 있을까? 영혼의 의미는 인간을 인간성의 차원으로 끌어오면서 진화적 유리함을 부여한 것 같다. 제한적이긴 하지만, 최근의 몇몇 실험은 이러한 사실을 보여주고 있다. 모든 사고 과정이나 감정이 특별한 신경계의 활동과 연관되어있다는 사실은 잘 알려진 사실이다. 측두엽(側頭葉)이 예술적 창조성과 관련이 있다는 주장이 한동안 제기되었는데, 측두엽 간질 환자들은 종종 철학적 문제에 대한 지나친 강박관념을 나타내는가하면, 극단적으로 종교적이 되기도 한다. 또한 자기공명 영상을 실시간으로 볼 수 있는 장치(MRI)를 이용한 기억에 관한 최근의 실험은 한걸음 더 나아가고 있다. 이 실험은 구체적인 정신 활동과 뇌의 구체적 부위를 연결함으로써, 궁극적으로 모든 사고는 뉴런의 활동의 독특한 연속체라는 사실에까지 추적할 수 있게 되었다. 복잡한 상호의존적인 망으로 연결된 수십 억 개의 뉴런(신경단위)이 있다는 점은 인정되고 있지만, 그럼에도 불구하고 사고의 문제는 어떤 의미에서는 복잡한 네트워크의 활동으로 환원될 수 있다. 사람들은 이 네트워크 내의 각 단위를 자

---

6) Hans Schwartz, 「신경생물학에서 자유의지의 문제」(Free will in the Neuro-biology), 동국대학교 방문 강연 원고, (2003. 5. 11.).

기가 원하는 만큼 상세하게 이해할 수 있다.[7]

뉴런의 수준에서 기억의 메커니즘을 이해할 수 있는 중요한 진전이 있었다. 기억은 뉴런 조직에서 시·공간적 활동의 형태로 뇌에서 코드화되고, 신경계 사이의 연결점을 수정하여 저장된다. 회상(recall)은 특정한 분자를 포함하고, 다른 분자 네트워크를 작동시키는 신경 네트워크를 통해서 경로를 추적하는 과정이다. 아니 어쩌면 예상 밖으로 DNA와 관련이 있을지도 모른다. 뉴런 네트워크(신경 조직망)는 무수한 유전자의 신속한 활동으로 수정될 수도 있다. 의식에 대한 설명도 이와 유사한 결정론적 방식으로 기술될 수 있을까?

4) 생명 연구와 "인간으로 살아 있음"의 의미

완전한 결정론이라는 말은 원칙적으로는 완전한 예측 가능성을 의미한다. 살아있는 유기체에 대한 완벽한 결정론적 설명이 가능하다면, 살아있다는 것은 무엇을 의미하며, 인간을 인간이게 하는 것이 무엇인지에 대한 우리의 신념을 재평가해야 하는 혼란을 초래할 것이다. 철학자 써얼(John Searle)이 말하듯이, 인간을 인간이게 하는 핵심 개념은 자유의지(free Will)이다. 자유의지는 인간의 행위가 인간을 구성하는 수십 억 개의 원자와 분자 수준의 운동이라는 냉혹한 법칙의 결과로서 설명되는 것이 아니라, 의식이 행위를 결정한다는 개념이다. 예를 들어 선택, 창조성, 논증의 영역이 그것이다.

그러나 인간에 대한 경험이건 다른 생명체에 대한 경험이건 간에, "살아있는" 유기체의 주된 특징은 오직 근사치로만 예측될 수 있는 유기체의 행위다. 여러 이유에서 생물학에 대한 환원주의적 접근은 지지될 수 없다. 그 대표적인 예만 들자면, 만일 모든 유전자가 밝혀진다면(원칙적으

---

7) Ramakrishna Ramaswamy, "Genes, Brains, and Unpredictability", 동국대학교 방문 강연 원고, (2000. 11. 7.).

로는 그렇게 될 것이다), 세포 단위의 모든 생화학적인 연결망이 밝혀진다
면(결국 그렇게 결정될 것이다), 만일 두뇌의 신경단위인 뉴런의 연결체계
가 남김없이 결정론적으로 상세히 설명될 수 있다면, 그것은 혼돈일 것이
다.[8] 왜냐하면 살아있는 유기체만큼이나 복잡한 체계의 세부 행동을 예
측할 수 없다는 것은 그 자체로 발생적 특성이기 때문이다.

이는 양자역학의 법칙으로 설명되는 이른바 원자와 분자의 구조에 관
한 우리의 지식과 대립된다. 기본적으로 비결정론적인 양자이론은 불확실
성의 원칙을 가지고 있다. 그러나 이 이론은 정확한 예견능력 뿐만 아니
라, 실험 결과와 놀라울 정도로 정확하게 일치할 수 있다. 예를 들어 수소
와 같은 가장 단순한 원자를 슈뢰딩거 방정식(Schrödinger equation)으로
해명한 직후, 디락(Dirac)은 1929년 이렇게 말했다: "대부분의 물리학 및
화학적 문제를 수학적으로 처리함에 있어서 필요한 근본 법칙은 이제 완
전히 알려지게 되었다. 이제 남은 문제는 이 법칙을 적용하는 것인 바, 해
결되기에는 너무 복잡하여 해결 될 수 없는 방정식으로 귀결된다는 사실
이다."

일단 옳은 풀이 방정식이 밝혀지기만 하면, 남은 문제는 그것이 아무리
어렵고 다룰 수 없는 것이라도 그것을 해결하는 길이기 때문에, 대체적인
의미에서 디락의 관찰은 옳았다. 그러나 그도 지적하였듯이, 그리 쉬운
일은 아니다. 현재 이용 가능한 컴퓨터의 계산능력을 이용한다 하더라도,
가장 작은 분자들의 운동에 대한 정확한 계산은 사실 처리하기 어렵다.
그러나 좀 더 엄격한 의미에서 보면, 그의 판단은 틀렸다고 볼 수 있다.
현실 세계의 몇몇 특징 — 말하자면 집단적 행위와 발생적 속성 — 은
슈뢰딩거 방정식처럼 미소한 것으로 구체화될 수 없기 때문이다. 그러나
디락이 언급하는 복잡성은 우리가 논의하고 있는 "체계의 복합성"은 아

---

8) J. Gleick, *Chaos: Making A New Science*, New York: Viking, 1987.
Ramakrishna Ramaswamy, ibid., 재인용.

니다. 복잡한 원자나 분자는 토대가 되는 방정식이 설령 선형적인 것이라 하더라도(슈뢰딩거의 파동방정식) 계산의 어려움 때문에, 정확하게 설명하기는 어렵다는 말인 반면에, 살아있는 유기체의 복잡성은 그 본래적인 비선형성 때문에 "완전히 다른 복잡성"이다.

3. 철학사에서 생명의 문제

우리가 살고 있는 지구상에서 펼쳐지고 있는 거대한 생명의 파노라마를 바라보면서 철학자는 저 자연의 오묘한 창조는 "우연한 것"이며, 질서와 조화는 역학적 치환(mechanische permutation)이라는 의미에서 "맹목적"이라고 보는 것에 만족해하지 않을 것이다. 우리가 경험하는 생명현상 속에서 생명의 기원과 일정한 법칙성을 "부여"함으로써 생명에 대해 알고자 하며, 그렇게 "알게 된" 생명에 의미를 부여함으로써 생명 사건을 하나의 존재론적 사건으로 이해한다. 다시 말하면 인간이 생명에 대해 어떤 의미를 부여하느냐에 따라 생명의 원리와 진화의 방향이 결정된다는 점에서 그러하다.9) 철학사는 생명이란 자기 생성과 보존이라는 근본 법칙에 따라 벌어지는 사건으로 규정하면서 철학에 있어서 생명 문제는 초월론적 형이상학으로 전개되어 왔다.

현대의 생명 연구는 생명철학이 생명체의 생물학적 조건에 대한 탐구나 생명에 관한 존재론적 의미와 성찰에 머물 수 없을 만큼 급속하게 발전하고 있다. 현대의 생명 문제는 과학, 특히 생명에 대한 기술공학적해석을 반성하고, 의료과학적 접근을 비판함으로써, 생명윤리적 규범 설정을 요구하고 있다. 그렇다고 생명윤리학이 생명에 대한 초월론적 형이상

---

9) 신승환, 「생명과학 시대의 철학과 인간의 자기 정체성」, 제13회 철학자연합 대회보 1, 철학연구회, 2000. 참조.

학을 거부하는 것은 아니다. 오히려 그것에 기초하여 생명을 해석함으로써 생명공학의 위기에 대응하는 규범이라 할 수 있다.

철학사를 통해서 보면 동시대의 자연과학적 연구 성과를 토대로, 혹은 자연과학과의 대화를 통해 "생명의 문제"를 해명하고자 했다. 그리스 철학에서는 몸과 정신을 구별하기보다는 몸과 혼(프시케)을 구별하였다. 플라톤은 동식물의 질료에 혼을 불어 넣음으로써 "생명"이 된다고 생각하였다. 아리스토텔레스 역시 생명현상은 혼(프시케, 형상)이 몸과 결합하면서 발생한다고 보았다. 그러므로 그리스적 의미에서 생명체란 "살아있는 몸"이다. 혼이 생명을 불어넣고, "살아 있게"하기 때문에 혼이 실현하고자 하는 목적은 자기 몸 안에 가지게 된다(생명의 자기목적). 아리스토텔레스는 개별 생명체, 자연, 우주는 똑같이 이런 자기목적을 가지기 때문에, 존재자 전체는 일정한 규칙과 질서를 갖게 된다고 생각하였다.

근세의 데카르트는 생명을 기계적으로 설명하려고 하였다. 생명현상은 자연의 여러 자동기계들의 물리적 작용의 결과로 나타나는 현상으로 이해했다. 널리 알려져 있다시피 데카르트는 물질은 연장된 실체이고, 정신은 사유하는 실체로 이원화함으로써, 정신세계를 물질세계와 완전히 독립된 영역으로 갈라놓았다. 데카르트는 영혼, 정신, 사유를 같은 것으로 봄으로써 이런 기능은 "오직 '인간의 것'이며, 생명은 자동기계이기 때문에 '자기목적' 따위는 없다"는 것이 되며, 결국 그리스적 생명이해로부터 완전히 벗어난다.

다윈의 진화론은 19세기 독일의 생명철학(유기체 철학)에 큰 영향을 미쳤다. 니체, 베르그송, 딜타이 등의 생(명)철학은 근세의 기계론적 생명관을 거부하고, 다윈의 생물학적 생명 개념에서 출발하기는 하지만, 생명을 "역사와 문화를 창조하는 에너지(힘)"으로 확장시킨다. 일종의 사회적 다윈주의(Socialdarwinism)라 할 수 있다. 이제 생명의 문제를 다루는 철학은 자연 존재의 현상으로부터 "집단적이고, 사회적인 현상"으로 이해하게 된다.

　베르그송은『창조적 진화』(1907)에서 인간 정신을 생명에너지라는 특별한 관점에서 해석하였다. 베르그송이 말하는 생명에너지란 보편정신의 산물을 말한다. 따라서 우리는 생명의 보편적인 구조 속에서 인식행위를 보아야 한다. 그러므로 우리가 인식하는 생명론, 우주론은 기존의 경험으로부터의 추론이다. 베르그송은 생명은 어떤 자기목적도 가지지 않으며, 따라서 생명의 미래사건을 예측할 수 없는 것이며, 그것은 기계적인 작용이라기보다는 예술적인 창조 행위와 흡사하다고 본다. 그것이 "생의 약동", 혹은 "생의 약진"이다. 최초의 생명의 약동은 가능한 한 세계 내에서 자유의 영역을 확장하려는 의지(그것은 신의 의지이다)로부터 출발하여 자유의 확장을 반대하는 열역학적 평형을 향한 경향성인 제2법칙과 씨름하는 과정으로 그려낸다. 그러나 베르그송의 이런 표현은 사실 생명의 특별한 사태를 설명하는 개념이 아니라, 추상적인 언어적 고안물일 뿐이다.

　최근에 요나스는 생물학적 현상으로서의 생명을 존재론적으로 분석한다. 그는 생물학의 발전으로 영혼이 있는 것과 영혼이 없는 것의 구분이 무의미해졌고, 생명을 물질적으로 충분히 그리고 완전히 설명해 내는 시대에 살고 있지만, 생명을 설명하지 않았을 때보다 더 많은 의문을 갖게 되었다고 주장한다. 그래서 그는 생물학 텍스트를 철학적으로 독해함으로써 "심리물리적(psychophysische) 통일체"로서의 생명 이해를 제시하고자 한다. 요나스의 생명철학에 관한 이런 저런 저작은 한편으로는 관념론, 실존주의의 한계, 그리고 다른 한편으로는 자연과학과 유물론의 한계를 넘어서고자 하는 시도로 읽을 수 있다.

　요나스는 자유, 초월, 살려고 애쓰는 것, 이 세 가지를 생명의 단초(그가 생각하는 생명의 특성 혹은 기본 원리)로 본다. 자유라는 생명의 원리를 통하여 생명체의 초월적 특성(필연의 영역)을 규정한다. 여기서 자유는 변증법적이다. 생명은 물질세계에서 자신을 구별하면서도, 자신이 존재하기 위해서는 동시에 외부 세계에 의존해야 하며, 끊임없이 물질대사라는 관계를 맺어야 한다는 의미에서 변증법적이라고 말한다. 그러니까 자유라는 생명의 원리는 뒤편에서 보면 생명의 결핍인 것이다. 그래서 초월이라는 원리가 요청된다(존재론적 정당화).[10]

생명체는 세계 없이는 불가능하다는 사실이 초월의 원리를 필요로 한다. 모든 생명은 자신 밖에 세계를 가진다는 사실이 바로 생명의 초월인 것이다. 이 초월 능력이 있기 때문에 앞의 생명의 자유는 필연을 이겨내고, 넘어선다. 요나스는 초월을 통해 생명의 자기 충족성을 설명하려고 한다(형이상학적 정당화). 마지막으로 모든 생명은 살려고 애쓴다는 사실로부터 생명의 가치를 윤리적으로 정당화한다. 요나스가 생명에 대한 책임을 말하는 것은 이런 생명에의 의지가 모든 가치의 근원이기 때문이다. 이런 식으로 그는 생명의 문제를 존재의 이론 차원에서뿐만 아니라, 윤리학의 차원으로 확장시켰다. 특히 그의 생명 일반에 대한 "책임"은 생태계 위기 시대를 사는 인류에게 절실히 요청되는 도덕 감정이다.

4. 온생명의 생명철학적 의미

장회익 교수의 생물―물리적 생명관은 개별적인 생명체로부터 보편적인 생명현상을 귀납하는 것이 아니라, 생명과 비생명의 본질적인 내용을 구분하고, 생명의 보편적인 존재양상을 연역함으로써, 전일적이고 총체적인 생명 개념에 도달한다. 그것이 온생명이다. 장교수의 온생명 이론은 기존의 기계론적이고, 결정론적인 생물학적 생명 개념을 거부하고, 생명을 우주적 차원으로 확장하고 있다. 현재의 생태계 위기를 고려하면 이러한 생명 영역의 확장은 유의미하다 하겠다.

---

10) 한스 요나스, 한정선 역, 『생명의 원리 ― 철학적 생물학을 위한 접근』, 아카
   넷, 2002, 참조.

현대의 생명과학은 생명현상을 개체 생명의 차원에서 해명하고자 한다. 이런 경향은 생명을 더욱 복잡하고 신비한 것으로 만들어 버렸다. 그런 가운데 장교수의 온생명은 비록 생명 그 자체의 본질적인 모습을 담고 있지는 못하지만, 그리고 기존의 생명 이해로는 받아들이기 어려운 체계론적 개념이긴 하지만, 모든 개체 생명을 포섭하는 단순하면서도 포괄적인 단위로 제시함으로써 사람들로 하여금 생명의 관계 양상을 확인케 해 주었으며, "내" 생명 안에 그보다 더 큰 생명의 틀이 자리잡고 있음을 자각케 함으로써, 생명의 소중함을 일깨우는데 기여했다고 생각한다. 실제로 생태계 위기의 포괄적인 원인은 사람들이 자기 생명에만 집착한 나머지, 생태계 전체의 균형을 생각하는 공생적 가치를 소홀히 했기 때문이라고 할 수 있다. 그런 점에서 온생명은 그것이 비록 "느낌"의 수준에 머문다 하더라도, 매우 의미있는 시도라 하지 않을 수 없다.

1) 온생명이란 무엇인가?

생명 현상에는 안과 밖이 있다. 생명의 밖은 ①대사 기능, ②생식 기능, ③진화 기능 ④협동 체계의 형성 등 네 가지의 외적 형성조건으로 구성되어 있다. 한편 생명의 안이란 "내적 의식의 발현이 가능한 존재라는 사실을 스스로 깨달아 알게 되"는 내적 특성을 말한다. 온생명은 바로 그런 생명의 판결기준을 가장 잘 충족시키는 것이다.

왜냐하면 온생명은 "우주 내에 형성되는 지속적 자유에너지의 흐름을 바탕으로, 기존 질서의 일부 국소 질서가 이와 흡사한 새로운 국소 질서 형성의 계기를 이루어, 그 복제 생성률이 1을 넘어서면서 일련의 연계적 국소 질서가 형성 지속되어 나가게 되는 하나의 유기적 체계"이다. 다시 말하면 "기본적인 자유에너지의 근원과 이를 활용할 물리적 여건을 확보한 가운데 이의 흐름을 활용하여 최소한의 복제가 이루어지는 하나의 유기적 체계"라고 규정되기도 한다.

온생명은 대략 35억 년 전에 태양–지구계를 바탕으로 출현했고, 매우 정교한 물리적, 화학적 여건을 갖추고 있으면서 나름대로 유기적 구조를 이루며 생존해나가는 존재로서, 지속적인 성장을 거듭 하다가 급기야는 인간이라는 영특한 존재까지 배출한 하나의 온전한 생명을 뜻한다. 온생명은 그 존재론적 구조가 우주적 규모이이다. 온생명이란 개체성만을 제외한 모든 포괄적 의미의 생명을 함축하는 자족적 존재단위로서의 생명 실체이다. 장회익 교수가 여기저기서 다소간 다른 뉘앙스로 정리한 온생명을 명제화 하면 이러하다:

(1) 온생명(global life) ⟹ 생명의 진정한 (정상적인) 존재 단위로서 전일적 실체이다.

　① 생명의 전체를 포괄하는 완결적(독자적) 존재 단위이고 개체생명은 생명의 각 단계의 개체들을 나타내는 조건부적(의존적) 존재 단위이다.

　② 어떤 한 개체가 생명을 가지고 있다는 말은 온생명의 틀 안에서 개체생명과 보생명을 동시에 보유함을 의미한다.

　③ 개체생명과 보생명은 생존을 위해 경쟁을 본성으로 하는 종적 관계와 협동을 본성으로 하는 횡적 관계를 맺고 있다.

　④ 하나의 개체생명인 인간은 온생명의 신경 세포적 기능을 지닌 존재로서 자신은 물론 보다 큰 개체생명인 인류, 그리고 전체생명으로서의 온생명을 "나"라고 의식하는 다중적 주체다.

(2) 개체생명(individual life) ⟹ 내적 결속을 유지하면서 시간에 따라 지속적으로 전개되어 가는 시공간적으로 국소화된 실체이다.

(3) 보생명(co-life) ⟹ 온생명에서 해당 개체생명을 제외한 그 나머지 부분을 말한다.

위 ④의 문맥을 자세히 보면 인간은 온생명의 세포에 — 현재의 생태계 위기의 원인을 고려하면 아주 사악한 암세포 — 불과하다. 하지만 동시에 개별 인간은 온생명과 자신을 동일시한다. 그런데 그는 온생명은 가이아와 다르고, 전체론적이지 않다고 말하지만, 인간은 "의식을 지닌 온생명이고, 토양, 물, 대기는 온생명의 체액"이라는 표현은 분명 가이아와 유사한 전체론적 생명관이라는 의심이 든다. 온생명 내에서, 혹은 지구 생태계 내에서 인간 생명의 지위가 이렇다면, 인간은 "전체론적 관념의 산물이 아니라 과학적 고찰의 결과물이며 관측적으로 구획되는 실체적 개념"인 온생명 밖에 놓이게 된다. "인간이 그렇게 의식하는 한(…) 그러하다". 즉 관념적으로 구조화된 개념이다.

2) 생명가치에 대한 논증

온생명 이론은 새로운 생명 가치관을 강조한다. "온생명의 이상적 존재 양상 속에서의 개체생명의 존엄성이라는 기준이 설정되고, 이에 가장 적합한 가치 판단을 위해 지속적인 노력을 해 나가야 한다. 우리는 장엄한 우주의 질서와 그 안에 주어진 삶의 기회를 경건한 자세로 받아들여야 하며, 모든 삶의 모체인 동시에 한층 고차적인 존재 단위가 되는 전체 생태계(온생명)의 보존과 발전에 기여해야 할 것이며, 또한 이것의 일부를 이루는 모든 의식주체들의 주체적 삶의 존엄성을 보장해야 한다." 논증 방식은 이러하다:

①인간은 온생명의 한 구성원에 불과한 개체생명이다. ②모든 개체생명들은 온생명의 안에서 보생명들과 상호의존의 질서를 이루면서 서로 간에 관련되어 있다. ③온생명은 모든 개체생명들의 목적론적 중심이다. ④인간의 우월성에 대한 주장은 자명한 근거가 없다. ⑤따라서 우리는 모든 개체생명들의 평등한 본질적 값어치를 인식해야만 한다.

이와 같은 결론은 "생물권 평등주의"와 유사한 어려움에 직면하게 될 것으로 보인다. 온생명 내의 모든 개체 생명들은 정말로 평등한가? "모든 생명은 동등한 내재적 가치를 지닌다"는 주장이 경험적, 논리적으로 정당화된다하더라도, 우리는 생물권 평등주의를 받아들일 수 있는가? 온생명 이론에서 인간의 특별한 지위를 인정하면 안되는가? 인정할 경우, 어떤 아포리아가 발생하는가?

어떤 존재가 가치 있는 것이려면 우선 그것이 그 자체로서 혹은 무엇을 위하여 선한 것(좋은 것)이어야 한다. 온생명이 가치 있는 이유는 그것이 자명한 "본원적 가치"를 가지기 때문이다. 그것이 "왜 내재적 가치(intrinsic values)를 갖는가"라는 물음을 제외한다하더라도, 오히려 거꾸로 내 생명이 소중하다는 자명한 직관 — 이는 모든 생명체는 살아남으려 한다는 사실로부터 자명해진다 — 으로부터 온생명의 가치를 추론하는 것이 현실적이고 설득적이지 않을까?

그는 한편으로는 온생명은 "과학이론이라는 특수 안경을 걸치지 않고는 그 전모를 파악하기 어려운" 것이라고 말하면서, 다른 한편으로는 "온생명론적 느낌"을 통해 새로운 생명가치를 포착하고자 한다. 이는 온생명은 "전체론적 관념의 산물이 아니라, 과학적 고찰의 결과이며, 관측적으로 구획되는 실체적 개념이며, 형이상학에 바탕을 둔 것이 아니라, 과학적 법칙과 경험적 사실에 근거한 개념"이라는 주장과 정확히 모순된다. 온생명이 어렴풋한 느낌으로 이해되는 것이라면, 이는 "스스로의 직관과 느낌, 세계에 대한 신비의 감정, 인간을 둘러싸고 있는 '전체와 상호 연결되어 있다는 느낌' 속에서 살 것을 요구하는"11) 가이아 이론, 심층생태론, 신과학주의, 혹은 온갖 종류의 동양적 신비주의와 다름이 없는 것이 아닐까?

3) 새로운 생명윤리

종교와 윤리 — 가령 유교 — 는 문화양식으로 제도화되었다. 선과 악에 관한 언어적 공유지평은 공통의 도덕적 삶을 체계화하고, 그렇게 체계화된 윤리는 도덕공동체를 형성한다. 도덕공동체는 구성원 상호간에 "신

---

11) 머레이 북친, 구승회 옮김, 『휴머니즘의 옹호』, 민음사, 2002, p.71.

뢰"를 구축하고, 신뢰가 누적되면 종교공동체로 된다. 예를 들어 베버는 정직, 자비심, 박애와 같은 윤리 규범이 신뢰를 낳고, 이것이 "은총"이라는 청교도적 교리로 되었다고 설명한다. 이 같은 윤리 규범이 강조되는 도덕공동체가 청교도 공동체로 확장되었다. 종교공동체에서는 가족적 신뢰와 연대를 뛰어넘는 강한 "결속"과 "신뢰"가 발휘된다.

개인의 직관적 결단에 의지하여, 결과적으로 옳고, 선한 행위라는 "윤리적 목표"와 의무로 설정된 행위의 성스러운 결과를 의도하는 "종교적 목표"는 그 관철 방법의 차이로 인하여 서로 갈등해 왔다. 그래서 근대 이래로 종교의 "초월적 차원"과 윤리의 "현실—지향"은 긴장관계에 놓이게 되었다. 개인의 "자유로운 양심의 결단"에 호소하는 윤리는 이미 전험적(a priori)으로 고립되어 있기 때문에, 실천적으로 연대성의 규범에 복종하지 않는다 — 복종할 필요가 없다. 따라서 윤리 규범의 상호주관적 타당성 및 도덕적 연대성을 근거지울 수 없으며, 사람들을 사적 영역으로 내 몰 뿐이다. 반대로 종교는 사회의 도덕적 책임의 연대성을 당위로서 요청하지만, 이론적으로든 실천적으로든 개인의 도덕적 결단을 통해서 매개될 수 없다. 그래서 평화와 구원을 향한 종교의 외침은 개인적인 도덕의 토대 위에 서 있지 않기 때문에 합리적 논증의 문제가 아니라, 믿음의 문제로 되고 만다.

온생명의 가치를 몸으로 느끼고, 보살피는 그의 "온생명적 감수성을 자각하는 윤리"는 베버식으로 말하자면, 개인의 의지와 절대자의 도덕률의 관계 내에서만 논의되기 때문에, 생태계 위기와 관련해서 최근 들어 주장되는 "책임윤리"가 되지 못하고, 행위의 구체적인 결과를 고려하지 않는 "심정윤리"(Gesinnungsethik)[12]로 남는다. 역사가 시작된 이래 윤

---

12) Gesinnungsethik, 영어로 Ethics of Disposition. 우리말의 "氣質" 혹은 "性情"에 해당하는 말이다. 베버는 "심정윤리학"을 책임윤리학에 대비되는 부정적인 의미로 쓰고 있다. 베버에 의하면 기독교는 창조와 세계사를 한 손에 장

리 규범은 생활세계의 특수한 도전에 대한 "문화적 응전"이었다. 이 문화 영역은 무한히 확대되어 새로운 보편윤리를 요구한다. 하지만 다양성과 다문화를 특징으로 하는 현대세계에서 보편적 윤리 규범 설정과 그 정당화는 사실상 불가능하다. 더욱이 윤리적 실천을 염두에 둔다면 더욱 그러하다. 그러므로 온생명이 내 몸임을 자각하고, 보살피는 심정을 "보편윤리"로 내세우기보다는 "생태윤리"를 직업윤리, 성윤리, 의료윤리와 같이 이미 정교하게 이론화되어 있는 "응용윤리학적 방법"을 택하는 것이 현실적이 아닐까 하는 생각이다.

사실 현대의 윤리는 도덕을 지나치게 사적인 영역으로 내몬다. 이는 자유주의 윤리가 갖는 대체적인 문제점이다. 도덕을 고립된 개인의 주관적 판단으로 이해하는 반사회적인 개인주의로는 지금 우리가 필요로 하는 "생태계와 미래 인류에 대한 지구적 연대 책임의 원칙"을 만들어 낼 수 없다. 앞에서 장회익 교수의 "새로운 생태윤리"는 비의적(esoteric)이고, 유사 자연-종교적 성격을 띤다고 말했다. 전통의 모든 종교가 그랬듯이, 종교적 신념체계는 도덕적 담론 내에서 당위, 혹은 "의무 지향적 행위"만을 보기 때문에 도덕적 사실의 세계에 무관심하다.

온생명 이론 역시 최종적으로는 온생명 중심의 규범 정립을 목표로 삼고 있다. 온생명 이론이 단순히 다양한 생명관 중의 하나에 머물지 않고, 사람들에게 자신 및 타인, 그리고 여타의 모든 생명에 대해 새로운 의무규정으로 자리 잡게 하려면, 반드시 도덕적인 정당화가 수반되어야 할 것이다. 장교수를 대신해서, 그것을 이를테면 "온생명(중심적) 윤리"라 부

악하고 있는 전능한 신을 가정함으로써 실제 세계에 대한 행위책임에서 벗어나 있다. 심정윤리는 어떤 행위가 도덕적 의무와 일치하는지, 아닌지에 따라 행위의 옳음을 평가하는데 반해, 책임윤리는 예상 가능한 결과와 그 가치평가에 기초하여 행위를 평가한다. 베버의 책임윤리에 대한 논의는 Franz-Xaver Kaufmann, *Der Ruf nach Verantwortung. Risiko und Ethik in einer unüberschaubaren Welt*, Freiburg: Herder Spektrum 1992.

를 수 있을 것이다. 온생명 윤리는 기존의 존재론이나, 형이상학에서 출발하는 철학적 윤리학의 정당화 노선보다 훨씬 유리한 위치에 있다고 보인다. 생물-물리적 사실에 기초해서 이해된 온생명적 생명이해는 신이나, 절대자를 빌리지 않고도 인류와 모든 생명을 보존할 책임을 정당화할 수 있다고 보기 때문이다.

사실 기왕의 규범윤리는 오직 인간 개인의 생명에 대한 관심에서 벗어나지 않고 있다. 전통 윤리에서는 인간을 배제한 생명가치란 없다. 왜냐하면 오직 인간 생명만이 "내재적 가치"를 가지는 것이기 때문이다. 예를 들어 이끼와 바위의 이익관심의 충돌에 대해 규범윤리는 나의 관심이 거기에 개입되는 경우에만 공리주의적으로 혹은 의무론적으로 논증된다. 그러나 온생명중심적 생명윤리는 ― 적어도 온생명의 체계를 고려하면, 그리고 그것이 온전한 생명단위로 논리적으로 정당화될 수만 있다면 ― 인간(개인) 생명이 관련되지 않는 생명에 대해서도 인간이 관련된 문제와 동등하게 논증할 수 있다. 왜냐하면 온생명을 올바르게 이해했다는 말은 인간이 자신의 생명을 보존하려는 목적 이외의 목적을 향해 초월할 수 있는 존재라는 점을 전제하기 때문에, 생명 전반에 대한 근거 설정된(begründete) 책임을 정당화할 충분한 조건을 갖추었다고 말할 수 있다. 그런데 장교수는 아직까지 온생명의 윤리학적 정당화를 시도하고 있지 않다. 생명 존중의 책임을 요청하고, 이를 정당화하는 일은 후학들에게 남겨진 과제다.

4. 온생명과 현대 생태사상

장교수의 온생명론이 현대의 다양한 생태사상들 중에서 어떤 부류에 속하는지 그 위상을 살펴 볼 차례이다. 필자는 장교수와 이 문제로 한번 맞닥뜨린 적13)이 있다. 대부분의 심포지움이 그렇듯이 그 당시 시간에 쫓기는 관계로 서로 충분한 대화를 할 수 없었을 뿐만 아니라, 당시의 문제 제기를 독자들과 공유하는 것이 의미있다고 생각해서 여기서 재론한다. 그러나 그때의 이야기를 그대로 옮겨 놓는 것이 아니라, 이 논문의 목적에 부합하는 부분만을 재구성한다.

1) 온생명적 사유로의 발상의 전환: 단순 투사인가, 과학적 예측인가

장교수는 위에서 언급한 논문14)에서 "인류는 살아남을 것인가?"라는 물음에서 출발하여, 지금이야말로 전 인류가 "생태적 사고"에로 발상의 전환을 해야 할 때임을 주장한다. 그는 네 가지 시나리오를 — ①인류를 포함하여 거의 모든 고등동물이 멸종할 가능성, ②인간은 소멸하고, 일부의 고등동물이 생태계를 복원해 갈 가능성, ③인간이 지금보다 더욱 불안정한 생태계에서 겨우 살아갈 가능성, ④인간이 생태계의 안정성을 복원하여 장기적으로 지속할 가능성 — 상정하고 있다. 인류가 생태계 보존을 위한 "특별한 노력"을 기울이지 않는다면, 1000년 후는 그 중 가장 불경스러운 시나리오대로 될 것이라고 "예측"하고 있다. 그런 다음 서너 가지 — 인간과 생명에 대한 새로운 이해, 새로운 생명가치(그것은 온생명 가치이다)의 실천, 사회적 평등과 생태 정의가 실현된 새로운 사회제도 등 — 조건을 충족시킨다면 "장기적인 인류의 생존은 가능할 것"이라고 역전시킴으로써 독자들을 안심시킨다.

이어서 그는 천년 후의 인류의 생존가능성에 의문을 표시하는 이유로 4가지를 들고 있다: ①생태학적 에토스(ecological ethos)의 결핍이라는

---

13) 2001년 10월 29일 "충북대학교 개교 50주년 기념 학술 심포지움"에서 필자는 장교수의 논문을 논평하면서 이런 문제를 제기했었다.
14) 장회익, 「생태적 사고와 인류의 생존」, 충북대학교 개교 50주년 기념 학술 심포지움 자료집, 『사랑, 평화, 그리고 인류의 미래』, 2001, pp.61~76.

인간의 유전적·문화적 품성. ②기술에 대한 과학적 이해의 부족 및 현대의 과학적 지식이 전일적인 상호연관성 속에서만 이해될 수 있는 생명계, 생태계의 현상을 이해하는 데 부적절하다는 이유. ③"온생명 가치"와 개체생명 가치의 유기적 관계에 대한 몰이해로 인한 개인주의적 생존가치만을 생각하는 인간의 가치관. ④자유주의의 경제적 운동방식인 자본주의 경제의 본질적인 한계 등을 들고 있다.

장회익 교수는 같은 글에서 "지구생태계는 400만 명일 때, 이미 '한계 부양상황'이었는데, 지금은 그 1,500배에 달하는 '부양능력'을 키워 왔으며, 에너지 사용량의 증가를 고려하면 지구생태계의 인간 생명 부양능력은 약 15,000배에 달한다"는 통계를 제시한다. 그러나 ①새로운 생물종의 생성을 논외로 하더라도, 이런 계산을 신뢰할 수 있으려면, 인간 400만일 때(1만 년 전) 생물종의 수와 분포와 그로부터 지금까지 멸종 추세 등 생태학적 보고를 고려해야 할 것이며, ②1만 년 전 기술의 생태계 복원 능력과 현대 기술의 생태계를 복원력을 고려해야 할 것이다. 이는 아주 결정적인 변수이다. ③더욱이 기술의 변화가 매년 27,000종, 혹은 그 이상의 생물종의 소멸을 그냥 놔 둘 것인지, 어떤지에 대한 "예측은 사실상 전혀 불가능하다"는 사실을 고려하면, 그가 제시하는 지구생태계의 "건강 검진표"는 신뢰할 수 없는 "단순 투사"(simple projection)가 아닐까?

그의 주장은 있을법하지 않은 조건 — 말하자면 "현재 지구에서는 매년 27,000종이 소멸하고 있다. 우리는 이를 알고 있으면서도 개선할 의지를 보이지 않는다. 인류는 의도적으로 자원개발, 식량생산, 산아제한, 무공해 자원의 이용 등 환경에 이로운 조치를 취하지 않기로 한다. 특히 기술의 진보를 엄격히 제한하여 현재의 수준을 유지하기로 할 경우" — 하에서만 재앙은 명백하며, "아주 위험하다"는 지구 건강 검진표는 투사가 아니라, "과학적 예측(prediction)"에 근거한 사실이 될 수 있다. 그러나 인간 이성의 역사를 돌이켜보건대, 아니, 우리의 소박한 경험에 비추어 보더라도 위와 같은 "생태계 파괴를 위한 의도적인 조치"가 이행될 가능성은 "생태계 복원을 위한 조치들"보다 훨씬 더 현실성 없는 주장임이 분명하다. 즉 인류가 생태계 파괴를 위한 반자연적 악행을 빈틈없이 수행할 가능성은 생태계 복원을 위해 노력할 가능성보다 적기 때문에, 위에 제시한 "위험천만하다"라는 지구 건강검진표가 "지구는 그렇게 쉽게 파괴될 가능성이 없다"는 (그가 보기에) 낙관적이고, 위험천만한 주장에 비해 더욱 그럴듯하다고 주장할 수 있을까?

기술의 변화 속도가 계속 빨라지고 있는 후기–기술사회에서 인구증가, 자원이용과 고갈, 환경오염 등과 관련된 데이터는 1년 5년 10년 정도를 예측하는 데는 효험이 있을지는 몰라도, 그 이상에 적용하는 것은 무리이다. 지난날의 환경오염 통계가 얼마나 허구적이었는가에 대해 최근 한 저자가 소상히 밝히고 있다.[15]

그러나 "위기가 아니"라는 논변이 "파국을 면치 못할 것"이라는 주장과 마찬가지의 논증력을 가지고 있다 하더라도 — 누군가가 발표자와 똑같은 데이터를 활용해서 "위기가 아님"을 논증했다고 해서(실제로 그럴 수 있다!) — 장교수의 생태계의 복원 가능성에 대한 적극적인 처방이 무효라는 말은 아니다. 필자가 말하고자 하는 것은 첫째; 아주 낙관적인 과학적 데이터들, 낙관적인 가능성의 징후들을 제시해도, "최악의 시나리오는 나의 행위가 지구생태계에 아무런 영향도 미치지 않는다는 "마음"에서 비롯된다"[16]는 맨 마지막 말처럼, "마음"이 문제라면 앞부분의 아주 절망적인 "과학적인" 근거들로 최악의 시나리오로 독자들을 공포에 몰아넣을 필요가 있었겠는가 하는 것이고, 둘째는 생태학이 다학문적 성격이라면, 생태계 위기에 대한 예언, 투사, 예측을 정식화하기 위한 물리학자, 사회학자,

---

15) 비외른 롬보르, 홍욱희·김승욱 역, 『회의적인 환경주의자』, 에코 리브르, 2003. 참조.
16) 장회익, 「생태적 사고와 인류의 생존」, p.76.

철학자의 작업은 각기 다른 관점과 접근 방법으로(일종의 이론적 분업) 하나의 종합적인 결론에 이르러야 한다고 생각한다. 장회익 교수는 물리학자니까, 현재의 환경 파괴 추세를 추동하는 변수들을 무엇이며, 각 변수들은 어떤 인과적 작용이 있는지, 기존의 과학이론으로 이러한 추세를 설명할 수 있는지, 그럴 수 없음에도 불구하고 이런 추세가 계속되리라고 설명하려면(해야 한다면) 어떤 데이터를 분석함으로써 신뢰할만한 확률 값을 얻을 수 있을는지 등등의 문제에 대답하는 것이 과학적 방법이 아닐까?

2) 전체론적 생명관과 과잉 생태주의

오늘날 "생태계가 위험하다"는 생각은 되물을 필요도 없는 자명한 사실로 되고 있다. 우리 시대가 명백히 환경·생태계 위기라고 믿음으로부터 나오는 현대의 생태학적 담론은 대체로 세 가지 상이한 방향으로 전개되고 있다. 첫째는 근대적 세계관, 자연관을 문제삼으면서, 새로운 자연관이 필요함을 주장하는 형이상학적인 논의이다: 필자의 임의적인 구분에 의하면 심층생태론, 에코페미니즘 등 사회운동 이론, "지구 가이아 가설(제임스 러브록)", 고대 동양사상에 의지하여 "문명의 전환"을 주장하는, 이른바 "홀리즘"(holism)에 기초한 생명사상가들이 그들이다. 필자는 장회익 교수의 온생명론을 여기에 소속시키고 싶다.

둘째는 자연관의 변화는 너무 오랜 시일이 걸리고 가능해 보이지도 않기 때문에, 그런 황당하고 무책임한 논의에 시간을 허비할 것이 아니라, "지금 당장 무엇을 해야 하는가?"에 주목하는 태도로서, 우리는 왜 장난 삼아 야생 조수를 잡아서는 안되며, 오염된 물을 팔당호에 흘려 보내서는 안 되는지를 논증함으로써 환경보호를 정당화하려는 응용윤리학적인 논의가 그것이다. 대부분의 환경윤리이론가들이 여기에 속한다.

셋째, 위의 첫 번째 논의는 인간의 가치·신념체계가 무너지지 않는 한 실현되기 어려운 일이며, 도덕이 인류를 구원하리라는 믿음에 기초한 두 번째 논의 역시 경험적으로 가능성 없었을 뿐만 아니라, 더욱이 기술 사회에서 윤리적 저항은 그 힘이 너무 미약하기 때문에, 두 가지 논의 방식은 이상적이긴 하지만 여전히 뜬구름 잡는 이야기이라고 생각하는 입장이다. 이들은 강력한 사회정책·환경정책을 펴나가는 일, 국제환경경찰의 창설하는 일, 그리고 환경을 위한 초국가 기구의 설치 방안을 모색하는 것이 화급한 환경문제를 해결하는 현실적인 처방이라고 생각한다. 대부분의 환경운동집단과 환경정책 입안자들이 이 입장을 취하고 있다. 그러나 어떤 노선이든 인류의 생존 환경이 심각한 위기라는 공통된 인식에서 출발하고 있기 때문에, 이런 분류가 선명한 경계를 갖는 것도 아니며, 대립적이거나 양립 불가한 노선이 아니다.

지구 생태계가 위기라는 믿음은 그것이 "진짜 위기"가 아닌 것으로 판명된다고 해서 나쁠 것은 없다. 미래세대에게 보다 쾌적한 환경적 조건을 물려주는 것은 도덕적으로 "좋은 것"이기 때문이다. 그런데 문제는 많은 사람들이 생태계 위기를 자명한 것으로 받아들이게 되자, 생태계 문제, 문제의 본질을 흐리게 하고 위기를 "확대 재생산"하는 유사-과학이 등장한다는 데 있다. 이 유사-과학이 "과잉 생태주의"를 낳는다.

필자는 ①현재의 생태계 위기는 심각한 수준이긴 하지만, "최종적이고도 회복 불가능한 위기"는 아닐지도 모른다. ②역사적으로 이와 유사한 위기는 종종 있어 왔으며, 또 인간에 의해서든 생태계의 자연 치유력에 의해서든 "상당히" 복원되어 왔다. ③후기-인간-사회(post-human-society)는 기술에 저항하기 위해서라도, 더욱 효율적으로 생태계를 복원할 것이라고 낙관한다.

장교수의 온생명론이 과거의 인류가 성취한 이성의 역사를 "신뢰"하고, 현재의 기술과 환경적 조건을 "긍정"하고, 생태계의 미래를 "희망"하는 "긍정의 생명변증법"으로 발전함으로써, 이런 낙관론을 실현하기를 기대한다.

【참고문헌】

머레이 북친, 구승회 역,『휴머니즘의 옹호』, 민음사, 2002.

비외른 롬보르, 홍욱희·김승욱 역,『회의적인 환경주의자』, 에코 리브르, 2003.

신승환,「생명과학 시대의 철학과 인간의 자기 정체성」, 제13회 철학자연합대
    회보1, 철학연구회, 2000.

장회익,『삶과 온생명 — 새 과학 문화의 모색』, 솔출판사, 1998.

장회익,『과학과 메타과학』, 지식산업사, 1990.

장회익,「생태적 사고와 인류의 생존」,『사랑, 평화, 그리고 인류의 미래』, 충
    북대 개교 50주년기념 학술심포지움 자료집, 2001.

한스 요나스, 한정선 역,『생명의 원리 — 철학적 생물학을 위한 접근』, 아카넷
    2002.

Albert Einstein, "Physics and Reality", 1936.

Amit, D. J., *Modeling Brain Function*, Cambridge University Press,
    Cambridge, 1989.

Blakemore, C., *Mechanics of the Mind*, Cambridge: Cambridge
    University Press, 1977.

Crick, F., *The Astonishing Hypothesis*, Simon and Schuster, London, 1994.

Gleick, J., *Chaos: Making A New Science*, New York: Viking, 1987.

Hans Schwartz, "Free will in the Neurobiology", 동국대학교 방문 강연
    원고, 2003. 5. 11.

Kaufmann, *Franz-Xaver: Der Ruf nach Verantwortung*, Freiburg:
    Herder Spektrum 1992.

Ramakrishna Ramaswamy, "Genes, Brains, and Unpredictability", 동국
    대학교 방문 강연 원고, 2000. 11. 7.

Waldrop, M. M., *Complexity*, New York: Simon and Schuster, 1992.

Watson, J. et. al., *Molecular Biology of the Gene*, New York:
    Benjamin-Cummings, 1987.

온생명과 가이아: 비교와 비판

조 용 현(인제대, 철학)

1. 들어가는 말

어떤 개념의 창안은 개인의 몫이지만 그 개념이 활착하느냐의 여부는
사회의 몫이다. 개념은 비판의 장 속에서 그 비판을 이기고 살아남을 수
있어야 한다. 이것은 마치 어떤 형질의 출현은 유전자의 몫이지만 그 형
질이 자연의 장 속에서 활착하느냐의 여부는 자연의 복잡한 네트워크상
에서 작동하고 있는 자연선택의 테스트를 극복할 수 있어야 하는 것과 비
슷하다. 이것을 성공적으로 통과했을 때 이것은 자연의 네트워크상에 받
아들여지고 보존된다. 마찬가지로 새로운 개념도 이 과정을 통과함으로써

개념들의 네트워크(지식체계)속으로 들어오게 되는데 포퍼는 이것을 "세계3" — 객관적 지식 — 이라고 불렀다.

철학을 공부하는 사람들 사이에는 암묵적인 전제가 있다. 우리와 동시대의 우리 철학자나 우리 과학자들에 의해서 논의된 것은 철학의 주제가 아니라는 것이다. 여기에는 아직 우리의 철학이라고 내세울 만한 것이 없으며 있다 하더라도 아직 미성숙 단계여서 연구의 대상이 되기는 시기상조라는 전제가 깔려있다. 그러나 우리는 타성에 젖어 곳곳에서 발호하고 있는 우리의 생각들을 애써 외면하고 있는 것은 아닐까? 김용옥 교수의 "기철학"이 학위논문의 주제가 되어서는 안 되는 것일까? 내가 볼 때는 이것은 우리의 의식의 문제이지 우리 학문의 수준의 문제는 아니다. 그것이 학문의 장 속에 들어오게 되면 비판의 장을 통과해 가는 과정에서 더욱 깊어지고 넓어지면서 본래의 창안자의 수준을 뛰어넘는 사상으로 발전해갈 수 있다. 앞서 말했듯이 한 생각을 구체화하는 것은 개인이지만 이것을 성숙시키는 것은 사회이고 이때 그 생각은 세계3의 객관적 지식이 된다. 이런 맥락에서 장회익 교수의 "온생명"의 개념을 함께 검토해 보는 것은 의미있는 일이라고 생각된다.

2. 단위의 문제

2-1 장회익 교수의 문제의식은 지구상의 생명 현상을 지구만을 배경으로 설명하는 것이 불가능하다는 데서 출발하고 있다. 그래서 그는 우선 생명의 주요한 기능이 무엇인가라고 묻는다.

그는 체제 유지, 자체 복제, 변이 계열 형성, 협동 체계의 형성 등 4가지를 주요 기능으로 제시하고 있다.[1] 여기서 생명에 가장 핵심적인 것은 다른 무엇보다도 체제 유지 기능이다. 다른 기능들은 이 기능이 작동한다는 전제 하에서만 성립할 수 있다. 이것은 "자유에너지의 흐름을 형성하는 강한 비평형의 여건 아래서만 일어날 수 있다." 이 조건과 함께 몇 가지 부가 조건이 충족되면 계 자체는 주변 여건의 지속적 변동에도 불구하고 상대적 안정상태를 유지할 수 있게 된다. 이 과정에서 "바깥"과 구분되는 의미에서의 "안"이 출현하고 이것이 생명의 가장 원초적 형태이다. 그러나 이것만으로 아직 생명이 아니다. 태풍도 이 조건을 어느 정도 충족시키지만 생명이라고 부르기는 어렵다. 그것이 우리가 보는 낱생명체(개별 생명체)는 모두 다른 낱생명체들의 존재에 의존한다. 장회익 교수는 자신을 제외한 나머지 낱생명체들을 "보작용자" 또는 "보생명"이라고 부른다. 물론 이것은 상대적인 것이기 때문에 낱생명들은 다른 낱생명들에 대해서 보생명이 된다.

요컨대 자유에너지의 흐름이라는 필요조건에 보생명이라는 충분 조건이 주어질 때 우리는 비로소 그것을 생명이라고 부를 수 있다. 태풍을 생명이라고 부를 수 없는 것은 이 충분 조건이 결여되어 있기 때문이다. 그러므로 낱생명들은 기본적으로 자유에너지의 흐름 및 "보작용자"의 존재 하에서만 가능한 조건부적 존재다.[2]

이러한 관점에서 볼 때 낱생명체들을 하나의 온전한 독립적 단위로 보기 어렵다. 작게로는 다른 낱생명체들에 의존하며 크게로는 자유 에너지의 흐름을 만들어내는 태양-행성 시스템에 의존하기 때문이다. 낱생명체들이 우리들의 눈에는 아무리 독립적 단위로 보인다고 하더라도 엄밀한 의미에서 볼 때 각각을 낱개라고 말할 만한 독립성을 가진다고 볼 수 없다. 그것의 개체성은 객관적 사태라기 보다 실용적 규약에 가깝다. 그래서 어떤 것을 낱개로 보느냐 하는 것은 종에 따라 그리고 보는 레벨에 따라 달라진다. 그렇다면 이런 상대적 관점이 아닌 "절대적"(말에 약간의

---

1) 장회익, 『삶과 온생명』, 솔, 1998, pp.201-208.
2) 같은 책, pp.208-209.

어폐가 있지만) 관점에서 낱개라고 할만한 것은 없는 것일까? 그렇다면 그 개체는 우리의 눈이 만들어 놓은 규약적 단위가 아니고 자연적 단위라고 할 수 있을 것이다. 그것에 비하면 다른 낱생명체들은 실제 개별적 독립적 단위가 아니고 전체의 부분들이고 각 낱생명체들은 별개의 것으로 구분되지 아니하는 연속적 스펙트럼을 형성하고 있을 것이다. 그렇다면 이것을 충족시킬 수 있는 최소한의 단위는 무엇일까? 그것이 바로 온생명인데 장회익 교수는 온생명에 이르게 되는 과정을 다음과 같이 정리하고 있다. 좀 길지만 인용해 둘 가치가 있다.

> 우리가 만일 생명에 관한 이 정의를 받아들인다면, 그 생명의 단위를 무엇으로 볼 것인가 하는 문제가 발생한다. 우선 한가지는 이 때 나타나는 각 단계의 "개체"를 생명단위로 보는 경우이다. 이러한 관점은 우리가 경험적으로 획득한 생명체의 개념에 가까우며, 실제로 각 단계의 개별적인 동적 체계가 정보의 담지자로서 중요한 기능을 지닌다는 점에서 유용성을 지니는 관점이다. 그러나 이러한 개체들은 기본적으로 외적 자유에너지의 흐름 및 협동 상황 아래에 있는 여타 개체들이라는 필수적 조건, 즉 그 "보작용자"의 존재 아래서만 기능하는 조건부적 존재이며, 또한 협동 체계의 형성을 통해 지속적으로 상위개체를 이루어 나가는 복합적 위계 체제 속의 한 잠정적 구성요소를 이루는 존재이다. 따라서 이들을 생명의 단위로 볼 경우 "어떠한 조건 아래서 존속이 가능한 어느 단계의 개체"를 진정한 생명단위로 볼 것인가 하는 문제가 야기된다.
> … 이 현상을 독자적으로 가능하게 하는 전체 시스템으로서의 최소단위를 생명의 단위로 설정하는 것이 합당하다. 이는 유한한 시공간 내에서 기능하는 하나의 제한된 실체

를 이루면서도 그 안에 생명의 "정의"에 포함된 모든 내용
을 담고 있는 하나의 완결된 단위이기 때문이다. … 그러
나 이러한 존재는 시간적으로나 공간적으로나 천문학적 규
모를 지니는 것이어서, 현대 과학적 시야의 조명을 받지
않는다면 그 존재조차 상정해 보기 어려운 그 무엇이다.3)

그래서 장회익 교수는 지구상의 생명체들을 포함하는 태양—행성계야
말로 진정한 의미의 개체라고 할 수 있다고 보고 이것을 일반 낱생명체들
과 구분하기 위해 "온생명"(global life)이라고 부른다.

2-2 온생명의 핵심은 독립성과 자족성인데 그렇다면 이것이 바로 서
양 근세철학에서의 "실체"(substance)와 유사한 것이 아닐까 하는 생각이
들었다. 실체란 "존재하기 위해서 자신 외에 어떤 다른 것도 필요로 하지
않는 것"으로 정의된다. 데카르트는 정신과 물질이라는 2종의 실체를 인
정했으며 이 각각이 실체라는 것으로 해서 그 정의상 서로 교통할 수 없
다. 이것이 그 후 마음과 물질의 상호관계에 대한 복잡한 논쟁을 불러일
으킨 것은 잘 알려져 있는 사실이다. 라이프니쯔에게서 여기에 해당하는
실체가 "단자"인데 이것들이 모두 실체이기 때문에 서로 교통할 수 없다
고 보았다. 이 절대적 자족성은 그 정의 상 다른 것에 의존적일 수 없다.
만일 우리가 이상적 단위를 찾는다면 바로 이 실체에서 찾을 수 있을 것
이다.

물론 태양—행성 시스템은 실체가 함축하는 그러한 의미에서 자족적인
것은 아니지만 그러나 실제적으로는 자족적인 것으로 간주해도 무방하다.
그것은 객관적으로 다른 것으로부터 분리 가능한 독립적 단위이다. 여기
에 대해서 장회익 교수는 인상적인 비유를 동원하고 있다. 지구상의 생명

---

3) 같은 책, 같은 곳.

체가 다른 곳으로 이주한다고 했을 때 생존하기 위해서 가져가야 할 최소
한의 것은 무엇인가 하는 것이다. 지구 전체를 통째로 가져간다고 해서
생존이 보장되는 것은 아니다. 지구는 외부에서의 자유에너지의 유입을
필요로 하기 때문이다. 지구와 함께 태양을 가져간다면 우리는 큰 어려움
없이 살아갈 수 있다. 그러므로 최소단위(사실 엄청난 이삿짐이다 !)는 지
구-태양 시스템이다.

　세포를 하나의 단위로 볼 수 있고, 개개의 사람도 하나의 단위로 볼 수
있지만 그러나 태양계를 하나의 단위라고 했을 때 그 의미가 본래 단위의
의미에 훨씬 더 가깝다. 전자의 경우는 동시에 보작용자를 필요로 하지만
(이것이 본래 단위의 의미를 손상시킨다) 태양계 전체는 보작용자를 고려
할 필요가 없기 때문이다. 이런 의미에서 태양-행성계가 어느 무엇보다
도 아주 근사한 독립적 단위라는데 대해서는 동의한다. 그러나 계속 일어
나는 필자의 의구심은 "그래서 어떻다는 것인가?"하는 것이다.

　장회익 교수가 찾고 있는 것은 존재의 절대 근거를 묻는 우주론인가?
그렇다면 온생명의 개념은 오히려 너무 좁다고 하지 않을 수 없다. 태양-
행성계를 논리적 관점에서 "자족적"이라고 할 수 없기 때문이다. 온생명
의 논리적 귀결은 스피노자의 무한실체로서의 "신"이다. 거기서 절대 자
족성을 완성할 수 있고 우리는 그것을 일자(一者)라고 부른다. 현실적 존
재들은 개체성을 갖는다는 점에서 일자이지만 다른 개체들과의 관계 속
의 일자라는 점에서 절대적 일자는 아니다. 보작용자를 필요로 하지 않는
절대적 일자는 신 밖에 없다.

　그러나 만일 장회익 교수가 찾고 있는 것이 이러한 절대적 일자가 아
니고 상대적 일자들이라면 모든 현실적 존재는 일자(一者)이면서 다자
(多者)라는 것을 인정하지 않으면 안된다. 이것은 서양근세 철학과 대비
되는 것으로 불교의 화엄사상의 기본적 입장이다. 법장(法藏)은 이것을
다음과 같이 소상히 풀이하고 있다.

문: 이미 일(一)이라고 말한 것이 어찌 일속에 십(十)을 지닐 수가 있다는 말인가.

답: 이른바 일이라는 것은 자성으로서의 일이 아니고 연을 이루기 때문이다. 그런고로 일 속에 십이 있다는 것은 이것이 연을 이루는 일인 것이다. 만일 그렇지 않은 것이라면 자성이 있으므로 연기됨이 없을 것이며, 일이라고 이름할 수가 없을 것이다. 나아가 십이라는 것도 모두 자성의 십이 아니고 연을 이룸으로 인한 까닭으로 이 때문에 십 속에 일을 지니는 것은 이것이 연을 이루는 자성이 없는 십인 것이다. 만일 그렇지 않다면 자성인 것으로 연기를 이루지 않으니 십이라고 이름할 수가 없다. 그런고로 모든 연기는 다 자성이 아닌 것이다. 무슨 까닭인가 하면 하나의 연이 사라짐에 따라 바로 일체가 성립되지 않는 것으로서 이런 이유로 일(一)속에 바로 다(多)를 갖춘 것을 그대로 연기의 일(一)이라고 할 따름이다.[4]

사물이 갖는 일(一)과 다(多)의 이 이중적 구조야말로 "현실적 존재"(actual entities)의 본성을 규정한다.[5] 아래 <그림 1>은 이것을 도식화한 것이다.

---

4) 法藏, 『華嚴學體系』, 金無碍 역주, 우리 출판사, 1997, p.379.
5) 여럿을 하나로 묶고 다시 이것을 새로운 하나의 계기로 만들어 가는 과정을 화이트헤드는 "합생"(concrescence)이라고 부른다. "합생이란 다수의 사물들로 구성된 우주가, 그 다자(多者)의 각항을 새로운 일자(一者)의 구조 속에 결정적으로 종속시킴으로써 개체적 통일성을 획득하게 되는 그런 과정을 일컫는 말이다."(A. N. Whitehead, 『과정과 실재』, 오영환 역, 민음사, 1991, p.387.)

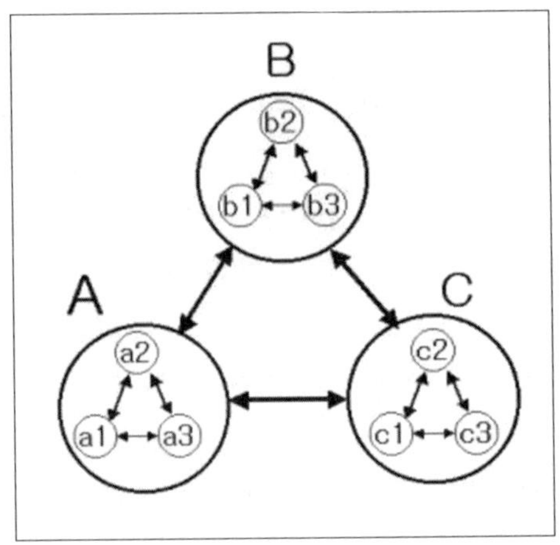

<그림 1> 존재의 다층적 구조

모든 것은 부분이면서 전체이다. A는 하나의 독립적 단위이다. a1은 독립적이라고 볼 수 없는데 그것의 존재는 a2, a3라는 보작용자를 필요로 한다. 그러나 이 A의 독립성도 잠정적인 것인데 한 층 높은 레벨에서 그것은 B, C 라는 보작용자를 통해서 비로소 성립한다. 그러나 한 층 낮은 레벨에서는 a1도 독립적 단위라고 할 수 있다.[6]

---

6) 물론 장회익 교수도 이것을 생명의 특성으로 파악하고 있다. 이것이 장회익 교수가 호혜성의 조건 또는 협동체계 형성의 조건이라고 부르는 것이다. "실제 생명현상 안에서 호혜성의 조건이 지니는 결정적인 중요성은 이러한 협동으로 인해 '상위개체'가 형성된다는 데 있다. 예를 들자면 기본적인 개체들인 세포들이 모여 상위개체인 다세포 생물 즉 '유기체'(organism)을 형성하게 되는데 … 이렇게 형성된 상위개체들은 일반적으로 하위개체들과는 다른, 그러면서도 여전히 개체적인 성격을 강하게 지니는, 새로운 형태의 개체

물론 이 존재의 사다리를 한없이 타고 올라가면 더 이상 보작용자를 필요로 하지 않는 절대적 단위 — 일자 — 가 있을지도 모른다. 반면 이 사다리를 한없이 내려가면 더 이상 개체화시킬 수 없는 그 무엇 — 보작용자만이 있고 정작 자신을 자신이라 할 만한 실체는 사라진 그것 — 을 만날지 모른다. 그러나 그것은 모두 논리적 외삽이며 현실적 존재의 모습이 아니다.

용수가 『중론中論』에서 "결정적으로 존재한다는 것은 항상됨에 집착하는 것이고 결정적으로 존재하지 않는다는 것은 단멸(斷滅)에 집착하는 것이다. 그러므로 지혜로운 사람은 있다거나 없다는데 집착해서는 안된다."(定有則著常 定無則著斷 是故有智者 不應著有無)[7]고 한 말은 바로 이것을 말하고 있는 것이다.

모든 사물은 독립적 상수(常數)이면서 동시에 의존적 변수(變數)이다. 관점에 따라 상수로 취급될 수 도 있고 또 변수로 취급될 수도 있다. 낱생명체들도 상수이면서 동시에 변수이다. 태양—행성계의 온생명도 물론 독립적 상수이다. 그러나 그것 역시 다른 맥락에서 변수이며 존재하기 위해 다른 보작용자의 작용이 필요하다. 요컨대 온생명이 독립적 단위로 취급될 수 있는 만큼 낱생명체도 독립적 단위로 취급될 수 있다. 어느 것이 진정한 단위인가 하는 물음은 별로 실익이 없다. 진정한 단위인지 아닌지는 대상 그 자체의 성격이라기보다 우리가 그 대상에 대해서 어떤 질문을 하느냐에 의존한다.

2-3 생명에 대한 온전한 이해는 생명의 독립적이며 자족적인 단위를 찾는데 있다는 것이 장회익 교수의 일관된 입장이다. 그러나 필자는 단위

들이 되는 것이다."(장회익, 「생명이해의 논리」, 『과학철학』, 1999, 2권 2호, p.104.)

7) 龍樹, 『中論』, 김성철 역주, 경서원, 1996, p.257.

란 맥락의존적이기 때문에 맥락을 떠나 "진정한" 단위 등을 논의하는 것
은 별로 실익이 없다고 생각한다.

그러나 상대적 의미라면 자연에는 자족적이고 독립적이라고 할 만한
단위들이 있다. 이러한 단위를 찾아내는 일은 아주 중요한 일이다. 복잡
한 수준 모두를 고려할 수 없기 때문에 복합적이지만 마치 단일한 것으로
간주해도 좋은 단위를 찾는다.(이때 어떤 관점을 취하느냐에 따라 단위의
범주는 아주 달라질 것이다.) 단위가 확정되면 이제 단위들간의 관계를 다
룰 수 있는데 이때 단위내부의 복잡한 관계는 고려할 필요가 없다. 마치
그것들은 단일한 것처럼 외부와 관계한다. 이것을 극단으로 단순화시킨
것의 한 예가 역학에서의 "질점"(質點)이다. 이것은 사회과학에서도 흔
한데 국제정치를 논하는 사람들은 마치 각각의 국가가 단일한 개체(단위)
인 것처럼 다룬다.

그러나 우리가 단위를 찾는 이유를 잊어서는 안된다. 관심은 단위 자체
에 있다기보다 단위들 간의 관계를 규명하기 위한 것이다. 그러기 위해서
단위를 확정지우는 것이 필요했던 것이다. 이것은 토인비의 작업과 비교
해 보는 것이 유용하다. 그는 역사의 연구 단위가 국가가 아니고 문명이
라고 주장한다. 어떤 국가를 이해하기 위해서는 다른 국가의 이해가 필요
하기 때문에 국가는 자족적 단위가 아니라는 것이다. 그는 다음과 같은
물음으로 시작한다.8)

> 영국의 역사를 단독으로 취급하여 이해할 수 있는 것일까?
> 영국 국내사를 그 대외관계와 연결시키지 않고 생각할 수
> 있는 것일까? 연결시키지 않을 수 있다면 그 밖의 대외관
> 계는 2차적인 중요성 밖에 없는 것일까? 그리고 다시 이런

---

8) A. Toynbee, 『역사의 연구』, 서머빌 축쇄본 1권, 정성호 역, 오늘, 1993,
   pp.2-3.

모든 대외관계를 자세히 검토한다면 그 밖의 모든 대외관
계는 2차적인 중요성 밖에 없는 것일까? … 이런 물음에
대한 답변이 긍정적이라면 외국의 역사는 영국과 연결시키
지 않고는 이해할 수 없지만 영국의 역사는 세계의 다른
부분을 끌어들이지 않아도 대체적으로 이해할 수 있다고
결론지어도 무방할 것이다.

그러면서 그는 영국사의 주요한 흐름인 봉건제, 종교개혁, 해외진출,
의회제도, 산업혁명 등을 차례로 고찰하면서 영국사는 유럽의 여타국가와
의 관계를 고려하지 않고는 이해할 수 없기 때문에 자족적 단위가 될 수
없다고 결론 내린다. 그렇다면 영국사를 이해하기 위한 최소의 단위는 무
엇인가? 영국의 역사 속에 발생한 여러 사건들을 이해하기 위해서 중국
의 역사나 한국의 역사를 알아야할 필요는 없다.(물론 엄밀한 의미에서 연
관 없는 것은 없겠지만 그것을 모른다고 해서 영국역사를 이해할 수 없는 것
은 아니다.) 그러나 프랑스나 독일의 역사를 모르고서는 영국의 역사의 주
요한 사건을 이해하기는 어렵다. 그래서 그는 서구사회를 역사연구의 최
소단위라 보고 이것을 문명에 대한 정의로 가져온다. 물론 한국은 영국과
는 다른 단위에 속한다. 토인비는 이런 방식에 따라서 역사 속에 나타나
는 20개의 단위를 확정한다.(한국은 중국, 일본과 함께 극동문명에 속한다)
　토인비가 역사의 단위로서 문명을 가져온 것은 그것이 국가나 민족보
다도 상대적으로 독립적인 자족적 단위이기 때문이다. 그러나 토인비의
목적은 이 단위를 찾는 것이 아니다. 진정한 목적은 상대적으로 자족적인
각 문명들을 비교함으로써 문명의 성장과 붕괴의 원인을 찾기 위한 것이
었다. 그리고 나아가 문명들 상호간의 관계를 이해하고자 하는 것이었다.
　장회익 교수의 온생명이 하나의 단위라면 다른 것과의 관계의 문맥 속
에서 논의되어야 한다. 사실 하나뿐인 단위 그것은 단위가 아닐 것이다.

그러나 불행히도 우리가 아는 온생명의 단위는 지구-태양 하나 뿐이다. 이 온생명의 개념이 실제적인 의미를 가지려면 다른 태양계의 생명체가 발견될 때이다. 그 때 비로소 온생명의 의미가 드러날 것이다. 관계의 맥락이 결여된 단위가 단위가 아니듯이 다른 온생명과의 관계의 맥락이 결여된 온생명을 단위로 볼 수 있을지 의문이다. 토인비가 문명을 단위로 가져온 것은 적어도 하나 이상의 문명들이 있다는 전제에서이고 그런 맥락에서만 문명이 단위가 될 수 있다. 오로지 하나의 문명만이 있다면 그것을 문명의 단위라고 부를 수 없을 것이다.

우리가 지금 온생명에 관심을 가지는 것은 외계생물체를 이해하기 위한 것이 아니고 지구상의 구체적 생물체의 이해를 위한 것이라고 한다면 관심의 초점은 단위가 아니라 그것이 생명의 이해에 어떤 시사를 던지는가 하는 것이다. 이러한 관점에서 논의의 초점을 바꾸어서 온생명과 가이아를 비교해 보자.

3. 온생명과 가이아

3-1 장회익 교수는 생태계, 생물권, 가이아 등 온생명과 어떤 면에서 유사한 개념들이 있는데 구태여 온생명이라는 개념의 도입이 왜 필요했는지에 대해서 설명하고 있다.[9] 특히 온생명은 가이아와 유사한 것으로 보이는데 장회익 교수는 가이아와 온생명과의 차이를 두 가지로 설명하고 있다.

하나는 낱생명체들처럼 지구 생물권 자체도 항상성이라는 특성을 갖고

---

9) 장회익, 『삶과 온생명』, pp.182-187.

있다는 것을 발견하고 러브록이 항상성 유지체로서의 지구 생물권에 가이아라는 이름을 붙였다는 것이다.10) 장회익 교수의 지적처럼 러브록이 만일 항상성 유지라는 것만으로 지구 생물권을 살아있는 것으로 보고 가이아라는 이름을 명명했다면 러브록이 지나친 실체화와 의인화의 오류를 범했다고 하지 않을 수 없다. 그렇다면 집안의 온도 조절기나 문 자동개폐기도 살아있다고 해야 할 것이다.

---

10) 가이아 개념에는 주로 지구물리 및 지구화학적 측면이 강조되고 있어서 인간의 정신세계에 대한 함축은 빠져 있다는 것이 장회익 교수가 지적하는 온생명과 가이아의 두 번째 차이점이다.(『삶과 온생명』, p.187.) 장회익 교수는 나아가 인간의 의식이 온생명의 중추신경계에 해당한다는 가설을 펴고 있다.

> 인간은 온생명 내의 한 개체로서 단순히 온생명에 의존하여 그 생존이나 유지해가는 존재가 아니다. 의식과 지능을 지닌 존재로서의 인간은 최초로 자기자신에 대한 반성적 사고를 할 수 있을 뿐 아니라 그가 지니게 된 집합적 지식을 활용하여 자신이 속한 생명의 전모, 즉 온생명을 파악해내는 존재가 된 것이다. 온생명의 입장에서 보면 이것은 예사로운 일이 아니다. 자신의 내부로부터 자신을 파악하는 존재가 생겨났다는 것은 곧 자기 스스로를 의식할 수 있는 단계에 도달했음을 의미하기 때문이다. 결국 온생명은 35억년이란 성장과정을 거쳐 비로소 스스로를 의식할 수 있는 존재가 되었으며 이것이 바로 온생명의 한 부분을 이루는 인간을 통해서 가능해진 것이다. 인간은 곧 온생명의 의식적 주체로서 온생명안에서 마치 신체내에서 중추신경계가 지니는 것과 같은 위상을 지니게 되었으며, 이는 생명의 역사 전체를 통해서 볼 때 생명의 출현만큼이나 중요한 의의를 지니는 사건이라 아니할 수 없다.(『삶과 온생명』, p.195.)

온생명의 존립에 의식의 존재는 본질적인 것인가? 만일 그렇다면 이것이 가이아와의 차이일 수가 있다. 그러나 의식 없이도 온생명의 존립이 가능하다면 의식을 둘 간의 차이로 가져오기 어렵다. 가이아의 개념 안에서도 가이아의 의식을 전개할 수 있다. 실제 언터넷 사이트에 들어가보면 가이아의 개념에서 가이아의 영성을 끄집어 내고 있는 많은 주장들이 있다. 러브록도 가이아의 영성에 관해서 말하고 있다.(J. Lovelock, 『가이아의 시대』, 홍욱희 역, 범양사, 1992, 9장 참조.) 그러나 영성에 대한 그의 생각이 불교의 범신론적 취향을 풍긴다면 장회익 교수의 것은 오히려 절대 정신의 자기전개라는 헤겔의 『정신 현상학』적 취향을 풍긴다.

그러나 러브록이 지구 생물권을 살아있는 하나의 실체로 보고 가이아
라고 명명한 중요한 이유는 그것이 아니다. 앞서 논의한 것처럼 다가 일
로 통합될 때 그 구성요소들에는 없는 전체로서의 독특한 성질이 나타난
다. 그래서 그 일은 다의 집합이기는 하지만 다로 환원시킬 수 없기 때문
에 그 자체 새로운 실체라고 볼 수 있다. 화이트헤드는 이것을 다음과 같
이 말한다.

> 궁극적 형이상학적 원리는 이접적으로 주어진 존재들과는
> 다른 또 하나의 새로운 존재를 창출해내는, 이접(離接,
> disjunction)에서 연접(連接, conjunction)에로의 전진이다.
> 이 새로운 존재는 그것이 찾아내는 "다자"(多者)의 공재성
> (共在性, togetherness)인 동시에, 또한 그것이 뒤에 남겨놓
> 은 이접적인 다자 속의 "일자"(一者)이기도 하다. 즉 그것은
> 그 자신이 조합하는 많은 존재 가운데 이접적으로 존재하게
> 되는 새로운 존재인 것이다. 다자가 일자가 되며 그래서 다
> 자는 하나만큼 증가된다. 존재들은 그 본성상 접합적 통일
> 로 나아가는 과정에 있는 이접적인 다자인 것이다.[11]

새로운 실체에는 새로운 이름이 필요한 법이다. 그 구성요소들이 기 존
재하는 것이라고 해서 그 구성요소들이 만들어내는 전체도 새롭지 않다
는 것은 환원주의적 오류에 지나지 않는다. 가이아는 낱생명체들이 만들
어내 놓은 새로운 실체이다. 러브록이 가이아의 개념에 도달하게 된 그
과정이 이것을 잘 보여주고 있다.

1967년 러브록은 NASA로부터 화성에 생명체의 가능성을 조사해 주
라는 프로젝트를 받는다. 그는 강력한 생명 활동이 있으면 그것이 그 행

---

11) Whitehead, 앞의 책, pp.78-79.

성에 어떻게든 영향을 줄 것이고 그것은 어쩌면 행성의 대기 상태에 반영될지 모른다고 생각했다.[12]

<표 1>은 지구와 금성의 대기의 성분을 비교한 것이다.[13] 금성과 지구는 완전히 상이한 대기 구성을 보여주고 있다. 무엇이 이러한 차이를 만들었을까? 특히 지구상에 존재하는 풍부한 산소는 무기적 환경에서는 만들어질 수 없으며 강력한 생명활동의 결과라고 보지 않으면 안된다. 산소는 사실 반응성이 풍부한 기체이다. 그것은 통상적으로 다른 기체들과 결합해서 이산화탄소나 산화철과 같은 화합물이 된다. 그것이 산소 분자 O_2로서 단독으로 존재하는 경우는 드물다. 그러나 지구 대기권의 21%가 그렇게 단독으로 존재하는 산소분자들로 채워져 있다. 그렇다면 다른 물질과 반응해서 사라지는 이상으로 새로운 산소가 대기권 속으로 끊임없이 유입되고 있다고 보지 않으면 안될 것이다. 무엇이 산소를 대기권 속으로 계속 리필시켜주고 있는가? 그것은 생명이다. 풍부한 산소의 부존은 그 행성에 생명이 존재한다는 증거이다.

기 체 ＼ 행 성	금 성	지 구
이산화탄소	95%	0.03%
질 소	2.7%	79%
산 소	0.1%	21%

<표 1> 금성과 지구의 산소의 비율

---

12) J. Lovelock, 『가이아』, 홍욱희 역, 범양사, 1990, p.27.
13) 같은 책, p.75.

산소는 오늘날 지구상의 생명에 있어서 필수적인 것이다. 그런데 그 산소는 지구상에 생명이 있음으로서 비로소 만들어졌다. 그렇다면 생명을 살게 만든 생명의 환경으로서 지구가 있다고 할 수 없다. 오히려 지구 자체가 바로 생명의 산물이라고 보아야할 것이다. 이 행성이 지난 36억 년간 생명이 깃들기에 적합한 조건을 유지해온 것은 생명 자체의 활동의 결과이다. 이러한 생각은 지구라는 "무생물적 집"과 그 속에 살아가는 "생명이라는 거주자"라는 전통적인 2분법을 무너뜨린다.

어떻게 대기중의 산소와 질소가 식물들과 미생물들에 의해서 만들어질 수 있었으며. 어떻게 백악과 석회암이 한때는 바다에 떠 있던 미생물들의 껍질에서 만들어질 수 있었는지를 한번 생각해 보라. 생물은 결코 화학과 물리학의 무정한 손길로 인도되는 그러한 불활성의 세계에서 그저 적응하고 있는 것이 아니다. 우리는 태고적이나 지금이나를 막론하고 우리 조상들에 의해서 다듬어졌으며, 또한 오늘날 모든 살아있는 존재들에 의해서 끊임없이 유지되는 그러한 세계에 살고 있다. 생물들은 그들의 이웃의 활동에 의해서 만들어진 물질들로 조성되는 그러한 세계에 적응하고 있는 것이다.14)

---

14) 37억년전 쯤 시생대가 시작될 무렵에 비해 지금 태양의 방열량은 25%가량 많다. 그런데 지구의 온도는 큰 변화가 없다. 이것은 우리가 바깥 온도의 변화에도 불구하고 체온을 일정하게 유지하듯이 온도를 유지하는 어떤 메카니즘이 작동하고 있다고 보지 않으면 안된다. 만일 이 작용이 없었다면 지금쯤 지구는 생명이 없는 행성으로 변해 있을 것이다. 러브록은 이 메카니즘이 바로 생명들의 협동적 작업에 의해서 가능하다는 점을 밝히고 있다.
그는 의식없이 일어나는 이러한 지구규모의 협동작용이 어떻게 가능한가를 보이기 위해서 "데이지" 모델이라는 조그마한 모델을 도입하고 있다.(러브록, 『가이아의 시대』, 3장) 이 데이지 모델을 실행해 볼수 있는 소프트웨어는 아래 주소에서 다운받을 수 있다.
http://www.gingerbooth.com/courseware/pages/demos.html#daisy
그리고 이 소프트웨어의 설명은 필자의 http://chaos.inje.ac.kr/Alife/gaia&daisy_model.htm을 참조할 수 있다.

생명들의 활동의 결과물이면서 동시에 생물들이 살아갈 수 있는 환경을 지칭할 새로운 이름이 필요하다. 종래에 사용해온 "지구"라는 이름은 2분법적인 뉘앙스가 강해서 이 새로운 생각을 표현하기에는 적합하지 않아 보인다. 러브룩은 그것을 그리이스 대모신에서 따와 "가이아"(Gaia)라고 불렀다.

다가 일로 통합되면서 다에게는 없는 자체의 고유한 성질을 구유하게 될 때 그것이 비록 물리적으로는 다들의 모임으로 만들어졌다고 하더라도 독립적 실체로서의 자격을 갖게된다. 그런 의미에서 가이아는 독립적 실체로서의 자격을 갖는다. 장회익 교수는 가이아는 태양의 존재 없이 성립할 수 없으므로 독립적 단위가 아니라고 한다. 그러나 단위란 통합의 원리이면서 동시에 관계의 원리[15]라는 점에서 볼 때 자족성이란 상대적 개념이다. 앞서 지적했듯이 진정한 자족적 존재는 무한실체로서의 신 외에는 있을 수 없다. 태양계-행성 시스템도 거의 자족적이기는 하지만 완전히 자족적이라고 할 수 없다. 그럼에도 그것을 단위로 받아들인다면 가이아 자체도 단위로 받아들이지 않을 이유는 없어 보인다.

3-2 필자는 장회익 교수와는 반대로 온생명 보다는 가이아가 훨씬 더

---

15) 단위의 기능은 2중적이다. 내부적으로는 통합의 원리(자족성)이고 외부적으로는 관계의 원리(의존성)이다. 이 둘이 모두 충족될 때 그 단위는 존재론적 지위를 획득한다. 즉 그것은 자연스러운 단위로 기능할 수 있게 된다. 그러나 단위가 관계의 원리로서만 제시되는 경우도 있다. 볼츠만이 열역학에서 사용한 원자의 개념이 그러하다. 이 경우는 조작적 지위(operational status)에 그치게 된다. 물론 새로운 발견이나 지식의 성장으로 해서 조작적 지위에서 존재론적 지위로 바뀌는 경우도 있다. 19세기의 원자의 개념적 지위가 그 대표적 사례다. 그것은 19세기까지 조작적 성격이 강했지만 20세기에 들어와서 그 내부구조가 밝혀지면서 동시에 그것을 하나의 단위로 취급해도 좋은 원리적 근거(통합의 원리)를 알게 되었다. 이제 원자의 실재성을 의심하는 사람은 아무도 없다.

근사한 자연의 단위로 보인다. 필자가 보기에는 자연의 단위로 만드는 것
은 "자족성"이라기보다 "주체성"이다. 태양-행성 시스템 가운데 낱생명
들이 없는 행성을 우리는 온생명이라고 부를 수 있을 것인가? 자족성을
조건으로 한다면 온생명이라고 부르지 않을 이유는 없어 보인다. 여기에
대한 분명한 언급은 찾아보지 못했지만 문맥으로 보아 이것은 장회익 교
수의 생각은 아닌 것으로 보인다.

그러나 만일 낱생명들의 존재와 함께 비로소 온생명이라고 불릴 수 있
다면 온생명은 독립적 실체라기 보다 낱생명들에 그 낱생명들의 성립조
건(비평형의 성립조건으로서 태양)을 합쳐 놓은 개념이 아닌가 하는 생각
이 든다. 만일 온생명이 독립적 실체로서의 자격을 가지려면 낱생명과는
독자적으로 자신의 성질을 갖고 있어야 한다.(주체성의 요구)[16] 그래서 낱
생명과 무관하게 온생명을 관찰할 수 있어야 한다.(최소한 그럴 수 있는
조건을 명시해야 한다.) 지금 내가 새로운 태양-행성계를 관찰하고 있다
고 하자. 거기에 낱생명들이 존재한다는 것을 모르는 상태에서 그것이 낱
생명들이 존재하는 온생명인지 아니면 단순한 태양-행성계인지를 확인
할 방법이 있는가? 가능할 것 같지 않다. 그러나 가이아는 이것이 가능하
다. 외계에서 지구를 보고 있으면 그 행성이 갖는 대기의 특이한 화학적 조
성<표 1>을 쉽게 확인할 수 있는데 이것은 낱생명들의 활동의 결과이기
때문에 그것이 단순한 무기적 행성이 아니고 가이아임을 확인할 수 있다.

사실 생명론의 관점에서 온생명이 가이아에 비해 설득력이 떨어지는
점은 온생명에서 낱생명들의 역할이 수동적인데 대해서 가이아에서는 능
동적이라는 점이다. 다시 말해서 개체생명들 없이도 태양은 존재할 수 있
지만 가이아는 존재불가능하다. 가이아는 개체생명들의 장구한 기간동안
의 활동의 산물이다. 러브록은 대기의 조성에서 시작해서 지구의 온도조

---

16) 토인비에서도 국가나 민족의 단위에서가 아닌 문명 단위에서 보여지는 독특
한 현상이 있는데 그것이 바로 종교이다.

절에 이르기까지 이것들이 지구상의 생명들의 활동의 결과로서 나타나는 것임을 정치하게 밝히고 있다. 개체생명들이 가이아를 만들고 이 가이아가 또 역으로 개체생명들을 만들어 가는 순환구조 속에 있다.

이런 면에서 낱생명과 가이아의 관계는 다와 일의 형이상학적 원리에 잘 부합하고 있다. 그래서 가이아는 낱생명들의 생명활동의 결과이지만 이제 낱생명들과 독립적인 속성을 갖고 낱생명들을 규정할 수 있는 독립적 주체로서의 자격을 갖는다. 이제 그것은 자연적 단위라고 할만하다. 온생명이 낱생명과 다르다면, 그리고 가이아와도 다르다면 그 온생명을 온생명으로 만드는 독립적 속성은 무엇이며 우리는 그것을 어떻게 확인할 수 있는가? 그것을 규정할 수 없다면 그것에 온생명이라는 독자적 실체성을 부여하기 보다 낱생명 또는 가이아의 필수조건 또는 여건으로 보는 것이 타당하지 않을까 한다. 김남두 교수도 이런 점을 지적하고 있다.

> 이것들이 개체생명의 유지를 위해 필수 조건이 된다는 점
> 을 넘어, 이것을 포함하는 계 전체를 하나의 독립된 실체
> 적 단위로 설정하는 데에는 무리가 따르는 것으로 보인다.
> 생명체들이 상호의존하여 생명을 유지할 수 있다면, 이렇
> 게 이루어지는 상호의존체계는 그 자체가 생명의 단위라기
> 보다는 개체생명들의 생명유지를 위한 생명단위라고 하는
> 것이 보다 적합한 표현이 될 것이다.[17]

4. 맺는 말

지금까지 필자는 "온생명"을 비판적 관점에서 검토해 왔다. 물론 온생

---

17) 김남두, 「온생명과 생명의 단위」, 『과학사상』, 1995, 13호, p.122.

명에는 우리가 취할 수 있는 긍정적 측면이 더 많이 있다. 그러나 그것의 확장은 이미 소흥렬 교수에 의해 시도되었기 때문에 따로 다루지 않았다.[18] 그러나 그 의의가 결코 과소평가 되어서는 안되리라 생각한다.

무엇보다도 우리는 온생명의 개념을 통해서 모든 낱생명체들이 그 자체 우주적 성격을 갖는다는 것을 이해하게 되었다. 하잘 것 없어 보이는 미물의 생명이라도 우주의 무게만큼이나 무거운 것이다. 더 나아가 우리는 환경을 나와는 무관한 주어진 소여로 생각한다. 그러나 우리는 온생명의 개념을 통해서 모든 것이 다른 것의 여건이 되며 그런 의미에서 "환경"이라고 부르기 보다 "보생명"이라고 불어야 한다는 것을 이해하게 되었다. 이것은 오늘날 환경문제를 어떻게 받아들여야 할지에 대한 중요한 시사를 제공한다. 김남두 교수는 "온생명"의 개념이 현대사회에 던지는 의미를 다음과 같이 말하고 있다.

> 우주적 차원에서의 생명과 개체생명 간의 관계에 대한 장회익 교수의 이 같은 대규모의 사변은 위에 지적된 개념 구성의 논리적 어려움에도 불구하고 인간과 그 삶이 우주 내에서 차지하는 위치에 대한 거시적이고도 심오한 시각을 열어 보여주고 있다. 인간의 생명에 대한 35억 년을 거쳐 형성, 진화되어온 생명의 역사가 담겨 있으며 지구상의 수많은 생명체가 이 역시 하나의 생명체로부터 이 같은 장구한 생명진화 과정을 거쳐 이루어진 결과라는 사실, 그리고 나아가 현재 존재하는 생명체들이 그들의 생명유지를 위해 상호의존하고 있다는 사실은 분명히 우리에게 생명과 생명체들의 상호연관을 우리가 통상적으로 생각하듯 개별생명이나 종의 단위를 넘어서 그 전체적인 면모에서 파악하기

---

18) 소흥렬, 「온생명과 온정신」, 『과학철학』, 1999, 2권 1호.

를 요구한다. 장교수의 이론은 생명의 이런 거시적 지평으
로 우리를 인도한다. 나아가 인간의식의 우주적 확대를 통
한 온생명의 주체의식의 형성을 이야기하는 매력적인 논변
이나 인간 문명을 생명의 전 역사에서 점검하는 그의 논의
에서 우리는 오늘날 우리가 통상적으로 만나는 전문화된
글에서 접하기 어려운 통찰의 깊이와 사유의 모험을 경험
하게 된다.[19)

　어떤 개념을 창안하는 것도 중요하지만 그 개념을 발전시키고 정교화
시켜 가는 것도 그에 못지 않게 중요하다. 그런 의미에서 생명을 새로운
관점에서 보게 해준 이 온생명의 개념을 좀더 체계적이고 정교하게 발전
시켜 가는 것은 우리들의 몫으로 남겨져 있다.

---

19) 김남두, 앞의 글, pp.123-124.

온생명과 가이아, 그 닮음과 닮지않음

홍 욱 희(세민환경연구소, 환경과학)

가이아 이론의 입장에서 바라보는 온생명 가설

개념: 1. 여러 관념 속에서 공통적 요소를 뽑아 종합하여 얻은 하나의 보편적인 관념. 2. 어떤 사물에 대한 대강의 뜻이나 대강의 내용.

사상: 1. 사고 작용의 결과로 얻어진 체계적 의식 내용. 2. 사회나 정치에 대한 일정한 견해.

국어사전에서 찾아보는 "개념"과 "사상"의 의미는 사뭇 다르다. "개념"이 아직 체계화된 의식적 견해에 이르지 못한 상태에서의 생각이라고 한다면 "사상"은 일정한 사고 체계로 발전된 질서정연한 논리라고 할 수 있겠다. 그렇다면 장회익 교수가 제안한 "온생명"은 일개 "개념" 수준에 머무르고만 한갓 가설에 불과한가 아니면 보다 심오한 내용을 함축하는 과학철학적 "사상"으로의 도약이 가능한 이론인가?

결론부터 맺고 이 글을 시작한다면 "온생명" 가설 — 아직 본격적인 과학적 검증의 단계를 거치지 못했기 때문에 "가설"이 되겠다 — 은 우리나라 학계로서는 지극히 드물게 얻어진 참신한 이론적 제안임에도 불구하고 아직은 개념적 수준에 머무르고 있는 것이 사실이라고 하겠다. 하지만 사정이 바로 그렇기 때문에 온생명 가설에 대해서 앞으로 보다 냉정한 비판과 비평이 요구된다고 할 수 있다. 마치 제임스 러브록 (James Lovelock)의 가이아 가설(Gaia Hypothesis)이 20여 년이라는 오랜 기간 동안 관련 전문가들의 혹독한 평가를 거친 연후에야 비로소 한 과학적 이론으로 당당히 자리매김을 할 수 있었던 것처럼. 온생명 가설 또한 한 과학적 또는 철학적 이론으로 성숙하고 나아가서 온생명사상으로 발전하기 위해서는 이런 치열한 비판의 과정을 반드시 거쳐야만 할 것으로 생각된다.

이 글은 바로 이런 관점에서 장회익 교수의 온생명 가설에 대해 본격적인 비판을 가하기 위한 것이다. 다만 여기에서 필자의 이런 비판이 온생명 가설을 폄하하거나 훼손하기 위한 것이 아니라는 점만은 분명히 할 필요가 있겠다. 이 글을 통해서 필자가 진정으로 노리고자 하는 바는, 이 분야 전문가의 한 사람으로서 온생명 가설에 대해서 짐짓 무관심을 표명하기보다 오히려 가차없는 비판을 가해서 이 가설의 발전적인 성숙을 도모하는 데에 일조하고자 하는 데에 있다.

그렇다면 이처럼 온생명 가설에 대해서 본격적인 비판을 펼치고자 할 때 과연 어떤 방법론을 채용할 수 있을까?

이 글에서 필자는 이제는 과학계에서 한 확립된 과학적 이론으로 자리매김에 성공한 가이아 이론의 입장에서 장회익 교수의 온생명 가설을 검토해보고자 한다. 다시 말해서, 장회익 교수가 자신의 입장에서 온생명 가설을 제안하였던 것처럼 필자는 자신이 러브록이라는 입장에서 가이아 이론에 빗대어 온생명 가설에 대한 비판을 시도하고자 한다는 것이다. 이렇게 해서 두 비교되는 가설과 이론이 요란하게 맞붙게 될 때 온생명 가설이 지닐 수 있는 오류와 오점이 보다 용이하게 수면 위로 떠오를 수 있지 않을까 하는 필자 나름대로의 계산이 작용하기 때문이다. 이런 필자의 예상이 과연 어느 정도나 들어맞을 수 있는지에 대해서는 상당한 의문이 따를 수 있겠지만 말이다.

"온생명"의 중심 개념

온생명 가설에 대해서 이제까지 여러 매체에 적지 않은 글들이 발표되었으며 또 크고 작은 여러 모임들에서 많은 발표와 설명이 뒤따랐다. 하지만 그럼에도 불구하고 과학철학계를 비롯해서 관련 과학계나 철학계의 반응은 대체로 덤덤하거나 무관심한 편이다.

이런 현상은 필경 새롭고 창의적인 제안에 대체로 무관심한 우리 학계의 속성에서 기인하는 것이라고 생각되지만, 다른 한편으로 온생명 가설을 설명하는 장회익 교수의 글솜씨에도 일단의 책임이 있는 것이 아닌가 생각되기도 한다. 다시 말해서, 온생명 가설이 내포하는 내용의 옳고 그름을 떠나서 그동안 장회익 교수가 설명하고자 했던 바가 독자들에게 그리 용이하게 전달되지 않았을 수 있다는 것이다. 그리고 그 결과 일반 독자들은 물론 이 분야의 전문가들(?)조차도 온생명 가설을 충실히 이해했다고 자신하기 어렵기 때문에 호·불호의 반응을 보이기가 쉽지 않을 수 있다는 것이 필자의 생각이다. 솔직히 고백하자면, 필자 역시 장회익 교수의 글에서 온생명 가설의 핵심을 포착하는 데에 적지 않게 어려움을 겪었다.

이처럼 온생명 가설 자체가 설명이 별로 쉽지 않은 것이 사실이지만, 이 가설에 익숙하지 않은 일반 독자들의 이해를 돕기 위해서 먼저 필자 나름대로 장회익 교수가 제안하는 핵심적인 개념을 설명해보기로 하자.

온생명 가설을 설명하는 데에 있어서 장회익 교수는 생명에 대한 정의와 생명의 특성을 검토하는 것에서부터 시작한다. 말하자면 이런 검토를 통해서 이제까지 우리에게 익숙하다고 간주되었던 생명의 개념을 재정리하고 그 연장선상에서 온생명의 존재를 설명해보자는 것이 그의 시도라고 하겠다.

생명에 대한 정의는 이제까지 여러 학자들에 의해서 제안된 바 있고, 특히 슈레딩거(Erwin Schrodinger)가 1944년에 『생명이란 무엇인가』(*What is Life?*)라는 제목의 짤막한 책을 발간한 이후 무생물적 존재에 대한 상대적인 존재로서 생명을 정의하고자 하는 노력이 마치 유행처럼 있어왔다. 장회익 교수는 이런 과학계의 노력을 살피면서 브리태니커 백과사전을 인용하여 생리학적 정의, 물질대사적 정의, 유전적 정의, 생화학적 정의 및 열역학적 정의 등을 제시하였는데, 사실상 이제까지 제안된 그 어떤 정의도 생명의 본질을 만족스럽게 설명하는 데에 성공하지 못하고 있다는 점을 강조하고 있다. 그리고 이처럼 생명의 정의에 관련하여 아직까지 만족스런 개념적 작업이 이루어지지 못하고 있는 이유로서 현대과학이 "부분 부분으로서의 과학적인 이해는 충분하였음에도 불구하고 이를 결합하여 생명의 전체적인 모습을 파악하고 이를 의미 있는 개념 구조로 전환시킬 수 있는 전반적인 개념 정리 작업을 아직 이룩하지 못한 데에 있다"라고 나름대로 설명을 가하고 있다.(장회익, 『삶과 온생명』, p.174.)

이런 장회익 교수의 불만은 생명에 대한 이론적 모형을 설정하고자 노력했던 로위(G. W. Rowe)의 연구를 소개하는 데에 있어서도 짙게 묻어난다. 즉, 로위가 생명의 세 가지 특성으로 대사(metabolism), 생식(reproduction), 진화(evolution)의 기능을 들고 있지만 사실상 우리에게 익숙한 개체적 생명체는 이런 단순한 세 가지 요건을 모두 충족시키지 못하고 있다는 점을 들어서 그 문제점을 지적하고 있는 것이다.(일개 독립된 생명체인 우리 자신조차도 대사와 생식의 기능은 수행하고 있지만 진화의 기능까지 수행하고 있는 것은 아니다. 다만 오랜 진화의 과정에서 극히 작은 한 부분으로서의 역할을 잠시 담당하고 있을 뿐이다.)

그런데 바로 이런 점을 근거로 삼아서 장회익 교수는 새로운 제안을 한다. 바로 이런 생명의 특성 세 가지를 모두 충족시킬 수 있는 생물적 존재의 기본 단위를 재설정하자는 것이다. 장회익 교수는 단순한 개체적 생명체들이나 또는 그것들의 집합체가 아닌, 하나의 총체적 단일체 성격을 띠는 존재의 개념에 착안하는데 이런 상징적인 존재를 온생명(global life)이라고 명명하였다.

그러면 대사, 생식, 진화의 세 가지 특성을 모두 공유 가능한 생물체적 존재를 과연 어디에서 찾을 수 있을까? 이 부분에서 장회익 교수는 갑자기 논리적 비약을 시도하는데, 물리학자로서의 자신의 전공을 살려서 생명의 존재성을 우주라는 무한한 시공간 속에서 극히 적은 영역에 해당하는 태양—지구에 한정된 "국소적 질서"의 발생 부위에서 찾고자 하였던 것이다. 국소적 질서란 부(負)의 엔트로피를 축적해서 얻어지는 — 엔트로피가 무질서의 척도인 것처럼 부의 엔트로피는 질서의 척도라고 할 수 있겠다 — 특정한 상태로 그것의 복제생성률이 1을 넘어서는 상황에 이르게 되었을 때 나타나는 존재가 바로 생명이라는 것이 장회익 교수의 설명이다.

이를 보다 쉽게 설명해 본다면 이렇다. 한 물리적인 실체로서의 생명은 우리 누구라도 쉽게 인지할 수 있는 개체 생명이 되지만, 이 생명의 존재를 물리학적인 차원에서 설명한다면 그것은 주변에서 부의 엔트로피를 받아들여서(또는 양의 엔트로피를 배출하면서) 내재적 질서를 유지하는 그런 존재라고 할 수 있다. 이런 점에서 생명은 자연에서 무작위적으로 발생하는 허리케인이나 인공적으로 만들어진 자동차 엔진과 유사하다고 할 수 있는데, 다만 허리케인이나 자동차 엔진은 그런 질서유지가 비교적 단기간적이고 또 생식과 진화를 할 수 없다는 점에서 생명과 구분된다.

그러면 장회익 교수가 정의하는 생명이란 도대체 어떤 존재란 말인가? 그의 설명에 따르면 생명이란 "우주 내에 형성되는 지속적 자유에너지의 흐름을 바탕으로, 기존 질서의 일부 국소 질서가 이와 흡사한 새로운 국소 질서 형성의 계기를 이루어, 그 복제생성률이 1을 넘어서면서 일련의 연계적 국소 질서가 형성 지속되어 나가게 되는 하나의 유기적 체계"다. (같은 책, p.178.) 여기서 "체계"라는 것은 추상적 질서의 체계를 의미할 수도 있고 이를 구현할 수 있는 물리적 체계를 의미할 수도 있다고 한다.

다시 말해서, 그의 정의는 생명에 대한 추상적 개념에 국한될 수도 있고 또는 구체적으로 생명체를 지칭하는 개념이 될 수도 있다는 것이다.(역시 이해가 결코 쉽지 않은 대목이다.)

하지만 장회익 교수는 먼저 생명에 대한 추상적 개념을 설정해 놓고 이런 개념에 적합한 구체적인 존재를 찾고자 노력했던 것처럼 보인다. 그 결과 과거 35억 년 전에 태양과 지구 사이에서 처음 나타나서 — 보다 엄밀하게 표현하자면 태양으로부터의 지속적인 에너지 공급에 힘입어서 지구에서 탄생하여 — 오랜 진화의 과정을 거치면서 현재까지 생존을 계속하고 있는 "지구역사상의 전체 생물집단"을 하나의 실체로 간주하기에 이르렀는데 이것이 바로 온생명이 되겠다.

이런 장회익 교수의 논리는 이제까지 생명을 정의하고 생명의 고유한 특성을 밝히고자 노력했던 여타 연구자들의 입장과 크게 대치되는 것처럼 보인다. 즉 슈레딩거를 필두로 해서 오글(L. E. Orgel), 로위, 루이스(Thomas Lewis), 마굴리스(Lynn Margulis), 러브록 등 생명과 생명성에 대해 연구했던 일단의 연구자들은 먼저 자신들의 연구 대상을 명백히 선정하고 — 예를 들어서 오글은 개별 생물체를, 그리고 러브록은 범지구적 규모의 생물집단과 그 주변 환경 모두를 자신의 연구대상으로 삼았다 — 그것의 특성을 밝히고자 노력했던 데에 반해서, 장회익 교수는 지구에서 처음 생명이 탄생할 수 있었던 물리적 조건에 착안하여 생명에 대한 추상적 개념을 먼저 정리하고 그런 개념에 걸맞은 구체적인 실체를 찾고자 시도했던 것이다.

따라서 추상적 개념에 합당한 존재의 실체화라고 할 수 있는 온생명 가설에 대해서 사람들이 납득하기가 결코 쉽지 않은 것은 어쩌면 당연한 일이다. 이제 장회익 교수의 말을 빌려서 온생명에 대해 조금 더 설명해 보기로 하자.

기존의 생명 개념이 대체로 하나 하나의 개별 생물체들에 대한 속성을 검토하는 과정에서 얻어진 것이라고 한다면 온생명 개념은 "지구상에 나타난 생명 현상을 그 연원과 더불어 여타 물리 현상과 구분되는 결정적인 특성을 파악하여 도출한 것이다."(같은 책, p.179.) 그리고 이렇게 정의된 온생명은 그 속에 이제까지 지구상에 나타난 모든 개별적 생명체들을 내포하고 있는, 그 자체가 하나의 전일체적 실체이다.(같은 책, p.180.)

그런데 이처럼 온생명을 지구상에 존재하는 생명의 본질이자 그 핵심이라고 정의한다고 해도 그 속에 내재되는 각각의 개별 생물체들에 대해서도 관심을 가지지 않을 수는 없을 것이다. 장회익 교수는 이 대목에서 태양과 지구 사이에서 나타나는 거대한 "국소 질서"로서의 온생명 속에 내재하는 수많은 작은 "국소 질서"들을 개별생명체로 간주하여 이것들을 "개체생명"(individual life)으로 명명하였다. 결국 생명 현상이란 그 전모에 있어서 "온생명"을 이루며, 그 세부적 존재 양상에 있어서는 각 단계의 "개체생명"을 형성하는 존재이므로 이 두 개념을 각각 개념화하여 파악하는 동시에 이들 사이의 관계를 함께 이해하는 것이 무엇보다 중요하다고 하겠다.(같은 책, p.210.) 장회익 교수는 개체생명들 사이의 관계에 대해서도 설명했는데, 온생명에서 각 개체생명 그 자신을 제외한 나머지 부분을 해당 개체생명에 대한 "보생명"으로 부를 것을 제안하였다.(같은 책, p.228.) 개체생명과 보생명이 서로 밀접한 관계를 맺고 있으며, 나아가서 각 개체생명들이 온생명의 테두리 내에서 서로 깊은 관련을 맺고 생존할 수밖에 없는 것은 당연한 일이다. 이런 점에 대해서는 다음의 환경오염의 장에서 논의하고자 한다.

온생명과 가이아

　장회익 교수 본인의 설명대로 온생명 가설이 1988년에 처음 제안된 것이라고 한다면 러브록의 가이아 가설은 그보다 훨씬 오래 전인 1970년 대 초엽에 세상에 첫선을 보였다.

　당시 러브록의 관심은 화성에 살고 있을지도 모르는 생명체를 탐구하는 데에 쏠려있었는데, 그는 인간이 직접 그곳에 가보지 않고서도 생물의 존재 유무를 확인할 수 있는 방법을 찾고자 노력했다. 이윽고 그는 "만약 외계인이 지구 바깥에서 우리 지구의 생명체를 찾고자 한다면 어떻게 해야 할까?"라는 질문에 답을 할 수 있다면 그 방법을 채용해서 화성의 생명체 존재 여부도 확인할 수 있을 것이라는 결론에 도달하였다. 이후 러브록은 외계인이 지구를 탐구한다는 관점에서 지구를 조사하기 시작했는데, 이런 연구의 결과 그는 지구가 형제 행성들이라고 할 수 있는 화성이나 금성들과는 달리 산소와 질소로 충만한 대기권을 가지고 있고 또 풍부한 물을 보유하고 있다는 점 등에 착안하게 되었다. 그리고 놀랍게도 대기권의 조성이나 해양의 염분 농도 등이 화산 활동과 같은 물리적인 원인에 의해서가 아니라 바로 생물들에 의해서 조절되고 통제되어왔다는 사실을 발견하였다. 지구에서 생명이 처음 탄생한 이래 이제까지 생물들이 기후를 조절하고, 해안선을 변화시키고, 때로는 대륙을 이동시키는 등 자신들의 생존에 적합하도록 주변 환경을 능동적으로 조절하고 통제해왔던 것이다. 이런 연구의 결과 러브록은 자연스럽게 이 지구가 생물과 무생물의 복합체로 구성된 하나의 거대한 유기체 또는 초생명체(superorganism)라고 단정짓기에 이르렀다. 그는 이러한 지구의 실체를 일컬어 "가이아"(Gaia)라고 명명하였다. 가이아는 그리스 신화에서 대지의 여신을 의미한다.

이처럼 가이아의 존재는 지구상에 살고 있는 모든 생물들과 그곳의 모든 물질적 부분들이 한데 통합하여 이루어진 단일한 시스템, 곧 살아있는 지구 그 자체이다. 그리고 가이아는 과거 35억 년 전, 지상에 처음 생명이 탄생했을 때 나타난 이후 지금까지 생존을 계속하고 있고 또 지구에서 마지막 생명체가 사라지게 될 때까지 앞으로도 수십 억 년을 더 영속하게 될 지구의 운명, 그 자체라고 할 수 있다.

그렇다면 온생명은 가이아와 어떻게 다를까?

먼저, 장회익 교수의 설명은 이렇다. "가이아 가설이 지니는 중요한 점은 그것이 생명을 보는 새로운 관점이라기보다는 그가 '가이아'라 명명한 생물권이 종래에는 생물체 안에서만 볼 수 있었던 항상성(homeostasis)의 유지라는 특수한 성질을 가지고 있다는 사실을 발견했다는 점이다. 이에 반해서 온생명 개념은 이러한 성격을 지녔다는 사실 자체와는 무관하게 하나의 전일적 단위로서의 온생명을 인정해야 한다는 점이다."(같은 책, p.186.)

이어서 장회익 교수는 가이아는 온생명의 "신체"가 지닌 한 국면을 대표하는 개념이며, 따라서 가이아 개념이 온생명의 "신체"가 갖는 일부 특성을 밝혀주었다는 점을 인정하였다. 그러나 그는 러브록의 가이아 개념에는 "인간 정신"이 포함되어 있지 않기 때문에 이런 점에서 온생명과 구별된다고 강조하였다.

이런 장회익 교수의 설명은 온생명의 실체에 대해서 보다 분명한 형상을 그릴 수 있게 한다고 생각된다. 필자가 그리는 온생명의 물리적 실체는 이러하다. "지구에서 처음 생명체가 탄생했을 때부터 시작하여 이제까지 살았던, 그리고 현재도 살고 있고 앞으로도 영속할 모든 생물들의 집합체." 그리고 이런 온생명의 물리적 실체는 바로 가이아라는 몸체의 생물적 부분과 정확히 일치된다.

다음으로, 장회익 교수의 설명에 따른다면 온생명은 가이아가 지니지 못하는 "정신"의 영역을 포함하고 있어서 가이아와 구별된다고 한다. 따라서 가이아가 "지구상의 모든 생물과 그 주변환경(비생명)"을 모두 포괄하는 전일적 실체라고 한다면 온생명은 "지구상의 모든 생물과 인간 정신"을 모두 포괄하는 전일적 실체가 되는 것이다.

특히 장회익 교수는 온생명 속에서 인간의 존재가 단순히 온생명 속의 한 개체생명이라는 것에 그치지 않고 그 안에서 매우 중요하고 특별한 지위를 점유한다는 점을 강조하고 있다. 이런 장회익 교수의 설명을 그대로 인용해 보자.

> 인간은 온생명 내의 한 개체로서 단순히 온생명에 의존하여 그 생존이나 유지해가는 존재가 아니다. 의식과 지능을 지닌 존재로서의 인간은 최초로 자기 자신에 대한 반성적 사고를 할 수 있을 뿐 아니라 그가 지니게 된 집합적 지식을 활용하여 자신이 속한 생명의 전모, 즉 온생명을 파악해내는 존재가 된 것이다. 온생명의 입장에서 본다면 이것은 결코 예사로운 일이 아니다. 자신의 내부로부터 자신의 존재가 생겨났다는 것은 곧 자기 스스로를 의식할 수 있는 단계에 도달했음을 의미하는 것이기 때문이다. 결국 온생

명은 35억 년이란 성장 과정을 거쳐 비로소 스스로를 의식
할 수 있는 존재가 되었으며 이것은 바로 온생명의 한 부
분을 이루는 인간을 통해서 가능해진 것이다. 인간은 곧
온생명의 의식 주체로서 온생명 안에서 마치 신체 내에서
중추 신경계가 지니는 것과 같은 위상을 지니게 되었으며,
이는 생명의 역사 전체를 통해서 볼 때 생명의 출현만큼이
나 중요한 의의를 지니는 사건이라 아니할 수 없다.(같은
책, p.195.)

  오랜 생물 진화의 역사에서 인간의 출현은 정녕 놀라운 일임이 분명하
다고 하겠다. 하지만 그렇다고 해서 온생명과 그 일부분에 불과한 인간의
위상을 우리 신체와 중추신경계의 관계처럼 설정하는 것이 과연 합당한
일일까? 중추신경계가 훼손될 때 우리는 치명상을 입을 수 있으며 심지
어는 죽음에 이르기도 한다. 하지만 우리 인류가 멸망한다고 해서 곧 지
구 생명의 역사가 단절되는 것일까?

  온생명 속에서의 인간 위상에 비교할 때 러브록이 상정하는 가이아
속에서의 인간의 위상은 크게 위축된 모습을 갖는다. 러브록은 인간이
가이아의 운명을 크게 좌우할 수 있을 만큼 그처럼 막강한 힘을 갖는 존
재가 아니라는 점을 강조하면서 인류의 탄생과 멸망은 유구한 가이아의
역사에서 사실상 하찮은 사건에 불과하다는 견해를 피력한다. 심지어 그
는 인구가 급격히 증가하고 그로 인해서 환경오염이 심화된다고 해도
그것으로서 가이아에게 어떤 치명적인 손상이 가해질 것으로는 별로 믿
지 않는다.

만약 우리가 가이아의 존재를 인정한다면 이 세상에서의 인간의 위치에 대한 새로운 관점을 발전시킬 수 있게 될 것이다. 한 예를 든다면, 우리 인간이라는 존재는 제아무리 현대 과학 기술로 튼튼히 무장하고 있다고 해도 단순히 가이아의 한 부분에 불과하다고 말할 수 있다. … 가장 중요한 가이아의 속성은 모든 지상의 생물들에게 적합하도록 주변 환경 조건을 끊임없이 변화시킨다는 것이다. 만약 우리 인간들이 이런 가이아의 역할에 대한 심각할 정도의 간섭만 가하지 않는다면 과거 인류가 지상에 도래하기 이전과 마찬가지로 현재에도 그 속성에는 변함이 없을 것이다. … 가이아는 마치 생물 조직체와 마찬가지로 인간의 오장 육부에 해당하는 핵심 기관을 가지며, 또 인간의 사지와 같이 반드시 필요하지는 않지만 유용하게 이용할 수 있는 부수적 기관을 갖는다. 이런 부수 기관들은 필요에 따라서 신축과 생성 소멸이 가능하며, 장소에 따라서 역할이 달라질 수 있다. 인간은 가이아의 부수적 기관이라 할 수 있으므로 이 지구에서의 인간의 역할도 우리가 서 있는 장소에 따라서 달라질 수 있다.(제임스 러브록, 『가이아: 생명체로서의 지구』, 1996.)

장회익 교수가 온생명 속에서 인간과 인간 정신의 중요성을 그처럼 크게 강조하는 데에 대해서 그 이유를 굳이 이해하지 못하는 바는 아니다. 하지만 가이아이든 온생명이든 그 물리적 실체가 시공간적으로 35억 년의 시간대에 걸쳐서 지구 전체에 생존했던 모든 생물들을 다 포함하는 것이라고 할 때, 필자의 입장에서는 장회익 교수가 인간의 위상을 그처럼 중요시하고 있다는 점이 상당한 논리적 비약이 아닌가 생각된다. 사려 깊은 진화생물학자라면 누구나 다 동의할 것이지만 오랜 생물 진화의 과정만 살펴보더라도 인류는 결코 진화의 최종 승리자가 아니며 또 생물 진화에 심대한 영향을 미칠 수 있을 만큼 그렇게 강력한 힘을 갖는 존재도 아니다. 바로 이런 점에서 장회익 교수의 온생명 가설은 중대한 문제점을 지니고 있다고 할 수 있으며, 바로 이런 문제점이 또 다른 문제점을 유발하는 빌미를 제공하는 것처럼 보인다.

온생명과 환경 문제

앞에서 필자는 온생명의 시공간적 규모를 생각할 때 인간과 인간 정신의 위상을 그처럼 높이 잡는 것은 상당한 논리적 비약일 수 있다고 지적하였다. 물리학자로서의 장회익 교수가 인간에 대해 이처럼 특별한 고려를 하고 있다는 점은 그것이 지니는 모순성 여부를 떠나서 상당히 흥미로운 일이라고 생각되는데, 아마도 과학과는 무관한 동양사상의 영향이 크게 작용했기 때문이 아닌가 한다.

이제 다시 한번 장회익 교수의 관점에서 온생명 속에서 인간의 위치를 정리해보자. 먼저 그는 인간을 최초로 자신이 속한 생명의 전모, 즉 온생명을 파악한 주체적 존재로 상정한다.(같은 책, p.238.) 두 번째로. 인간은 자체 종족의 번영을 위해서 과학기술의 힘을 이용하여 마구잡이로 다른 생명들과 주변 환경을 파괴하고 있는 암적인 존재이다. 우리 신체의 각 부위에 암세포가 번성하듯이 인간이 온생명의 각 부위를 점유하면서 비정상적인 번영을 누리고 있는 것이다.(같은 책, p.250.) 세 번째로, 따라서 이제부터 인간은 온생명이 바로 자신의 몸임을 깊이 인식하여 스스로 암세포의 상태에서 벗어나야만 하는 존재가 되어야만 한다. 다시 말해서, 인간은 온생명의 주체적 존재이자 암적인 존재이면서 또한 온생명의 생

리에 맞추어 그 건강을 회복시켜야 하는 자각적 존재이기도 하다는 것이
다.(같은 책, p.253.)

　그런데 인간이 온생명에 대해 암적인 존재라는 장회익 교수의 지적은
적지 않은 논란을 불러일으킬 수 있는 소지가 있는데, 많은 과학자들이
인간이 저지르고 있는 환경오염과 환경 파괴에 대해서 크게 우려하고 있
는 것이 사실이지만 적어도 인류를 암세포적 존재에 비교하는 경우는 거
의 찾아볼 수 없기 때문이다. 이런 장회익 교수의 입장과는 대조적으로
러브록은 환경오염의 현실과 환경오염에 대한 인간의 역할에 대해서 상
당히 유연한 입장을 취하고 있다. 이 두 사람의 입장을 조금 더 살펴보기
로 하자.

　먼저, 러브록은 인간에 의해 야기되는 환경오염과 환경 파괴의 정도가
아직은 결코 가이아의 자생능력을 훼손할 만큼 그렇게 심각한 상태는 아
니라고 생각한다. 이에 반해서 장회익 교수는 현재 온생명의 상태가 인류
라는 암세포에 의해서 이미 심각한 질환의 상태에 놓여있다고 진단한다.
(같은 책, p.216.) 환경전문가인 러브록의 관점과 물리학자인 장회익 교수
의 관점 중에서 과연 누구의 견해가 더 옳은지를 판단하는 것은 고스란히
관전자들의 몫이라고 하겠지만 아무래도 무게중심이 러브록 쪽에 더 쏠
리는 것은 피할 수 없는 일인 듯하다.

　두 번째로, 러브록의 시각이 주로 지구온난화나 오존층 파괴와 같은
범지구적인 환경 문제에 고정되어 있는 데에 반해서 장회익 교수의 시각
은 우리 주변의 환경오염 문제나 생태계 보전 문제 등에 더욱 집중되고
있는 듯하다. 이런 대표적인 한 예로서 장회익 교수는 우리 주변에서 호
랑이가 사라진 것을 크게 안타까워하고 있으며, 이런 호랑이의 사라짐이

자동차의 등장과 함께 비롯되었다는 점을 시사하면서 그 궁극적인 책임을 인간의 탐욕에 돌리고 있다.(『과학사상』 7호, 1993, p.22.) 그렇다면 이제 장회익 교수에게 이런 질문을 던질 수 있겠다. 온생명의 공간 속에서 호랑이가 차지하는 위상이 과연 어느 정도인지, 그리고 백두산 호랑이의 생존을 위해서 우리가 자동차 타기를 기꺼이 포기해야만 하는지를. 환경 문제를 전공으로 하는 필자의 입장에서는 장회익 교수의 시각이 지나치게 생태주의에 빠져있는 것이 아닌가 하는 점을 지적하지 않을 수 없겠다.

세 번째로, 러브록이 환경 문제의 해결에 상당히 낙관적인 입장을 취하고 있는 것과는 대조적으로 장회익 교수는 지극히 부정적인 입장에 서있는 것처럼 보인다. 앞의 호랑이 예에서도 알 수 있는 것처럼 장회익 교수에게 있어서는 온생명 속의 모든 개체생명들이 다 중요한 존재이며 보호해야할 대상이다. 하지만 러브록에게 있어서 가이아는 지극히 강건한 생존력을 가진 존재로서 그것이 지니는 생물다양성이 부분적으로 훼손된다고 해서 가이아 자체가 크게 치명상을 입는 것은 아니다. 바로 이런 관점의 차이가 러브록에게 있어서는 "과학기술과 현대 문명에 대한 낙관"으로, 그리고 장회익 교수에게 있어서는 "인류 미래에 대한 불길한 예감"으로 나타나는 것이리라.

> 현대 문명은 이제 매우 중요한 갈림길에 서있다. 그 하나
> 는 35억 년간 성장해온 우리의 "온생명"에 대해 하나의
> 암적인 존재가 되어 이를 사멸시키거나 혹은 알아볼 수 없
> 을 정도로 이 생명을 파손시켜 현재 우리가 소중히 여기는
> 모든 것을 일거에 소멸시키는 무서운 사멸 가능성이며, 다
> 른 하나는 새로운 정신 문화를 향해 크게 도약함으로써 이

"온생명"으로 하여금 그 몸의 신비 못지않게 높은 정신적 존재로 부상시키는 가능성이다. 이는 어쩌면 샤르댕이 말하는 오메가 점을 향해 큰 한 걸음을 내디디게 되는 가능성일 수도 있다.

이러한 두 가지 가능성이 활짝 열리게 된 것은 바로 우리의 현대과학 때문이라고 할 수 있다. 오직 인류가 이 과학을 통해 힘뿐 아니라 지혜마저 얻게 된다면 후자의 가능성을 택하는 결과가 될 것이며, 그렇지 못하고 오직 무모한 힘만을 추구한다면 전자의 가능성을 택하는 결과가 될 것이다. 그러나 불행히도 현재로서는 전자의 가능성이 훨씬 더 커 보인다.(『과학사상』 7호, 1993, pp.22-23.)

마지막으로, 현 상황에 대한 진단과 앞으로의 전망이 지극히 비관적인 만큼 장회익 교수의 대처 방안 또한 지극히 급진적이다. 그런 한 예로서, 장회익 교수는 원시 상태에서 지구상의 적정 인구가 약 400만 명이었던 것에 반해서 현재 세계인구가 그보다 무려 1,500배가 많은 60억 명이라는 점을 들면서 강력한 인구 조절의 필요성을 역설하기도 하였다.(『대한매일』, 2001년 1월 15일자, 21면) 앞에서 지적한 바 있듯이 온생명과 가이아가 적어도 물리적인 생물학적 실체에 있어서는 동일함에도 불구하고 미래 전망에 있어서 러브록과 장회익 교수의 입장이 이렇게 극명하게 다르다는 점은 앞으로 대단히 중요한 관전포인트가 될 수 있을 것으로 기대된다. 왜냐 하면 그렇게 상반되는 두 주장이 모두 옳을 수는 없을 것인바 필연적으로 어느 한쪽의 입장이 다른 한쪽의 입장을 크게 압도할 것이기 때문이다.

온생명의 과학성을 재검증하자

생명의 가장 커다란 특징 중의 한 가지는 그것이 위계(hierarchy)를 가진다는 점이다. 이런 위계는 거대분자 – DNA(유전자) – 세포 – 조직 – 기관 – 개체 – 개체군 – 생태계 – 생물권 등으로 나열되는 것이 보통인데, 굳이 온생명이나 가이아를 이런 위계 속에 삽입하고자 한다면 그 위치는 당연히 생물권 다음의 가장 위쪽이 되겠다. 현재로서는 지구 밖에서의 생명의 존재가 밝혀진 바 없기 때문에 결국 온생명과 가이아가 생명의 가장 높은 위계를 차지하는 실체라고 할 수 있다.

그런데 온생명은 가이아에 비교해서 "정신"이라는 추상적 실체까지도 포함하는 존재이기 때문에 — 물론 인간도 가이아의 한 부분이기 때문에 가이아에도 인간 정신이 포함되지 않는다고 부정하기는 어렵겠지만 러브록은 가이아에 있어서 인간 정신의 중요성을 크게 인정하지 않는다 — 가이아보다 위쪽의 위계를 차지한다고 생각할 수도 있겠다. 이런 점에서 온생명은 이제까지 상정된 그 어떤 생명의 존재보다 더 높은 위계를 차지하는 존재가 되겠다.

이렇게 위계를 나열했을 때 생명에 대한 정의는 각 위계마다에서 조금씩 달라질 수 있다. 흔히 일반생물학 교과서에서 소개되는 생명에 대한 정의는 보통 세포나 개체 생명을 그 대상으로 했을 때의 정의라고 할 수 있겠고, 도킨스가 제시하는 이기적 유전자의 개념은 진화의 주체를 유전자로 상정해서 얻어진 정의가 되겠다. 이런 관점에서 생각할 때, 이제까지 얻어진 생명의 정의는 먼저 그 대상 생명이 주어지고 난 후 그것을 검토하는 과정에서 얻어진 개념이라고 할 수 있다. 그리고 이에 반해서 러브록의 가이아나 장회익 교수의 온생명 개념은 생명의 정의를 먼저 상정하고 그런 정의에 합당한 생명 대상을 찾는 과정에서 얻어진 산물이 되겠다. 따라서 그 속성상 온생명이나 가이아는 상당한 추상성을 갖는 존재가 될 수밖에 없으며, 바로 이런 점이 온생명에 대한 이해를 가로막는 장애가 된다고 할 수 있다.

그런데 러브록의 가이아 이론은 그런 추상성을 튼튼한 과학적 증거들을 제시함으로 해서 무난히 극복할 수 있었다. 이에 반해서 장회익 교수의 온생명 가설은 그런 과학적인 증거의 뒷받침을 거의 기대하기 어려운 것이 사실인바, 바로 이런 점이 온생명 가설의 커다란 약점이 되겠다.

앞에서 필자는 온생명 가설이 지니는 몇 가지 논리적인 비약을 지적하였다. 이런 비약이 있게 된 이유에 대해서는 앞으로 장회익 교수 자신의 해명이 있어야 할 것으로 기대되지만, 제삼자로서 필자가 생각하기로는 필경 장회익 교수가 과학자로서의 본분을 뛰어넘어 지나치게 인문학적인 동양사상에 심취했던 때문이 아닌가 생각된다. 결국 냉철한 논리를 요구하는 과학과 논리나 이론보다는 감성과 직관을 중시하는 인문학의 만남을 너무 서둘렀던 나머지 온생명 개념에서 적지 않은 허점을 노출시키고 만 것이라고 생각되는 것이다.

이제 온생명 가설이 제안된 지도 10여 년의 세월이 흘렀다. 그리고 그동안 장회익 교수는 정형화된 대학교수직을 벗어나서 보다 자유로운 생각을 즐길 수 있는 홀가분한 자리로 옮겨 앉았다. 그렇다면 이제 장회익 교수에게 남은 사명은 자신이 제안한 온생명 가설을 성실히 다듬고 정리하는 일이라고 하겠다. 이런 본인의 노력에 후학들이 동참할 수 있다면 더할 수 없이 바람직할 것인바, 필자도 이런 일에 뛰어들기를 기대하는 후학의 한 사람이라는 점을 감히 밝히면서 장회익 교수의 부름을 기다리는 바이다.

불교의 세계관에서 본 온생명론

양 형 진(고려대, 물리학·정보과학)

1. 머리말

생명 세계의 일원인 우리는 생명 세계를 사유 대상의 하나로 삼고 있기는 하지만, 사실은 생명뿐 아니라 "나" 자신이 누군지조차 모르면서 살아간다. 그러나 현대 문명이 우리뿐 아니라 전체 생명의 존재 기반을 위협하는 것이 사실이라면, 생명과 삶이 무엇인지 그리고 생명에 대한 우리의 태도가 어떠해야 하는지를 묻지 않을 수 없다.

이런 점에서 삶과 생명에 대해 근원적 질문을 던지고 이에 대한 성찰의 내용을 담고 있는 온생명론은 지금의 현실 속에서 대단히 중요한 의미를 지닌다. 이러한 탐구는 기왕에 있었던 개별 생명체에 대한 탐구가 자 칫 간과해 온 생명의 중요한 속성을 드러내줄 수 있을 뿐 아니라, 전체 생명과 함께 살아가는 우리의 삶의 태도가 어떠한 것이어야 하는지에 대 해 의미 있는 윤곽을 제시해 줄 수 있다고 생각된다.

이 글에서는 온생명론이 제시하는 생명현상의 총체성을 불교의 세계관 의 입장에서 살펴보고자 한다. 머리말에 이어 2장에서는 연기와 상호의존 성 등 불교 세계관의 기본 구조를 살펴보고, 3장에서는 불교에서 보는 생 명세계의 구조와 온생명론이 어떤 정합성을 지니는지를 논의한다. 그리고 4장에서 온생명론의 의의와 온생명론이 제시하는 윤리를 살펴보고 이를 불교의 생명 윤리와 비교하면서 글을 맺고자 한다.

2. 불교 세계관의 기본 구조

2-1. 연기와 공과 화엄

불교에서는 일체의 존재가 인연에 의하여 생한다고 본다. 이를 인연생 기(因緣生起) 혹은 줄여서 연기(緣起)라고 한다. 여기서 인연은 존재자 로 이루어지는 전체 세계의 내부 즉 법계의 내부에서 형성된다는 점에 주 목하여야 한다.1) 인연에 의해 모든 존재자가 나타나지만 인연은 또한 존

---

1) 법은 원어 달마(Dharma)의 번역이고, 법계는 원어 달마-다뚜(Dharma-Datu) 의 번역이다. Dharma는 사물을 의미하기도 하고 부처님의 가르침을 의미하 기도 한다. 사물을 의미한다는 것은 만물이 자신의 독특한 성품을 가지고 있 어서 이를 접하는 사람에게 이에 대한 상을 그려내게 한다는 의미이다. 달마 의 원래 의미는 "지지자"라는 것으로 세계에 나타나는 사물의 근거라는 의 미이다. 이에 대한 완벽한 깨달음을 표현한 부처님의 가르침을 또한 달마라 고 한다. Dharma-Datu는 크게 두 가지 의미를 지닌다. 하나는 만유제법을 포함한 전체 곧 우주라는 의미인데, 여기서 우주란 총체적이고 상호의존하는 우주를 말한다. 다른 하나는 만유의 원인 혹은 만유 법의 체성이라는 의미인

재자에 의해 형성되는 것이므로, 개개의 존재자는 전체에 의해 형성되는 결과임과 동시에 전체를 형성하는 원인이다. 그러므로 존재자와 인연이란 서로가 서로에게 영향을 주는 상호 역동적인 관계에 놓여 있다. 그리고 존재자에 의해 구성되는 법계는 스스로를 창조하고 유지해 나가는 전체이다. 이 이외의 다른 어떤 것을 필요로 하지 않는 불교의 세계관에서는 법계를 벗어나 존재하는 초월적이거나 신비적인 어떤 것에 관심을 두지 않으며 따라서 그러한 존재를 상정하지 않는다.

일체의 존재가 인연에 의하여 생한다는 연기(緣起)는 대략 시간적 인과성, 시공간적 상호 의존성, 주관과 객관의 상호 작용에 의해 나타나는 인식 주관의 세계 인식이라는 세 가지의 기본적 의미를 지닌다.[2] 이 글에서는 논의의 목적상 첫 번째와 두 번째의 의미만을 간략히 살펴보도록 하겠다.[3]

첫째로 연기는 "피연생과"(彼緣生果) 즉 인연(因緣)에 의하여 결과가 생긴다는 의미인데, 인(因)은 직접적 원인이고 연(緣)은 간접적 원인이라는 의미로 해석되기도 한다. 그 예가 되는 것이 씨앗에서 싹이 나오는 것과 같은 것인데 여기서 씨앗이라는 직접적 원인은 인(因)이 되고 흙, 물, 기후 등의 제반 조건인 간접적 원인은 연(緣)이 된다. 이는 기본적으로 전후 사건의 인과적 연관성을 말하는 것으로서 원인이 결과를 앞지를 수 없다는 인과율의 조건을 만족시키지만, 무한한 연이 인에 결합하여야 하

데, 이는 곧 진여로서 궁극적 진리 혹은 보편적 원리이다. 단어의 의미만으로도 불교에서는 우주와 궁극적 진리 혹은 부처님의 가르침과 세계가 서로 별개가 아니라는 것을 암시한다. 『열반경의 세계』, 현암사, p.93.와 『불교 철학의 정수』, 대원정사, p.52., p.62. 및 p.151. 참조.

2) 『중관사상연구』, pp.21-33. 참조.

3) 연기론의 세 번째 의미에 관해서는, 졸고 「생명 세계에서의 연기론」, 『동아시아 문화와 사상』 1권, pp.187-209. 및 졸저 『산하대지가 참 빛이다』, 장경각, 3장. 참조.

나의 사건이 일어난다고 보는 점에서 보통의 인과율보다 포괄적인 세계 이해를 요구한다.

연기론의 두 번째 의미는 상호의존성 줄여서 상의성(相依性)인데, 이는 연기론의 핵심적 의미로서 불교 사상 전체의 근간을 이룬다. 보통의 인과론이 "저것이 있을 때 이것이 있고 저것이 없을 때 이것이 없다"라는 시간적 인과 관계를 의미하는데 비해, 상의성은 "저것이 있을 때 이것이 있고 이것이 있을 때 또한 저것이 있으며, 따라서 저것이 없을 때 이것이 없고 이것이 없을 때 저것이 또한 없다"는 것으로서 이것과 저것이 서로 의지하여 있다는 것을 말한다.

이에 대한 유명한 비유가 『노경』에서의 갈대 묶음에 대한 것이다. 경에서는 "세 개의 갈대가 땅에 서려고 할 때 서로 서로 의지하여야 서게 되는 것과 같다. 만일 그 하나를 버려도 둘은 서지 못하고 또한 둘을 버려도 하나는 서지 못하듯이 서로 서로 의지하여야 서게 된다"고 하였다.4)

인과성과 상의성의 의미를 지니는 연기론은 모든 존재가 변치 않는 자신의 고유 성질인 자성(自性)을 가지고 다른 것과 상관없이 독립하여 그 스스로 존재하지 못한다는 것을 말한다. 여러 요소의 무한한 화합에 의하여 존재자가 형성되고, 이렇게 형성된 개개의 존재자들도 다시 서로가 서로에게 끝없이 의존한다는 것을 의미한다.

모든 존재는 자신의 특성에 의하여 자기 스스로 존재하는 것이 아니기 때문에 변하지 않는 본성이란 있을 수 없으므로 무아(無我)이며, 모든 존재는 시간적이고 공간적인 인연의 모아짐에 의하여 나타났다 인연의 흩어짐에 의하여 사라지므로 영원히 존재할 수 없으니 무상(無常)이다. 이처럼 존재자란 본래 있는 것이 아니요, 오직 제 요소가 화합하는 인연에

---

4) 『아함경』, 조계종 출판사, p.278.

의해 잠시 나타나는 것이어서 거기에 어떤 실체가 있다고 할 수는 없으므로 그 본성이 공하다. 그러므로 연기는 곧 무아(無我)이고 무상(無常)이며 공(空)이다.

그런데 지금까지 알아 본 연기와 공 안에 화엄의 모든 것이 이미 다 들어 있다. 법계의 모든 사물이 자성을 가지고 있지 않아서 그 스스로 존재할 수 없다면, 법계의 모든 것은 반드시 다른 것의 도움을 필요로 한다. 다른 갈대의 도움이 없다면 하나의 갈대가 서 있을 수 없듯이 모든 존재는 다른 존재의 도움, 다른 존재와의 인연으로 비로소 성립되고 유지된다. 이것은 저것이 있음으로 비로소 존재할 수 있고, 저것은 이것이 있음으로 비로소 존재할 수 있다. 이것이 저것에게 빛과 생명을 주며, 저것은 이것에게 또한 빛과 생명을 준다. 작은 부분에서 시작하여 우주 전체에 이르기까지 무한히 중첩되는 연기와 생명의 그물망이 펼쳐져 있는 세계가 우리가 살고 있는 이 세계이며 이를 화엄에서는 화장세계라고 부른다.

그 무한한 상호연관과 상호의존의 그물망이 가장 극명하게 나타나는 세계가 생명 세계이다.

2-2. 상호의존성과 상입의 구조

화엄(華嚴) 불교에서 상입(相入, Mutual Penetration)이란 서로 걸림이 없이 융섭하는 것을 말한다. 걸림 없음과 융섭이 무엇인지는 법장 스님이 측천무후에게 했던 설법에서 볼 수 있다. 법장 스님은 사면과 천장, 바닥에 거울이 설치되어 있는 방으로 황후를 데리고 가서 불상과 횃불을 방 한가운데에 놓았다고 한다. 그러면 한 거울 속에 다른 거울의 상이 들어오게 되어 무수히 많은 불상과 횃불의 상이 거울에 비추어지게 된다. 이 예에서와 같이 한 거울에 다른 모든 거울의 상이 들어와 합쳐지는 것을 융섭이라 하며, 모든 상들이 서로 교차하지만 하나하나의 상이 다른

상의 형성을 방해하지 않는 것이 걸림 없음이라 한다.[5]

　상입의 예로서 뉴턴의 작용과 반작용의 법칙을 천장에 달려 있는 하나의 전등에 적용하여 보자. 이 전등에 지구의 중력이 작용하고 있음에도 이 전등이 아래로 떨어지지 않는 것은 전등을 천장이 들어 올려주고 있기 때문이다. 작용과 반작용의 법칙에 의하면 천장이 전등을 들어 올려 주고 있는 만큼, 전등은 천장을 끌어내리고 있다. 전등이 천장을 끌어내리고 있음에도 천장이 내려앉지 않는 것은 천장을 집의 벽면과 기둥이 받쳐 주고 있기 때문이다. 다시 여기에 이 법칙을 적용하면 집의 벽면과 기둥이 천장을 받쳐 주고 있는 만큼, 천장은 집의 벽면과 기둥을 끌어내리고 있다. 집의 벽면과 기둥을 천장이 끌어내리고 있음에도 벽면과 기둥이 내려앉지 않는 것은 …

　이와 같이 작용과 반작용의 법칙을 무한히 계속하여 적용하면 하나의 전등이 천장에 걸려있기 위해서는 전 우주가 동시에 이 사건에 참여하여야 한다. 이 전 우주적 상호 참여, 전 우주적 상호 투영을 상입이라 한다. 하나의 전등이 천장에 붙어 있다는 이 간단하게 보이는 사건도 상입의 중중무진한 연기에 의하여 비로소 성립된다. 또한 그러한 모든 작용이 동시에 서로 걸림 없이 융섭하여 일어남으로써 하나의 전등을 천장에 붙어 있게 한다.[6] 여기서는 작용과 반작용을 상입의 예로 살펴보았지만, 이 우주의 어느 것도 상입하지 않는 것이 없다. 그렇기 때문에 이 법계에서 일어나는 일들을 제대로 보기만 한다면 상입을 말할 수 있는 예는 우주의 입자 수보다 많다고 하여야 할 것이다.

---

5) 법장 스님은 이를 그의 『망진환원관妄盡還源觀』에서 『화엄경』을 이해하기 위한 6관 중의 하나로서 제시하며 다신입일경상관(多身入一鏡像觀)이라고 하였다. 末網怒一, 『화엄경의 세계』, 李箕永 역주, p.141.
6) 법장 스님은 이를 신십현문(新十玄門)의 총론 격인 제1문에서 서로가 동시에 상응하며 의지한다하여 동시구족상응문(同時具足相應門)이라 하였다. 성철, 『백일법문』, p.113. 및 까르마 츠앙, 『화엄철학』, 이찬수 역, p.237.

상입은 서로 다른 다양한 존재들이 서로가 서로를 성립하게 해주는 우주의 모습을 설명한다. 하나의 싹이 틔워지는 일, 하나의 꽃잎이 열리는 일, 한 생명이 살아가는 일, 그 모두가 빠짐없이 전 우주적 진동이라는 세계 이해이다. 그 어느 하나도 외부와 독립적으로 그 자리에 있는 것이 아니라, 전 우주적 연관과 의존의 망 위에서 존재한다는 시각이다.

2-3. 육상원융: 부분과 전체의 교섭

육상원융이란 여섯 가지의 상이 원만하게 융섭하여 서로가 서로를 있게 한다는 것인데, 여기서 6상은 총상(總相)과 별상(別相), 동상(同相)과 이상(異相), 성상(成相)과 괴상(壞相)을 말한다. 이는 서로 상반되는 짝을 가진 세 쌍의 명제이지만, 이 상반되는 듯이 보이는 각각이 사실은 서로 의지하며 원융무애하기 때문에 그 하나하나가 모두 법계의 모습을 나타낸다는 것이다.

총상(총체성)이란 하나가 일체를 포함하기 때문이며, 별상(개별성)이란 각각의 하나가 전체를 이루더라도 서로 각자 존재하기 때문이다. 동상(동일성)이란 각각이 서로 다르지만 어긋나지 않고 전체를 이루기 때문이며, 이상(차이성)이란 각각이 어긋나지 않아 보완적이면서도 서로 다르기 때문이다. 성상(화합성)이란 개별자가 연기하여 (즉 서로 의존하여) 전체를 이루기 때문이며, 괴상(별리성)이란 연기하더라도 개별자로 남아 있기 때문이다.[7]

기둥과 서까래, 기와 등이 모여서 집을 이루는 경우를 생각해 보자. 기둥 등이 모이고 의지하는 인연에 의하여 집을 이루기 때문에 성상이며, 이렇게 이루어지더라도 기둥 등이 뚜렷이 존재하기 때문에 괴상이다. 기둥과 기와가 집을 이루더라도 기둥은 기둥의 역할을 하고 기와는 기와의

---

7) 까르마 츠앙, 『화엄철학』, pp.254-257., 末網怒一, 『화엄경의 세계』, pp.182-184.

역할을 해야 한다. 기둥은 기둥의 역할을 하는 것으로 남아 있어야 집이 형성되니, 괴상이 아니면 성상이 이루어지지 않는다. 이렇게 성상은 괴상에 의지하므로, 괴상이어야 성상이 성립한다. 역으로 집이 있어야 기둥이 기둥의 역할을 할 수 있으니, 성상이 아니면 괴상이 이루어지지 않는다. 이렇게 괴상은 성상에 의지하므로, 성상이어야 괴상이 성립한다.

기둥과 기와가 서로 다르지만 서로 방해하지 않고 원만히 집이라는 동일성을 이루니 동상이고, 그들이 하나의 집을 이루기는 하나 기둥과 기와는 서로 차별성을 유지하니 이상이다. 여기서 서까래와 기와 등이 모두 기둥이 된다면 집은 이루어지지 않으니, 이상이 아니면 동상은 이루어지지 않는다. 이렇게 동상은 이상에 의지하므로, 이상이어야 비로소 동상이 성립한다. 역으로 집이라는 동일성이 없다면 기둥도 없고 기와도 없으니 동상이 아니면 이상이 이루어지지 않는다. 이렇게 이상은 동상에 의지하므로 동상이어야 이상이 성립한다.

종합하여 보면 기둥, 서까래, 기와 등의 개별성이 모여 집이라는 전체성 혹은 총체성이 이루어진다. 기둥, 서까래, 기와 등의 개별성이 없으면 집이라는 총체성은 이루어지지 않으니 별상이 아니면 총상이 이루어지지 않는다. 그러므로 총상은 별상에 의지하며, 또한 별상이어야 비로소 총상이 성립한다. 그러나 기둥, 서까래 기와 등의 개별성은 집이라는 총체성 때문에 성립한다. 집이 아니면 기둥이나 서까래는 나무토막이고 기와는 돌조각일 뿐이어서, 총상이 아니면 별상이 이루어지지 않는다. 이렇게 별상은 총상에 의지하므로 총상이어야 별상이 성립한다.

그러므로 기둥과 서까래 등으로 집이 이루어지지만 집에 의해 기둥이 기둥의 역할을 하고 서까래가 서까래의 역할을 하게 된다. 이 때 기둥은 단순한 기둥이 아니고 집이라는 전체성 혹은 총상이 이미 그 안에 스며들어있는 기둥이다. 이는 부분이 전체를 이루지만 부분이 부분일 수 있는 것은 전체가 있기 때문이라는 것을 넘어, 그 부분 안에는 이미 전체가 들어와 있다는 것을 의미한다. 그래서 총상과 별상이 원융하다고 한다. 부분과 전체 사이의 이러한 원융한 관계는 낱생명과 보생명의 관계에서 가장 두드러진다.

3. 연기론에서 보는 생명세계의 구조와 온생명론

3-1. 연기론에서 보는 생명세계

연기의 구조가 가장 잘 나타나는 것은 생명세계다. 씨앗과 싹의 관계에서 "싹"이라는 결과는 "씨앗"이라는 직접적 원인인 인(因)이 흙, 물, 기후 등의 간접적 원인인 연(緣)을 만나야 비로소 가능하다. 연(緣)을 만나지 못하는 한, 씨앗은 싹의 인이 되지 못한다. 그러므로 "씨앗"이 없으면 "싹"이 트지 않는다는 사실과 "씨앗"과 "싹"의 시간적 선후 관계에만 주목하면서, "씨앗"만을 "싹"의 원인이라고 생각한다는 것은 생명 현상의 총체성을 외면한 시각이다.

"씨앗"이 "싹"이 된 후에도 "싹"은 성장이나 신진대사 등의 과정을 거치면서 계속 변해 간다. 그러므로 싹이 튼 후에도 "조금 전의 싹"은 인(因)이 되고 "조금 후의 싹"은 과(果)가 된다. 이 "조금 전의 싹"과 "조금 후의 싹" 사이의 연기에서도 연(緣)은 반드시 개입되어야 한다. 그러므로 연기론은 생명을 제대로 이해하려면 생명 현상을 나타내는 인(因)이나 과(果)뿐 아니라 이들을 둘러싸고 있는 전체 세계에 대한 파악이 요구된다는 것을 말해 준다.[8]

---

8) 인도 불교철학에서의 순간적 존재론 즉 찰라멸론 刹那滅論에서는 한 순간 전의 존재와 한 순간 후의 존재는 원인과 결과로서 이어지는 서로 다른 두 존재라고 생각한다. "인도 불교의 논리학", 『인도불교철학』, pp.137-200.과 "찰라멸의 논증", 『인도 불교의 인식과 논리』, pp.215-250. 참조.

이제 연기론의 두 번째 의미인 상의성에 주목하면서 갈대의 묶음을 생각해 보자. 서로 의지함으로써 서있을 수 있는 "갈대의 묶음"이라는 존재는 "하나의 갈대" 셋이 단순히 모인 것 이상의 어떤 존재이다. "하나의 갈대"를 아무리 들여다보아도 서로 의지하여 서있는 "갈대의 묶음"이라는 존재는 결코 드러나지 않는다. "갈대의 묶음"이라는 존재나 관념이나 명칭은 갈대가 서로 의지한다는 인연에 의해서만 비로소 드러날 수 있는 존재이고 관념이며 명칭이기 때문에 "하나의 갈대"에서는 도저히 드러날 수 없는 존재이고 관념이며 명칭이다.

이는 영어의 a, n, d의 세 글자가 모여 "and"라는 단어를 이루게 되는 경우, 바퀴 등의 부분이 모여 수레를 이루는 경우, 기둥과 서까래와 지붕이 모여 집을 이루는 경우 등에서도 마찬가지이다. 이는 결국 존재자들이 모이고 의지한다는 인연에 의해서, 개개의 존재자들에게서는 나타나지 않았던 속성이 존재자의 모임에서 발현된다는 것이다.[9]

이러한 상위 속성의 새로운 발현은 생물세계에서 가장 명확하게 드러난다. 생명 세계란 하위 존재자가 모여 상위 존재자를 형성해 가면서 하위 존재자에게 없었던 속성이 상위 존재자에게서 드러나는 구조를 보이기 때문이다. 그러므로 세포 하나 만을 따로 떼어놓고 아무리 정교하게 연구한다 하더라도, 세포가 기관 내에서 어떤 역할을 하는지를 모른다면 세포에 대한 이러한 이해는 불완전하다는 정도가 아니라 가장 중요한 점을 놓치게 된다.

생명 세계에서는 세포기관이 세포를 이루고 세포가 기관을 이루며 기관이 낱생명을 이루지만, 하위 존재자가 상위 존재자를 이루어 가는 과정은 여기서 그치지 않는다. 낱생명은 온생명을 이루어 내기 때문이다. 여기서 온생명은 낱생명을 주요 요소로 이루어지므로 온생명을 이해하

---

9) 이와 유사한 논의로는 아서 케슬러, 『야누스』, 최효선 역, 참조.

기 위해서는 낱생명을 이해해야하지만, 낱생명의 존재 양식에 대한 이해
는 온생명에 대한 이해 기반 없이는 불가능하다. 따라서 기관과 세포와
의 관계에서처럼 온생명에 대한 이해없이 낱생명을 이해하려는 것은 가
장 중요한 생명의 존재 구도를 도외시한 채 낱생명을 바라보려는 태도가
된다.

3-2. 상입의 생명 구조와 온생명론

하나의 사건이 성립하기 위하여 필요한 전 우주적 상호 참여 내지는
전 우주적 상호 투영을 상입이라고 하였다. 이러한 상입의 구조는 생명
세계의 상호연관성과 상호의존성에서 가장 극명하게 드러난다. 생명의 유
지는 "외부"와의 상호연관과 상호의존에 의해서만 가능하기 때문이다.
생명체는 외부에서 영양소를 공급받아야 하고, 이를 에너지로 전이시키기
위하여 호흡하여야 하며, 몸의 구성 요소를 계속하여 외부와 교체해야 하
고, 이 모든 과정에서 생긴 노폐물을 외부로 내보내야 한다. 이처럼 생명
체는 스스로 혼자 존재하는 것이 아니라, 외부와의 상호연관과 의존을 통
해서만 생명을 유지할 수 있는 체계이다.

그러므로 생명 세계야말로 낱생명과 그 외부와의 상호의존성의 연기
구조 없이는 설명될 수 없는 세계이다. 이 연관과 의존의 고리를 다 끊어
놓고 낱생명만을 들여다본다면, 생명에 대한 총체적 이해는 전혀 불가능
하다.10) 이런 연관과 의존의 구조를 고려하지 않았을 때 어떤 모순이 생
기는지를 진화와 관련된 엔트로피의 문제를 통하여 살펴보자. 엔트로피와
관련하여 생명 진화라는 과정이 과연 물리적으로 모순 없이 가능한 것인
가 하는 질문이 제기될 수 있다.

정보 과학적 측면에서 보면 엔트로피란 계의 무질서도 혹은 계에 대
한 무지의 정도가 된다.11) 계의 무질서도가 높다거나 계에 대한 무지

---

10) 졸고, 「생명세계에서의 연기론」, 『동아시아 문화와 사상』, pp.187-209.

의 정도가 높다는 것은 그만큼 계에 대한 정보의 양이 적다는 것을 의미하므로, 엔트로피는 음의 정보의 양이라고 볼 수도 있다. 그런데 생명체와 같이 정밀한 구조를 가진 계는 대단히 많은 정보의 양을 지니는 것이므로, 이는 곧 엔트로피가 낮은 상태임을 의미한다. 따라서 덩치가 큰 생물은 덩치가 작은 생물보다 엔트로피가 낮은 부분을 더 많이 가지고 있다.

그런데 원시 생명에서 고등 생명으로의 진화 과정에는 생물의 몸집이 커지는 과정이 있으므로, 진화 과정은 엔트로피가 축소되는 과정을 포함한다. 그러면 엔트로피가 증가한다는 열역학 제2법칙과 엔트로피가 감소하는 방향으로 진행되는 생명체의 진화 과정은 서로 모순되는 것처럼 보인다. 따라서 열역학 제2법칙이 참이라면 진화가 불가능하다고 생각할 수 있다.

그런데 이런 근거로 진화가 불가능하다면, 어린아이가 어른으로 자라나는 것도 역시 같은 근거에 의해 불가능한 과정이어야 한다. 참이라고 인정되는 열역학 제2법칙과 어린아이가 어른으로 자란다는 명백한 사실이 양립 불가능하다는 이러한 모순은 어떤 근거에서 발생하는 것인가? 이는 우리가 하나의 생명체만을 따로 떼어놓고 관찰하는 데서 발생하는 오류이다.

열역학 제2법칙은 닫힌계의 엔트로피가 증가한다는 것이지만, 어린아이나 진화하는 생명체는 닫힌계가 아니라 외부에서 끊임없이 에너지가 공급되는 열린계이다. 에너지의 유입과 같이 외부의 작용이 개입되는 경우, 그 계의 엔트로피는 얼마든지 감소할 수 있다.[12] 영양분을 섭취하여

---

11) 장회익, 「거시적 관점과 엔트로피」, 『자연과학개론』, pp.71-86., 한국방송통신대학, 및 졸고 「엔트로피와 비대칭성」, 『과학사상』 제13호, pp.157-177. 참조.

12) 마당에 흩어진 낙엽을 한 곳으로 쓸어모을 수 있고, 아무렇게나 섞여 있는 카드를 차례대로 정돈할 수 있으며, 바닷물에서 소금을 분리해 낼 수 있다.

에너지를 얻고 노폐물을 배설하는 생명체는 결코 닫힌계가 아니라, 외부에서 에너지를 공급받으면서 엔트로피가 낮은 상태를 유지하는 열린계이다. 그럼에도 생명체를 닫힌계라고 생각한다면, 진화가 불가능하다거나 어린아이가 어른으로 자라지 못한다는 모순에 이르게 된다.

하나의 생명체를 외부와 단절된 것으로 생각한다면 생명에 대한 이해가 불가능하다는 것을 이러한 논의는 보여 준다.[13] 온생명 안에서의 낱생명이 아니라 낱생명 하나만을 따로 떼어놓고 본다면 생명의 생명다움은 드러나지 않는다는 것을 말해주는 것으로서, 서로가 있음으로 해서 서로가 존재할 수 있는 상입의 세계가 곧 온생명의 생명 구조임을 보여 준다.[14]

그러면 서로에 대한 연관과 의존의 구조는 어디까지 펼쳐지는가. 이는 생명현상을 유지하는 데 필요한 환경의 외연이 어디까지인지의 문제가 된다. 앞에서 생명 유지는 "외부"와의 상호연관과 의존에 의해 가능하다고 했는데, 이 외부라는 것이 어디까지를 포함하느냐의 문제이기도 하다. 물론, 그 외부에는 낱생명 주위의 다른 생물과 물, 공기, 흙 등의 환경이 포함될 것이다. 그러나 그것만으로 완결되지는 않는다. 생명체가 생명 활동을 하기 위해 거의 절대적으로 필요한 것이 거리로는 우리와 상당히 멀리 떨어져 있는 태양이기 때문이다.

수소원자 4개가 헬륨원자 하나가 되는 핵융합반응이 진행되면서, 태양의 질량이 줄고 이 줄어든 질량이 빛에너지로 바뀌어 우주로 전파된다. 그 결과, 태양은 자신의 몸무게를 조금씩 줄여가면서 우주를 비춘다. 지구의 입장에서 보면 원자력 발전과 지진(地震) 에너지를 제외하면, 우리

이 모든 예는 에너지가 투입됨으로써 계의 혼란도가 줄어드는 예, 즉 계의 엔트로피가 감소하는 예이다.
13) 장회익, 「온생명과 현대문명」, 서울대 민교협 학술 토론회, 1994.
14) 졸고, 「생명세계에서의 연기론」, 『동아시아 문화와 사상』, pp.187-209.

가 아는 거의 모든 에너지는 태양의 질량이 줄면서 생긴다. 태양에너지는 석탄이나 석유와 같은 화석원료의 근원일 뿐 아니라, 바람이 불고 파도가 일며 물이 증발하고 비가 내리는 등의 모든 것도 태양 에너지 때문에 가능하다. 아주 직접적으로는 적절한 에너지를 공급함으로써 지구의 온도를 대체로 일정하게 유지시켜 주고, 식물의 광합성을 통해 생명계가 필요한 에너지를 공급하기도 한다.

그래서 온생명론에서는 "낱생명은 불가피하게 하나의 의존적인 존재단위"이며, 따라서 "오직 태양—지구계와 같은 항속적인 자유에너지 원천을 그 안에 품고 있는 온생명과 같은 존재만이 한 생명으로서의 자족적인 존재단의를 형성하는 것이다. 그러므로 우리가 만일 그 어떤 생명체에 부가적인 조건이 없이 명백한 독자성을 부여할 수 있다면 이는 오직 온생명에게만 해당되는 일이다."라고 한다.[15]

여기서 한 가지 더 생각해야 할 것은 생명체와 환경의 관계다. 생명체와 환경의 관계는 우리가 일반적으로 생각하듯이 생명체가 외부 환경에 일방적으로 적응하는 관계가 아니다. 가이아 이론에서 보는바와 같이, 지구 대기는 금성이나 화성의 대기와는 전혀 다른 조성비를 가진다. 현재 지구 대기의 주성분은 질소와 산소이며, 생명 현상과 관련하여 특히 중요한 산소는 21% 정도의 일정한 농도가 유지된다. 이는 다른 행성의 대기나 원시대기와는 전혀 다른 것이다.

다른 행성과 같은 근원에서 생겨났으리라고 생각되는 지구가 이처럼 특이한 대기 조성비를 가지는 이유는 광합성을 통해 생명체가 산소를 만들어냈기 때문이다. 지구상에서 진행된 35억 년의 생명의 역사가 지구 환경을 극적으로 바꾼 것이다. 따라서 생명체는 지구환경에 일방적으로 적응하며 살아가는 것이 아니라 그 환경을 바꾸면서 역동적 상호 연관의 관

---

15) 장회익, 『삶과 온생명』, 솔 출판사, 1998, p.190.

계를 꾸려 나갔다는 것을 알 수 있다.

이는 상호 연관과 의존이라는 상입의 구조가 낱생명 사이에서만 설정되는 것이 아니라 낱생명의 전체와 환경 사이에서도 설정된다는 것을 말해준다. 35억 년 동안 지속된 이 상호연관과 의존의 체계 전체가 온생명이다.[16)

3-3. 육상원융에서 본 낱생명과 온생명의 관계

육상원융에서 여섯 가지의 다른 상을 말하지만 이들을 두 가지로 나누어보면 총상, 동상, 성상의 평등성과 별상, 이상, 괴상의 차별성일 것이다. 총상, 동상, 성상과 별상, 이상, 괴상이 원융하다는 육상원융은 우리 우주 안에 있는 각각의 존재자들이 존재자의 전체와 어떤 구조를 형성하는지를 말한다.

화엄의 3조 법장(法藏)은 이를 집과 서까래로 비유한다. 기둥, 서까래, 지붕 등으로 집이 이루어지지만, 집이 없다면 서까래는 그냥 나무토막일 뿐 서까래로서의 작용을 하지 않으며 그래서 우리는 이를 서까래라고 부르지 않는다. 그러므로 서까래가 서까래일 수 있는 것은 서까래 안에 이미 집이 다 들어와 있기 때문이다. 그래서 집이라는 전체는 물론 서까래라는 부분 안에도 전체로서의 집이라는 총상과 서까래라는 부분으로서의 별상이 원융하게 된다.

이렇게 육상원융이 가능한 것은 존재자들이 모여 전체를 이루기는 하지만, 그 전체가 존재자들의 단순합이 아니기 때문이다. 만일 존재자의 전체가 개별 존재자의 단순한 합일뿐이라면 개별 존재자에게서 전체의 총체성은 드러날 수 없고, 따라서 개개의 존재자에게서 총상과 별상이 걸림 없이 나타나는 것은 불가능해진다. 그런 경우 개별적인 존재자는 그저 단순히 전체의 일부분일 뿐이므로 개별자에게 총체성으로서의 총상은 스

---

16) 장회익, 『삶과 온생명』, 솔 출판사, 1998, p.179.

며들 수 없고, 따라서 총상과 별상은 원융하지 않게 된다.

육상원융이 성립하는 것은 개개의 존재자들이 모여 의지하면서 연관과 의존의 고리를 형성함으로써 각각에서는 볼 수 없었던 새로운 무언가가 상입의 구조 속에서 발현되기 때문이다. 그러므로 이 우주 안에 있는 모든 존재자는 서로 의지하는 구조 속에서 개별적인 자신들에게는 없던 무언가를 만들어내면서 우주 전체를 이루어낸다. 그래서 전체는 개별자의 단순합이 아니고, 개별자는 전체가 무엇인지에 의해 규정된다. 그러므로 개별자는 전체와의 맥락 속에서 그 자신의 의미가 결정된다.

부분과 전체 사이의 이런 원융한 관계를 우선 낱생명의 한 부분과 낱생명 사이의 관계에서 살펴보고 그 다음에 낱생명과 온생명 사이의 관계에서 살펴보고자 한다. 낱생명의 한 부분인 심장과 낱생명의 관계를 살펴보자. 심장이 심장의 역할을 하려면 적절한 영양과 산소가 공급되어 심장이 작동하는데 필요한 에너지가 심장 근육에서 생성될 수 있어야 한다. 이는 심장이 순환기관의 역할을 하기 위해서는 최소한 영양을 공급하는 기관과 호흡기관의 도움을 받아야만 한다는 것을 의미한다.

이렇게 심장이 심장일 수 있는 것은 심장이 몸 안의 다른 부분과 연관과 의존의 관계를 맺고 있을 때에만 가능하다. 심장을 따로 떼어 놓는다면 그건 심장이 아니라 단지 근육덩어리일 뿐이다. 다른 부분과 연관과 의존의 관계를 형성함으로써 심장과 다른 모든 부분들은 그들의 단순합 이상의 어떤 것으로서 낱생명을 형성하게 된다. 이 낱생명 안에서 심장은 심장으로서의 역할을 하게 된다. 이 낱생명 안에서의 심장은 단순한 근육덩어리가 아니라, 낱생명 전체의 의미가 이미 그 안에 다 들어와 있는 것이다.

부분으로의 심장은 몸 안의 다른 부분과 상이한 역할을 하기 때문에 다른 부분과 구별되는 개별성을 분명히 지니지만, 연관과 의존의 관계를 형성하는 몸 전체의 총체성을 동시에 그 안에 품게 된다. 따라서 심장이라는 개별자 안에는 심장이라는 개별성과 낱생명이라는 총체성이 동시에 상존하게 되며, 이 총상과 별상이 원융함으로써 심장이 심장일 수 있게 된다.

생명 세계에서 이런 연관과 의존의 관계, 총상과 별상이 원융하는 관계는 심장과 낱생명 사이에 국한되는 특수한 관계가 아니라 대단히 보편적인 관계라는 점에 주목해야 한다. 구조적인 면에서 본다면 낱생명은 순환기 계통, 소화기 계통 등으로 구성되어 있는 하나의 전체이다. 이 하나하나의 계통들은 기관들로 이루어져 있고, 기관은 조직들로, 조직은 세포로, 세포는 세포내 소기관으로 구성되어 있다. 세포내 소기관과 세포, 세포와 조직, 조직과 기관, 기관과 계통, 계통과 낱생명이 모두 개별성과 전체성이 원융한 관계를 형성한다.

연관과 의존의 관계를 형성하면서 성립되는 이 원융한 관계는 낱생명에서 그치는 것이 아니라 궁극적으로는 낱생명과 온생명 사이에서 성립된다. 온생명은 낱생명에 의해 구성되므로 온생명은 낱생명에 의지하고, 낱생명은 그 어느 것이라도 단독으로 존재할 수 없기 때문에 낱생명은 온생명에 의지하여야 한다. 일차적으로는 이것이 낱생명과 온생명 사이의 관계지만, 그들 사이의 관계가 여기서 그치지는 않는다.

35억 년 동안 지속된 생명체를 포함한 지구 환경 전체의 상호연관과 의존의 체계 모두를 온생명이라 한다면, 이 온생명의 역사성은 낱생명의 각각에 이미 스며들어 있지 않을 수 없다.[17] 지구상에 존재하는 생명체의 기본 구조가 유일하게 가능한 것임을 증명할 수 있다면, 생명체의 기본 구조는 필연적으로 지금과 같은 것이어야 하고 그렇다면 생명활동의 역사성은 하등 중요한 의미를 지닐 수 없게 된다. 그러나 그렇지 못하다면, 지금과 같은 구조의 생명체가 존재한다는 사실은 지구상에서 진행된 생

---

17) 장회익, 『삶과 온생명』, 솔 출판사, 1998, p.179.

명 활동의 전 역사성으로만 이해될 수 있다.

하나의 낱생명에서 나타나는 구조와 기능은 모두 지구상에서 진행된 생명 활동의 전 역사 속에서 형성된 것이며, 따라서 낱생명과 온생명이 서로 의존적 관계라는 일차적 의미를 넘어서 낱생명 안에는 온생명의 모든 것이 이미 스며들어있다고 보아야 할 것이다.

4. 온생명론의 의의와 윤리

4-1. 온생명론의 의의

연기론은 생명에 대한 온전한 이해를 위해서는 생명 현상에서의 원인과 결과뿐 아니라 이들을 둘러싸고 있는 전체 세계에 대한 파악이 요구된다는 것을 말해 준다. 이는 우리가 흔히 생명체라고 하는 개개의 존재자들 즉 낱생명들의 생명 현상을 이해하기 위해서도 낱생명 이상의 광범위한 세계 이해가 필요하다는 것을 말한다. 포괄적인 세계 이해에 대한 불교의 이러한 요구는 온생명론이 포착하고자 하는 생명의 총체론적 해석과 같은 맥락이라고 이해된다.

특히 하위 존재자에게 나타나지 않는 속성이 상위 존재자에게서 발현된다는 사실은 온생명론적인 접근 방법이 적어도 두 가지의 중요한 의의를 지닌다는 것을 말해 준다. 첫째로 생명 세계에 대한 온생명론적인 이해는 낱생명의 생명 현상에 대한 이해를 완전하게 해 줄 수 있다는 것이다. 이는 세포가 기관을 이루고 기관이 낱생명체를 이루어 갈 때 기관에 대한 이해없이 세포를 본다거나 낱생명에 대한 이해없이 기관을 본다면 세포가 왜 세포로서 그 자리에 있는지 그리고 기관이 어떻게 생명체의 한 부분으로 작용하는지를 알 수 없기 때문이다. 심장에 대한 이해는 낱생명이 어떻게 성립되는지를 이해하게 해 주며, 낱생명에 대한 이해는 심장이 왜 그 자리에서 심장의 그러한 역할을 하는지를 이해하게 해 주기 때문이다. 이와 마찬가지로 낱생명에 대한 이해는 온생명의 구성 요소가 무엇인지 그리고 낱생명의 어떤 속성 때문에 온생명이 요구되는지를 알려주겠지만, 온생명에 대한 포괄적 이해는 낱생명이 왜 그러한 방식으로 그 자리에 존재하는지 그리고 낱생명의 온생명에 대한 역할은 무엇인지를 알려줄 것이다.

온생명론의 두 번째 의의는 온생명의 체계 안에서 나타나는 생명의 새로운 속성에 대한 이해 기반을 온생명론이 제공하여 줄 수 있다는 것이다. 낱생명에서 볼 수 없는 이 새로운 속성은 상호 연관과 의존의 망을 형성하면서 발현되는 것이기 때문에 낱생명에 대한 고립적 설명만으로는 이해될 수 없다. 가령 개개의 인간이 모여 사회를 이루고 문화를 만들어갈 때 그가 속한 사회와 문화 환경을 모르고 어떤 개인을 이해하기 어렵다는 것도 사실이지만, 한 개인에 대한 파악만으로 그가 속한 사회와 그 사회의 문화를 이해하는 것은 더더욱 불가능할 것이기 때문이다.

이러한 온생명론의 두 가지 의의는 낱생명에 대한 이해가 온생명론의 중요한 기반이 되며 온생명론은 낱생명에 대한 이해의 기반을 확대시켜 준다는 것으로서, 온생명론과 낱생명론이 상호보완적 관계에 있다는 것을 보여준다.

특히 온생명론으로 온생명의 체계 안에서 발현하는 새로운 속성을 이해한다는 것은 온생명의 일부인 낱생명들이 자신이 속한 온생명에 대해 어떤 기여를 할 수 있는지를 밝혀준다. 인간을 제외한 다른 생물들은 "온생명론"에서 밝히는 바와 같이 생명의 전체 체계 안에서 대체로 긍정적인 기여를 하며 살아간다. 유독 인간만은 전체 생명 세계의 안위에 커다란 위협을 가하고 있으며 이제는 그것이 다시 인간의 생존마저 위협한다는 것이 현실이라면, 인간이 여태까지 온생명의 체계에 어떤 부정적인 영향을 미치고 있었는지를 파악하고 이를 어떻게 긍정적인 기여로 전환시킬 수 있는지를 알아낸다는 것은 대단히 의미있는 일이 될 것이다.

4-2. 화엄과 온생명론의 생명 윤리

생명 세계를 이해하는데 있어 낱생명만으로 구성되는 계가 아니라 생명체가 아닌 다른 환경, 예컨대 물이나 공기, 토양, 그리고 멀리는 태양까지를 포함하는 전체계를 하나의 연관된 체계로 파악하는 것이 하나의 낱생명만을 관찰한다던가 아니면 낱생명으로만 이루어진 계를 관찰하는 것보다 훨씬 자연스럽고 정당한 시각이라는 온생명론의 입장은 상호 연관과 의존을 통한 상입의 구조를 강조하는 화엄의 관점과 궤를 같이 한다.

상호 연관과 상호 의존의 세계 구조를 화엄에서는 "인드라망"으로 비유한다. 각각의 그물코마다 보석이 달려있는 제석천궁에 있는 무한히 큰 그물을 인드라망이라 한다. 그 각각의 보석이 서로의 빛을 받아 서로 비춘다고 한다. 하나의 보석이 다른 모든 보석에게 빛을 주고 다른 모든 보석이 그 하나의 보석에게 빛을 준다. 세계를 구성하는 모두가 보석과 같이 귀한 존재이며, 그 각각은 서로가 서로에게 빛과 생명을 주는 구조 속에서 더불어 존재한다는 것을 상징한다. 그 더불어 존재함에 의해 인드라망이 구성된다. 그럼으로써 어느 하나만이 빛나는 것이 아니라 모두가 함께 빛나는 세계가 화엄이 세계를 이해하는 방식이다.

온생명론에서는 우리가 지금까지 단순히 환경이라고 했던 것은 온갖 낱생명과 더불어 온생명을 이루며, 나를 제외한 온생명의 나머지 부분은 보생명이 된다. 그러면 "나"의 보생명에는 "너"가 포함되고 "너"의 보생명에는 "나"가 포함되는 상호연관과 의존의 관계가 명확히 드러나게 된다. 개체생명은 온생명의 전체 구조 속에서 보생명으로부터 생존에 필요한 것을 얻어내고 보생명과의 공존에 필요한 역할을 담당한다. 즉, 개체생명의 생존을 위한 모든 활동은 보생명과의 관계를 통해서만 비로소 가능하게 된다.

온생명론이나 인드라망의 비유는 우리가 우리의 생존 자체를 위해서라도 전체 생명에 대한 배려가 있어야 한다는 것을 보여준다. 우리는 우리 스스로 자족적으로 존재할 수 없으며 온생명이 있음으로 비로소 존재할 수 있다는 것을 자각하는 것은 우리가 지금 할 수 있는 세계 이해의 가장 중요한 부분이 될 것이다. 우리와 함께 진화해온 지구상의 모든 생명들은 38억 년을 우리와 함께 살아왔고 앞으로도 우리가 존재하는 한 우리와 함께 공존해야 하는 우리의 보생명임을 인식하여야 한다.

생명 진화의 역사가 여기서 정지되지 않는다면, 모든 생물종이 변해가듯 인류도 변해야 하는 존재이다. 일이백만년 후에 인류가 설령 살아 남는다 하더라도 절대로 지금의 모습은 아닐 터이니 우리는 그저 잠시 온생명 안에 존재하는 것뿐이다. 그런 우리에게 그 어느 것 하나도 함부로 훼손시킬 권리는 없다. 온생명 안의 모든 존재가 남김없이 자신의 존재를 마음껏 누릴 수 있게 하는 것이 지금 우리의 상황이 요구하는 윤리일 것이다.

온생명 안의 모든 것이 서로가 서로를 있게 하고, 서로가 서로에게 생명을 주며, 서로가 서로에게 광명을 발하듯이 우리도 또한 그래야 한다. 온생명론과 화엄이 드러내 주는 이것이 우주와 생명의 법칙이고 윤리일 것이다. 이 법칙과 윤리를 따르는 것이 이 시대의 우리에게 지워진 의무일 것이다.

【참고문헌】

장회익, 『삶과 온생명』, 솔, 1998.

耘　虛, 『불교사전』, 동국역경원, 1961.

성　철, 『백일법문』, 장경각, 1987.

월운 번역 해설, 『화엄경 초역』, 현대불교신서 12, 동국대학교 역경원, 1978.

법성 편역, 『아함경』, 대한불교조계종 출판사, 1997.

안경우 역해, 『법성계 강론』, 불교대학 교재편찬위원회, 1997.

박상윤, 『진화』, 현대과학신서 108, 전파과학사, 1980.

장회익 등 공저, 『자연과학 개론』, 한국방송통신대학 출판부, 1985.

목정배, 『미래 불교의 향방』, 장경각, 1997.

『동아시아 문화와 사상』, 1권, 열화당, 1998.

『다보』, 제19호, 대한 불교 진흥원, 1996.

『석림』, 제30집, 동국대학교 석림회, 1996.

다카쿠스 준지로, 『불교 철학의 정수』, 정승석 옮김, 대원정사, 1996.

까르마 츠앙, 『화엄철학』, 이찬수 역, 경서원, 1990.

프란시스 쿡, 『화엄 불교의 세계』, 문찬주 역, 불교시대사, 1991.

安井廣濟, 『중관사상연구』, 김성환 역, 문학생활사, 1988.

中村 元외, 『화엄사상론』, 석원욱 역, 운주사, 1990.

다마키 고시로, 『화엄경의 세계』, 이원섭 역, 현암사, 1991.

末網恕一, 『화엄경의 세계』, 李箕永 역주, 한국불교연구원, 1992.

카마타 시게오, 『화엄경 이야기』, 장휘옥 역, 장승, 1994.

高崎直道, 『화엄사상』, 정순일 역, 경서원, 1996.

柳田聖山, 『선사상』, 서경수·이원하 역, 한국불교연구원, 1984.

카지야마 유이치, 『인도불교철학』, 권오민 역, 민족사, 1994.

카지야마 유이치, 『인도불교의 인식과 논리』, 전치수 역, 민족사, 1992.

케슬러, 『야누스』, 최효선 역, 범양사, 1994.

아텐보로, 『생명의 신비』, 김훈수 역, 학원사, 1985.

리차드 리키·로저 레윈, 『오리진』, 김광억 역, 학원사, 1977.

온생명과 현대생물학

강 광 일 (충남대 생명공학연구소, 생명공학)

들어가면서

생물학은 단적으로 생명을 연구하는 학문이다. 생물학은 바이러스에서 인간까지 모든 생명 형태를 다루며, 유전의 화학적인 실체에서부터 생명체가 가진 특수한 현상들인 감각, 기억, 행동 등과 같은 제반 생명현상들이 생물학의 대상이 된다. 그러나, "생명이란 무엇인가?"라는 문제를 깊이 있게 다루는 생물학 교과서는 찾아보기 힘들고, 이러한 물음자체가 금기사항이라고까지는 말할 수 없겠지만 적어도 이러한 담론 자체를 꺼려하는 분위기는 생물학자들 사회에 팽배해 있다. 생명이란 문제가 생물학에서는 가장 중요한 테마임에도 불구하고 이러한 담론이 생물학에는 존재하지 않는 것이다. 이러한 생명의 부재는 이미 1970년 자콥이 쓴 『생명체의 논리』란 책에서 완화된 방식으로 생물학의 실험실에서는 더 이상 생명을 거론하지 않는다라고 썼다.[1] 이렇게 된 까닭은 대단히 복합적인 것이고 여기서 간단히 논의할 수 있는 것은 아니다. 생물학의 연구 패러다임의 변화뿐만이 아니라 정치 사회적인 변화도 그 영향이 있기 때문에 간단히 설명될 수 있는 문제가 아니며, 생물학자들의 인식부족만으로 탓을 돌릴 수도 없다는 것이다. 다만, 실험적인 측면에서 보면 오늘날의 생물학자들에게는 연구 주제의 구체성을 부여하여 주어진 특수한 현상을 깊이 있게 연구하는 데 주력할 수밖에 없는 구조적인 문제가 있는 것이다.

필자는 장회익 교수의 "온생명"에 대한 글 청탁을 받고 처음에는 거절을 하였다. 그 까닭은 필자는 실험실 생물학자로서 생물학적인 특수 주제에 메달려 문제풀이를 해 온 사람으로서 "생명이란 무엇인가?"와 같은 거대한 주제를 감당하기에는 생각이 턱없이 모자라는 사람이며, 더군다나 기존의 생명 정의의 개념들을 비판하고 깊은 성찰 뒤에 내 놓은 "온생명" 개념에 대하여 무어라 글을 쓴다는 것이 참 부끄럽기도 하였기 때문이다. 그런데, 우여곡절로 이러한 정중한 거절이 전달되지 않았고 미안한 마음에 글을 쓰겠다고는 하였으나 시간이 갈수록 후회가 따랐다. 그러나, 생각이 부족한 생물학자의 글에서 나타나는 오해도 혹여 "온생명" 개념을 가다듬는데 도움이 될 수도 있지 않을까 자위하면서 이 글을 쓰게 되었다.

장회익 교수의 "온생명"의 개념은 1988년 처음 도입되어, 1995년에 논문으로 발표되었고 다시 1998년 솔출판사에서 『삶과 온생명』이란 책

---

1) "On n'interroge plus la vie aujourd'hui dans les laboratoires." François Jacob(1970), *La logique du vivant*, Paris, Gallimard, p.320.

으로 출판되어 많은 반향을 불러왔던 개념이다. 온생명 개념에 대해서는 철학분야에서 여러 번의 반론과 장회익 교수의 재 반론이 있었다.[2] 흥미로운 점은 필자의 무지 탓이겠으나 생물학자들에 의한 반론은 잘 찾아볼 수가 없었다. 생명이란 문제는 역사가 오래된 철학적인 문제이기도 하지만, 본질적으로 경험적인 문제이며 가장 실험적인 문제이기도 하다. 생물학의 거대한 발전이 1944년 슈뢰딩거의 『생명이란 무엇인가』라는 조그만 책에서 주장되었던 생명의 본질적인 특성, 비주기적 결정(aperiodic crystal)에 대한 성찰에서 기원하였던 점을 되새겨 볼 때 『삶과 온생명』이라는 책에서 주장하는 "온생명" 개념에 대한 침묵은 참으로 아쉬운 것이라 하겠다. 그런데 고백하여야 할 점은 필자의 생명에 대한 이해방식은 생물학자로서의 방식이며 당연히 생명을 생명개체 속에서 본다. 이러한 생명과 생명체에 대한 논의는 이미 김남두 교수의 논문에서도 지적이 되었던 것이며, 장회익 교수의 준비된 반론이 있었다.(주 2의 논문 참고) 그렇지만, 생명이란 구체화된 생명만이 생물학적 대상이 되기 때문에 생명체를 벗어난 기능으로서의 생명 또는 일반적인 의미의 생명현상은 생물학자들이 다룰 수 없고, 과학 지식의 인식론적 한계도 분명히 존재하는 것이다. 그렇다고 하더라도 온생명적인 전체론적인 생명 인식과 개별 생명체를 연구에서 오는 생명인식은 어떻게든 조화되어야만 할 것이다. 온생명적인 담론은 생명을 다루는 생물학자들의 코뮤니티와 교류되어야하고 이렇게 되어야만 보다 의미있는 개념이 되리라고 확신한다. 위에서도 언급했듯이 생명은 철학적인 개념만이 아

---

2) 김남두 교수는 「온생명과 생명의 단위」라는 논문을(『과학사상』 13호, 1995, pp.116-124.) 발표하였고, 이어서 장회익 교수는 이 논평에 답하여 「"온생명"은 어째서 진정한 "생명의 단위"가 되는가?」라는 논문(같은 책, 13호, pp.125-133.)을 발표하였다. 또한 소흥렬교수는 「온생명과 온정신」을 『과학철학』(1999, 2: 111-129)에 발표하였고, 같은 해 장회익 교수는 『과학철학』(3: 89-111)에 「생명이해의 논리」라는 긴 반론논문을 다시 발표하였다.

니라 가장 경험적이고 가장 실험적인 문제이기도 하기 때문이다. 또한 현대 생물학이 가지고 있는 모든 문제를 해결하는 중요한 레퍼런스이기도 하다. 왜 복제가 문제되는가? 생명의 존엄성. 왜 줄기세포가 문제되는가? 생명의 존엄성. 생태계를 왜 보존하여야하는가? 생명의 존엄성. 이렇듯 모든 생물학적 문제의 근본에는 생명이라는 문제가 놓여있다. 생명의 문제는 철학적인 성찰로만 해결이 될 성질이 아닌 것이다. 과학적인 성찰만으로도 그 답을 얻기 어렵기는 마찬가지일 것이다. 그렇지만, 적어도 현대사회가 직면하고 있는 많은 생물학의 문제들은 분명 생명에 대한 새로운 정의를 요청하고 있는 것은 분명하며, 이러한 문제들은 줄기세포의 논쟁에서 보듯 실질적인 문제해결을 필요로 하고 있는 것이다.

"생명이란 무엇인가?"라는 물음

"생명이란 무엇인가?"라는 물음은 그 자체가 대단히 모호한 물음이다. 적어도 물음의 성격상 어떤 것이라는 구체적인 것을 요구하고 있는 것인데, 항상 답은 그렇게 주어지지 않는다. 또 어떤 답이 주어지더라도 그것이 이 질문에 대한 바른 답인지를 판단할 수 있는 기준이 다의적이기도 하다. 이 물음은 단순한 것을 묻고 있는 것이 아니라 많은 다른 질문들이 내포된 복합 질문이기도 하고 이 물음의 의미를 묻는 질문의 질문이다. 때문에 이 질문을 약간 다른 형태로 바꾸어보면 생명의 기원이란 무엇인가? 최초의 생명형태는 무엇인가? 생명과 비생명의 차별성을 가르는 것이 무엇인가? 라는 문제의 형태가 될 것이다. 그러나, 이러한 질문들도 쉽지는 않다. 생명의 기원이라는 말 자체도 두 가지 의미를 가진다. 첫째는 처음 생명이 어떻게 시작되었는가 또는 생명의 근본이 무엇인가 하는 것이며,

동시에 그 탄생의 동기를 묻고 있다. 여기에 어떻게 답을 할 것인가? 과학자들은 개념을 통해서가 아니라 실험을 통하여 이것을 찾아간다. 즉, 실험을 통하여 생명체를 만들어 낸다면 이 답은 풀리는 것으로 생각한다. 그런데, 어떻게 생명체를 만들 것인가? 당연히 생명체를 만드는 재료가 있어야한다. 생명체를 구성하는 유기물. 1953년은 생물학의 역사에서 기념비적인 해이다. 잘 알려진 것처럼 유전자인 DNA의 물리화학적인 구조 이중나선이 왓슨(J. Watson)과 크릭(F. Crick)에 의해 발표된 해이다. 그렇지만, 1953년은 생명의 기원에도 중요한 해이다. 시카고 대학의 박사과정 학생 밀러(S. Miller)는 원시지구환경을 모방하여 플라스크에 가스 혼합물을 넣고 전기방전이라는 에너지원으로 생명체에 필요한 유기물이 합성된다는 것을 『사이언스』에 발표하였다.3) 그 반향은 DNA의 이중나선구조에 묻혀 잘 알려지지 않았으나 비생명계인 원시대기에서 생명에 필수적인 글리신, 알라닌등의 아미노산이 합성된다는 이 실험은 생명의 탄생의 문제에 대한 실험적 접근법으로 뿐만이 아니라 생명의 탄생에 대한 인식론적 단서를 제공하였던 것이다. 아직까지 실험실의 조건에서 자기 생성적인 생명체와 자기 증식적인 생명체를 만들지는 못하였지만, 생명에 필요한 여러 가지 아미노산, 유전자인 DNA나 RNA를 구성하는 피리미딘, 퓨린 염기 등은 비생명 조건에서 합성가능하고 이러한 기본 유기물을 이용하여 최소길이를 갖는 중합체(polymer)가 합성가능하며, 자기 복제(self-replication) 분자까지도 가능하다. 또 최근에는 이러한 자기복제 분자들이 물질대사를 실현하는 세포의 구조처럼 막으로 둘러싸인 구조와 융합하는 과정도 밝혀지고 있다. 이러한 작업의 연장선은 언젠가는 우리들에게 충격적인 결과를 알려올 것이다. 그런데, 이러한 연구들이 원시지구의 거의 완벽한 조건에서 생명에 본질적인 여러 가지 분자들의 합성을 완

---

3) Stanley Miller(1953) A production of amino acids under possible primitive earth conditions. *Science* 117: 528-529.

성하여 상당한 시간이 걸리겠지만 자기생성적 복제 생명체가 등장한다면 "생명이란 무엇인가?"에 대하여 어떤 결론을 내릴 수 있을까? 생명의 기원은 원시대기와 자유 에너지라고 해야 할까? 이러한 조건에서 만들어진 유기분자라고 해야 할까? 자기생성과정이라고 해야 할까? 원시적 세포 형태라고 해야할까? 또 생명과 비생명의 경계라는 물음은 어떠한가? 과연 쉽게 결론을 내릴 수 있겠는가?

생명의 정의와 "온생명"

앞에서 "생명이란 무엇인가?"에 답한다는 것은 대단히 다의적이라는 점을 지적하였다. 생물학자들의 입장은 "생명이란 무엇인가?"라는 문제를 생명의 기원의 문제로 바꾸어 문제를 풀어온 듯하다. 최초의 생명을 가진 생명체의 형태는 어떤 것인가? 이 물음에 답하기 위해서는 생명체는 어떤 특성을 지니고 있어야 하는데, 문제는 이 부분에서 일어나는 것이다. 생물학적 입장에서는 세 가지 중요한 생명의 정의가 있다. 첫째는 생화학자들의 견해인 대사작용으로서의 정의방식, 둘째는 분자생물학자들의 정보(information)적 정의방식 그리고 셋째는 유전학자들의 복제로서의 정의 방식이 그것이다. 생화학적 극단으로 말하면 최초의 생명체의 형태는 자기 유지, 지속, 생성을 위하여 외부로부터 물질을 유입하고 대사작용이라는 기능을 소유하게 된 형태를 지칭할 것이다. 분자생물학적 극단으로 말한다면 생명의 탄생시점은 생물학적 정보를 갖추게 된 시스템을 갖는 생명체를 의미할 것이다. 유전학적인 극단은 자기 촉매적 복제가 가능한 시점의 형태를 생명이라고 규정할 수 있을 것이다. 그렇지만 이러한 극단적인 생명에 대한 시각은 많은 문제점을 지니고 있기 때문에 최초의 생명은 이들 전부와 조화되지 않으면 안될 것이다. 그렇다고 하더라도, 이 답은 현재의 과학기술과 지식체계로 한꺼번에 답을 얻을 수는 없다. 또 이러한 정의가 반드시 필요한지 조차도 알 수 없다. 현재의 연구방식은 이러한 작용들에 필수적인 분자들이 원시 지구의 조건에서 어떻게 만들어지며 그 형태는 어떤 것인가를 연구하고 있는 것이다.

장회익 교수는 "생명이란 무엇인가?"라는 문제의 출발점은 생명을 정의하는, 규정하는 방법의 문제이다. 기존의 생명의 중요한 특성은 대사(metabolism), 생식(reproduction), 진화(evolution)인데, 이러한 특성으로서의 생명정의는 개체적인 생명체로서는 이를 충족시킬 수 없다는 것이다. 결국 "생명의 정의를 한 단위개체에 대하여 수행하려 할 경우에는 피할 수 없는 문제점이 발생한다"는 것을 지적하면서 "전체로서의 생명" 또는 "하나의 총체적 단일체"로서의 새로운 해석이 필요함을 강조하였다. "생명이란 무엇인가?"라는 물음을 장회익 교수는 "어떤 상태를 일러 우리들은 생명이라 부를 수 있는가?"라는 물음으로 그리고 "어떠한 성격의 물질적 체계(system)가 어떠한 여건 아래에 놓일 때 가능한 것인가?"라는 문제로 해석하였다.[4] 생명이란 정의를 자기 유지성, 자기 생성성을 강조하면서 이러한 조건은 결코 환경 의존적인 개체 생명으로는 만족시킬 수 없을 것이기 때문에 생명이 등장한 역사적 사실 그 자체를 중시하면서 다음과 같은 생명 정의를 주었다. "지구상의 생명은 대략 35억 년 전에 이루어진 어떠한 국소 질서가 생명형성을 위해 필요로 하는 몇 가지 조건, 특히 그 복제 생성률이 1을 넘어서는 조건을 처음으로 만족시킨 시기를 기점으로 탄생한 것이라고 말할 수 있다. 이를 계기로 이어져 내려온 후속질서의 총체를 일러 생명을 이루는 실체, 즉 생명체라고 할 수 있을 것이다" 또는 생명이란 "우주 내에 형성되는 지속적 자유에너지의 흐

---

4) 장회익(1999), 「생명이해의 논리. 『삶과 온생명』에 대한 소흥렬 교수의 서평을 보고」, 『과학철학』 3: pp.89-111.

름을 바탕으로, 기존 질서의 일부 국소 질서가 이와 흡사한 새로운 국소 질서 형성의 계기를 이루어, 그 복제 생성률이 1을 넘어서면서 일련의 연계적 국소 질서가 형성되어 나가게 되는 하나의 유기적 체계"라고 정의하였다5). 이렇게 이해된 생명개념은 기존의 개별생명체들의 공통점을 추상화하여 얻은 개념과 구분되고, 지구상에 나타난 생명현상을 그 연원과 더불어 여타 물리현상과 구분되는 결정적인 특성을 파악하여 도출된 개념임으로 기존의 생명의 개념과 구분하여 "온생명"(global life)이라고 불렀다. 그리고, 개별생명체들은 이러한 온생명의 개체화전략에 의한 것이라고 규정하였다. 이러한 온생명적 생명 규정조건들은 그 후의 논문들에서 보다 자세히 설명되었다.6)

이 정의는 여러 가지 장점을 가진다. 무엇보다 생명의 자족성을 실현할 수 있는 물리화학적 근거는 개별생명체의 생명 정의에서 배제될 수밖에 없는 인식론적인 한계점을 분명히 하면서 이러한 문제점을 포괄 할 수 있는 시각을 제공한다는 사실일 것이다. 그리고, 생명을 우주내에서 일어나는 질서체계의 하나로서 동적 체계로 본다는 점과 생명이라는 비평형적 상태를 과학적으로 고려하고 있다는 점 및 생명을 어떤 것이라고 규정하지 않고 생명이라는 어떤 것이 출현하게 되는 현상이라고 규정함으로서 과학적인 철학적인 문제를 동시에 해결할 수 있는 가능성을 제공한다는 점등을 들 수 있을 것이다.

그러나, 이러한 현상으로서의 온생명을 어떻게 인식할 수 있는가? 과학법칙을 통한 추론으로 개연성을 인정한다고 하더라도 종국적으로는 이러

---

5) 장회익, 『삶과 온생명』, 「새 과학문화의 모색」, 솔, 1998, p.178.
6) 장회익, 위의 책, 제7장 「생명과 인간」 참조 및 주 4)의 논문 참조; 생명계의 질서를 장회익 교수는 슈뢰딩거와 같이 네겐트로피로 정의한다. 그러나, 이 정의가 과연 과학적인지 그리고 생명을 제대로 설명하는 것인지는 다시 한 번 살펴보아야 할 것이다. 생명을 장회익 교수와 같이 확장한다면 구태여 자연계의 질서와 구분하는 생명계의 질서가 네겐트로피로 정의되어야 할까?

한 물리적인 조건에서 우리가 알 수 있는 실재적인 생명체가 등장하여야 하고, 우리가 생명체로 읽을 수 있는 실재가 있어야만 이 정의는 성립하는 것은 아닌가? 이렇게 본다면 장회익 교수의 "온생명"의 정의는 개체생명체의 출현과정과 정확히 일치한다는 점에서 최초생명체의 기원과 다르지 않다고 생각된다. 만일 그렇다고 한다면, 이러한 생명체는 질서 또는 현상 그 자체가 아니라 원시적인 생명개체의 형태로 보아야 하지 않을까? 자연질서 속에 존재하는 생명을 형성하는 데 계기가 되는 질서 그 자체는 생명의 전제조건임에 틀림이 없으나, 그 자체가 생명의 개념 전체가 되어서는 안될 것이다. 더군다나, 이러한 현상을 있게 하는 생명과 생명체를 어떻게 구별할 수 있는 것인가? 장회익 교수의 생명정의에서 복제생성률이 1을 넘는 시점이라는 그 현상이 생명이라고 하더라도 문제는 이러한 복제가 일어난 실체가 무엇이냐는 문제가 남는다.[7] 생명현상의 제반 물리적인 여건이 갖추어 졌을 때 자족적인 생명의 형태를 무엇으로 잡을 것인가? 이것을 복제물질로 잡을 것인가? 아니면 원시세포형태로 잡을 것인가? 복제물질이라 하더라도 이 복제물질을 DNA로 잡을 것인가, RNA로 잡을 것인가 아니면 핵산 단백질 복합체의 형태로 잡을 것인가? 따라서, 이러한 규정이 무엇이냐에 따라 복제 생성률의 정체는 대단히 달라질 수밖에 없을 것이다. 그리고 이 복제의 개념도 최초의 복제 형태는 생화학적인 결합과 유사한 것으로 오늘날 생각하고 있기 때문에 복제생성률 1 이라는 현상 그 자체가 무엇을 의미하는지가 분명하지 않다. 그리고, 복제(replication)만 왜 온생명의 정의에 포함되어야하는지도 불분명하다. 생명의 많은 정의중 복제(replication)라는 개념이 암묵적으로 가장 생명에서

---

7) 장회익 교수는 생명현상에 대한 부가적인 조건으로 자체복제기능이 있어야 하고 이것은 "종자 복제"라고 설명하고 있다. 『삶과 온생명』, p.204. 이러한 종자복제 개념은 생명기원을 연구하는 학자들의 복제개념과는 상당한 차이를 보이고 있기 때문에 보다 구체적으로 설명되지 않으면 안된다.

본질적인 요소라는 생각을 가진 것은 아닌가?8) 그러나, 최초의 복제의 형태는 우리가 생각하는 복사(copy)의 개념과는 상당히 다를 수도 있다는 점을 생각하지 않으면 안된다.9) 생물학자들이 생각하듯이 가장 생명에서 본질적인 것이 촉매작용인지 복제인지는 참으로 어려운 문제이다. 복제만 존재하고 대사작용이 없는 생명을 생명이라 말할 수 있는가? 장회익 교수

---

8) 장회익 교수가 언급한 생명의 특성은 로위(G. W. Rowe)의 대사, 생식, 진화의 세 가지이다. 그러나, 생명의 정의에서 문제가 되는 특성은 이뿐만이 아니다. 물리학자인 폴 데이비스(P. Davies)는 생명체의 다음과 같은 속성을 지적하였다: 자율성(autonomy), 생식(reproduction), 대사(metabolism), 영양(nutrition), 복잡성(complexity), 조직화(organization), 성장과 발생 (growth and development), 정보함양(information content), 하드웨어와 소프트웨어의 결합(hardware · software entanglement); P. C. W. Davies, *The Fifth Miracle: The search for the the origin and meaning of life*, Touchstone books, London, 1999. 또한, 코쉬랜드(D. E. Koshland Jr.)는 생명체의 정의에서 핵심적이라 할 생식(reproduction)의 문제점을 지적하면서, 생명 시스템을 위한 일곱가지 원리(PICERAS)를 주장하였다. 1. 프로그램(program) 2. 즉흥성(Improvisation) 3. 구획화(compartmentalization) 4. 에너지(energy) 5. 재생(regeneration) 6. 적응성(adaptability) 7. 격리(seclusion); D. E. Koshland Jr.(2002), 「The seven pillars of life」, *Science* 295: 2215-2216. 마이어(E. Mayr)는 『이것이 생물학이다』(*This is biology*)에서 생명체의 특이적인 현상으로서 진화프로그램(evolved programs), 화학적 특성(chemical properties), 조절메커니즘(regulatory mehanism), 조직화(organization), 합목적적 시스템(teleonomic systems), 제한된 크기(limited order of magnitude), 생활주기(life cycle), 열린 계(open system)를 언급하였다; E. Mayr(1998), *This is biology: The science of the living world*, Harvard University Press. 이외에도 수많은 학자들의 수많은 생명에 특이적인 원리, 현상, 특성등을 있으며, 이는 나름대로의 과학적 근거를 가지고서 생명에 대하여 중요한 사실을 말해주고 있음에는 틀림이 없다. 그런데, 온생명에서 취하는 생명 현상에서 어떤 것이 중요한 계기인가를 어떻게 알 수 있는가?

9) Paul N and Joyce GF.(2003), Self-replication. *Curr Biol.* 13:R46; Paul N and Joyce GF. (2002), a self-replicating ligase ribozyme. *Proc Natl Acad Sci U S A.* 99:12733-12740. 그리고 이 논문에 인용된 참고문헌들을 참고하라.

의 관점은 물리적인 측면에서 동적인 어떤 시스템이 등장하게 되는 현상을 온생명으로 정의하고 이것의 실천형태로서 또 다른 생명, 개별 생명을 철저히 구분을 한다. 그러나, 이러한 물리적 조건에서 동적인 체계가 발생하는 것에서부터 우리가 최초 생명체로 부르는 형태까지는 많은 해결되어야 할 문제들이 존재한다, 만일 이러한 동적 체계를 생명을 기원을 연구하는 학자들처럼 모든 생명체의 특성을 소유한 것이라고 규정한다면 문제해결이라기보다는 해결되어야 할 문제를 고스란히 정의 속에 가지게 될 것이다. 어떻게 이러한 것을 가지게 되었는가하는… 생명의 물리적 조건을 고려하지만 여기서부터 생명체로의 이행 문제는 장회익 교수가 처음 생명의 정의를 제기하면서 어려움을 토로한 부분이다. 그리고 전체로서의 온생명 개념에서 다시 복제가 등장하는 것도 고려해 보아야 할 문제이다. 장회익 교수는 그의 논문에서 유전물질만을 가진 바이러스의 문제를 제기한바가 있다. 이러한 바이러스는 복제를 위한 자신의 유전물질만을 지니고있고, 자손을 만들기 위해서는 대사작용이 있는 단세포성의 원핵생물이던진핵생물에로 침투하여 그 대사작용을 이용하지 않으면 안된다고 지적하였다. 따라서, 복제에 필요한 유전물질만을 의미하는 것이 아닌 이 복제률이 생명정의에 들어가려면 타당한 이유가 있어야 할 것이다. 생명 정의에서 복제률의 필요성은 혹시 지구상의 모든 생명체가 가진 특성의 무의식적 반영은 아니었던가?

장회익 교수의 생명정의에는 지구상의 생명계기를 35억 년 전의 어느 시점에서 국소질서가 생명형성 조건을 만족시킨 시점을 언급하고 있다. 물론, 생명체의 탄생역사는 대략 35억 년 전으로 거슬러 올라간다. 그런데 여기서 상정하는 생명 연도는 원핵세포의 화석흔적이다.[10] 만일 이러

---

10) 지구에서 35억 년 전에 이미 생명이 탄생했다는 것은 화석으로 증명되었다. 오스트레일리아에서 발견된 스트로마톨라이트(stromatolite)라고 이 화석 구

한 생명체를 생명의 기원을 연구하는 생물학자들의 견해처럼 단순한 유전자형태(소수의 뉴클레오타이드)를 가진 막을 지닌 개체로 상정한다면 그 기원은 적어도 40~42억 년 전 이상으로 거슬러 올라가야만 한다.[11) 이럴 경우 온생명이 개념이 질서 형성의 현상만을 말하기 때문에 달라져야 할 필요가 없는 것인가? 아니면 이러한 것은 아직 생명이 아니라는 것인가? 또한 생명의 역사는 35억 년 전의 원시세포에서 그 후 17억 년 전 단세포 진핵생물이 원핵세포로부터 진화되었다. 중요 동물문은 약 5억 7천만년전인 캠브리아 대폭발 말기에 진화하였다. 식물과 균류는 4억7천5백만 년 전에 육상에 정착을 시작하였고, 어류, 양서류의 진화에 이어서 척추동물이 진화하고 육상으로 진출한다. 이 생명의 역사에서 중요한 사건은 약 25억 년 전 대기중 산소의 혁명이다. 원시형의 생명체들은 태양에너지에서 결과된 유기물을 재분해시키는 역할만을 했다면, 이러한 태양에너지를 직접 사용하는 산소성 광합성의 출현은 생명과 지구 전체에 놀라운 사건이었다. 대기중의 산소의 증가는 부식성을 증가시켜 이를 견디지 못한 많은 원핵생물들은 절멸했을 것이지만, 오히려 이것을 이용하는 시스템을 발전시켜 지구상의 생명상을 바꾸어 놓았다. 산소의 노출을 피하여 절멸을 피한 생물들은 산소성 환경을 피하여 무산소성 환경을 찾아

조물은 나무의 나이테를 연상케 하는 줄무늬가 있는 검붉은 퇴적물인데, 이 퇴적물의 각층은 원시형 시아노박테리아(남세균)가 조밀하게 모여 이루어진 것으로 이들 미생물은 주변의 물에서 무기물을 흡수하여 화석화 된 것이다. 방사성 동위 원소비에 의한 연대 측정법으로 그 암석의 나이를 측정했더니 약 35억 년 전으로 밝혀졌다.

11) Hanczyc MM, Fujikawa SM, and Szostak JW.(2003), 「Experimental models of primitive cellular compartments: encapsulation, growth, and division」, *Science* 302(5645), pp.618-622; Nussinov, M.D., Otroshchenko, V.A., Santoli, S.(1997), 「The emergence of the non-cellular phase of life on the fine-grained clayish particles of the Earth's regolith」, *Biosystems* 42, pp.111-118.

다르게 진화하거나, 산소성 환경에 적응하여 산소를 이용하는 두 가지 전략으로 살아남아 새로운 생명계를 열어갔다. 따라서, 산소는 생명역사에서 지구환경의 역사에서 무시할 수 없는 요소이다. 이는 35억 년 전의 생명체의 출현에서 존재하지 않았던 요소이며 25억 년 전부터 존재했던 요소이다. 35억 년에서 25억 년 사이의 계기와 25억 년 그 이후의 계기는 생명의 물리적 조건이 달랐을 것이고, 국소적 질서의 형태도 달랐을 것이다. 그러므로, 그 조건에 따라 생명의 물리적 질서인 온생명은 다른 정의 방식이 필요하던지 아니면 적어도 수정이 불가피 할 것이다.

생명에 대한 우리들의 경이로움과 생명에 대한 아름다운 느낌은 생물의 놀라운 다양함에서 오는 것이며, 산소 혁명이 존재하지 않았다면 생명상은 분명 달랐을 것이다. 생명체 진화에 필요한 산소량은 물리적인 조건만으로는 이러한 산소량을 충족할 수는 없으며, 이는 원시생명체들이 환경에 영향을 주어 환경을 바꾸었기 때문이다. 이러한 생명체와 환경과의 호혜성은 온생명의 출발에서 중요한 문제이지 않았던가? 장회익 교수의 생명정의에서 강조되었던 것은 생명체와 환경과의 끊임없는 상호작용이다. 생명의 계기에서 국소적 질서 형태로 개체생명의 중요성을 지적하고 있지만, 이러한 국소적 질서 형태로서의 개체생명체들은 경탄을 자아낼 만큼 너무도 다양하다. 이러한 다양성은 최초의 생명체들이 등장하고 이러한 생명체들이 지구환경을 바꾸고 다시 이러한 바뀐 지구환경의 조건은 새로운 생명체를 등장시키는 것이다. 생명탄생이후의 기존의 질서를 변형시켜 새로운 생명탄생의 계기는 산소의 출현으로 완전히 다른 생명체의 출현이 있게되었다. 온생명은 물리적 생명 형성 현상을 포괄하는 "생명이란 무엇인가?"에 대한 보편적 대답이었다. 그 물리적 조건을 변형시킨 산소의 혁명은 온생명의 어디에 포함되는 것인가? 생명일반 보편성으로서의 온생명과 그 국소적 질서로서의 개체생명을 대비시킨다면 개체성이 보편성에 영향을 주는 것은 아닌가? 생명은 끊임없이 진화한다.

생명의 단위로서의 온생명

생물학에서 어려운 문제가운데 하나는 진화의 단위 문제가 있다. 생물전체인가? 개체군인가? 종인가? 개체인가? 유전자인가? 나름대로는 모두 타당성이 있으나, 진화를 일으키는 시발 자체는 유전자라는 단위 수준에서 일어나지 않으면 안될 것이다. 이런 의미에서 단위는 유전자가 가장 하위단위일수가 있다. 그러나, 우리가 진화가 일어났다고 보는 것은 새로운 유전자의 변형이나 돌연변이체가 등장한 것을 말하지는 않는다. 이러한 것들의 오랜 축적으로 새로운 개체 무리들이 나타나야 진화가 가능하고 의미있는 진화라는 측면에서는 종수준으로 또는 개체군 수준으로 그 단위는 확대된다. 위 문제는 생명의 단위를 논할 때도 교훈을 준다고 볼 수 있다. 진화의 단위를 전 생명체로 둘 수는 없고, 진화를 일으키는 지구적인 조건을 포함하는 것이 진화의 단위가 되어서는 곤란하지 않겠는가? 이런 논리를 극단적으로 연장하면 생명의 단위를 온생명으로 잡아 생명의 탄생 조건을 포함한 단위를 우주의 어디에 두어도 생명체가 발생하는 시스템으로 잡을 때는 이 단위가 충분히 논리적으로는 설명가능 하지만, 현실적인 학문에서 문제가 되지 않을 수 없다. 이 단위를 어떻게 실험적으로 증명할 것인가? 또 단위를 상정하는 것은 체계를 보다 이해하기 쉽도록 그 근원성을 규명하고, 실질적 연구를 가능하게 하는 최소단위가 아닌가? 우주의 어디에서 온생명을 우리들이 실험할 수 있을까? 무엇보다도 단위 그 자체가 다른 것의 단위가 아닌 자체 종결적인 단위. 그렇다면 구태여 단위라는 말을 사용할 필요성이 있는 것인가? 그러나, 그렇게 생명의 기준을 잡더라도 온생명은 생명으로서의 여러 성질을 결여하고 있다. 생명은 분명 복제와 생식을 통한 자기증식의 메카니즘이 있어야 하고, 생명체에서 보는 것처럼 진화하여야 한다. 진화학자이자 유전학자인 도브잔스키(T. Dobzansky)

의 말과 같이 진화에서가 아니면 생명체는 의미를 갖기가 어려운 것이다.12) 그리고, 무엇보다 중요한 생명의 순환(cycle) 시스템이 보장되어야한다. 생명을 생명으로 느끼는 것은 태어나고, 성장하고, 생식을 거치는 순환과정이 존재할 때 비로소 우리가 인식할 수 있는 것이다. 온생명이 과연 이러한 생명의 조건을 충족시키는 단위일수 있는가? 결국은 생명의 단위란 개별적인 생명체가 존재하여야 즉 복제 가능한 세포적 구조물을 가진 개체들(개별개체들)이 등장하여야만 가능한 개념은 아닌가? 만일 그렇다면 생명을 이루는 이 최소한의 생명체가 결국은 생명의 단위의 대상이 될 것이고, 개별생명들로 단위가 이동하게 되면 당연히 개별 생명 중에서도 생명활동의 기본이 되는 단위 즉 세포를 상정하여야 하지 않겠는가?

이에 대하여 장회익 교수가 『삶과 온생명』에서 논의한 것처럼 생명이란 것이 사람이 가지고 있는 수십 조의 세포로 설명되어야 하는가라는 것을 물을 수 있다.13) 당연히 아닐 것이다. 생명의 단위는 이들을 합한 것이 될 수 없다. 생명체의 놀라운 특성가운데 하나는 체계가 증가하면 증가할수록 그 하위단위에서는 나타나지 않는 창발성(emergence)이 나타난다는 점을 모르지는 않는다. 그러므로, 세포라는 단위들의 단순한 합만으로 생명체를 설명할 수는 없을 것이다. 그러나, 모든 개체를 포함하여, 이러한 것을 성립가능케 한 조건을 포함한 규정적인 현상으로서의 생명일반을 단위로 보기도 어려울 것이다. 온생명의 개체화 전략에 따라 각각의 개체생명이 등장한다면 그리고 그 개체생명을 인정한다면 이러한 개체생명을 설명하는 단위도 인정하여야만 할 것이다. 이러한 단위 속에서 생명의 특성의 단서를 연구할 수 있다면 그것을 단위로 설정하는 것이 가능한

---

12) "Nothing in biology makes sense except in the light of evolution"
   Mayr의 *This is biology*, p.178에서 재인용.
13) 장회익, 『삶과 온생명』, p.300.

것은 아닐까? "생명이란 무엇인가?"에 대한 답으로서의 온생명이 생명의
단위라면 "세포는 생명을 구현하는 구조적인 단위임과 동시에 기능적 단
위"라는 생물학적 명제와는 어떻게 조화되어야 할까? 어려운 문제가 아
닐 수 없다.

생명에 대한 생물학적 최근 정의와 온생명

생명의 정의는 많은 생물학이 등장한 이래 생물학자들에 의하여 다양
하게 제시되었다.[14] 진화론, 생화학, 유전학, 분자생물학 등의 발전으로
생명에 대하여 이전에는 알지 못했던 많은 것을 알게 되었다. 이러한 분
과학문들의 지식 덕분으로 우리들의 인식영역은 확장되었고, 생명의 영역
도 공간적으로 확장되었다. 생명에 대한 개념정의는 장회익 교수의 온생
명에서 주장된 것과 같이 과학적 데이터와 함께 공존하지 않으면 안되게
되었다. 여기서는 가장 영향력이 있는 최근의 생명정의를 통하여 다시 한
번 생명정의에서의 문제점을 되짚어보고, 온생명개념을 재고해보고자 한
다. NASA의 지구권외 생물학(exobiology) 프로그램을 이끌고 있는 조이
스(Gerald Joyce)는 1994년 "생명이란 무엇인가?"라는 물음에 대한 답으
로서 "생명은 다윈식 진화를 겪을 수 있는 자기 지속적인 화학 시스템이
다(Life is a self-sustained chemical system capable of undergoing
Darwinian evolution)"라고 규정하였다.[15] 이 NASA의 생명 정의는 상당

---

14) Marcello Barbieri(2003), *The organic codes: an introduction to semantic
    biology*, Cambridge University Press. 이 책의 부록에는 생물학의 기초를
    닦은 라마르크(1802)의 생명정의에서부터 이론생물학자인 컬(K. Kull, 1998)
    의 생명정의까지 무려 60개의 정의가 실려있다.

15) Luisi, P. L.(1998), 「About various definitions of life: Origin Life Evol.」,
    Bioshere 28, pp.613-622, 1998. 이 논문에서는 NASA의 생명정의의 문제

히 잘 알려져 있는 것이며 실제 NASA의 생명연구프로그램에서 작업가설로 이용되고 있는 것이다. 이 정의가 함축하는 바는 열역학 제2법칙에 위배되지 않으면서, 외부 에너지원에 의하여 작동되는 시스템이라는 사실이다. 다른 말로하면 자기 지속성(self-sustaining)은 외부 환경에서 공급되는 영양·에너지를 변환시킴에 의하여 보상되는 과정이라는 것이다. 이 NASA의 생명에 대한 정의로 무엇을 할 수 있는가? 우선 이 정의는 새로운 대상에 직면했을 때 그 대상이 생명체인지 아닌지를 빠르게 결정할 수 있는 가능성을 제시한 것이다. 그러나, 무엇보다도 이 정의는 지구권밖의 생명체, 우선적으로는 화성의 생명탐사를 위한 것이기 때문에 다른 행성에 적용하여 생명연구프로그램의 개념을 설정한 것이라고 보아야 한다. 그렇지만, 이 정의는 지구의 생명을 인식함에 있어서도 적합하다고 보아야할 것이다.

이 정의의 장점은 이전의 많은 복잡한 생명에 대한 정의에서 일차적으로 생명의 두 가지 근본적인 특징을 구분함으로서 모든 것을 단순화시켰다는 점을 꼽을 수 있다. 생명체는 화학시스템이다. 생명체는 다윈 진화가 일어난다. 그러나, 이 정의에도 많은 문제점들이 도사리고 있다. 부정확성, 생명의 주요한 특성의 생략, 과도한 간결성. 도대체, 자기 유지적 화학시스템이란 무엇을 말하는가? 화학반응동안 지속성을 만들어낸다는 것인가? 화학반응에 관여하는 분자들을 스스로 재공급한다는 것인가? 화학반응중 일부분을 새로이 공급한다는 것인가? "다윈진화가 가능한"이라는 말도 역시 모호하긴 매한가지다. 이는 생명체를 정의함에 있어 그 특성을 넘어서 잠재성을 끌어들이는 것이다. 그리고, 실질적인 문제에 있어서도 어떤 화학시스템이 있다고 할 때 그 시스템이 진화를 하고 있다는 것을 어떻게 알 수 있는가? 너무도 많은 시간이 필요 할 것이다. 만일 온

____

점을 지적하면서 수정된 NASA의 생명정의를 다루고 있다.

생명을 NASA의 생명연구프로그램의 작업가설로 채택한다면 어떤 문제가 있을 것인가? 장회익 교수의 생명은 "태양—지구계와 같은 항속적인 자유에너지 원천을 그 안에 품고 있는 '온생명'과 같은 존재만이 생명"16)으로 의미를 가지기 때문에 지속적인 자유에너지의 원천이 존재하고 그 속에서 질서의 형태가 출현하여 최소한의 복제가 진행되고 있는 현상이 있다면 생명 존재를 인정하여야 할 것이다. 이럴 경우 앞에서 제시한 NASA 생명 정의 문제점들이 온생명의 정의에서는 충족되고 있는가? 생물학자들은 지구권외의 화성과 목성의 위성인 오이로파에서 생명체의 가능성을 시사하였다. 온생명의 정의로 화성과 오이로파에서 생명가능성을 추론할 수 있는가? 역으로 외계에서 지구의 생명체를 연구할 때는 어떤가? 또 수정과 같이 자기증식을 하는 물체의 경우에는 온생명의 정의는 어떠한가? 온생명의 정의에 만족하는 생명을 찾기 위하여 얼마나 많은 시간을 또 기다려야 할 것인가? 분명 NASA의 정의는 만족스럽지도 않고, 완벽하지도 않다. 그러나, "생명이란 무엇인가?"라는 물음에 대하여 이 NASA의 정의는 생명의 화학적 특이성과 다윈 진화가 힘을 발휘하는 위치라는 두 가지 점을 명백히 하지 않으면 안된다는 점을 일깨워주고 있는 것이다.

맺는 말

"생명이란 무엇인가?"라는 문제에 답한다는 것은 대단히 어려운 일이다. 무엇보다도 전체의 가능성을 고려하지 않고 생명을 개별적인 것으로 인식하여 그 특성을 선택하여 정의하는 방법상의 문제이다. 어떤 특성들

---

16) 장회익, 『삶과 온생명』, p.190.

을 버리고 어떤 특성들을 선택하는 기준은 도대체 어디서 오는 것인가? 이런 의미에서 장회익 교수의 온생명은 자유롭다. 장회익 교수의 생명정의는 기존의 생명정의에 등장하는 여러 가지 생명 특성 중에서도 자기(self)라는 용어선택을 문제시하면서[17] 생명의 자족성은 항구적인 에너지의 원천을 품고 있지 않으면 안된다는 발상의 전환으로 "온생명"을 찾아낸 것이다. 이러한 발상의 전환은 "인간을 비롯한 지구상의 모든 생물과 자연적 요소, 그리고 물리적 힘은 서로 뗄 수 없는 의존관계를 맺고 있으며, 이 유기적 총체는 온생명 체계를 이루고 있다"[18]는 지구 생태적인 담론으로 자연스럽게 이어지는 것이다. 장회익 교수의 온생명과 생명담론은 충분한 설득력을 지니고 있으며, 생명문제에 대하여 새로운 지평을 열어주고 있음에 틀림없다.

생물학자들이 빈번히 사용하는 "자기"라는 용어는 물리적인 어떤 법칙을 염두에 둔 것이라기보다는 자발적인 내적 과정을 의미하는 경우가 많다. 외부 에너지와 물질을 전제로 하고 생명체 유지나 생성을 위하여 전환시키는 내적 과정. 사실 생명체가 가진 중요한 성질이 자율성이 아닌가? 이러한 자율성의 창발은 물리적 조건으로 규정하기는 어려울 것으로 생각되지만 정확한 의미규정 없이 사용되는 자기-라는 접두어는 조심하여야 할 것이다. 온생명 개념은 이에 대한 분명한 선을 긋고 있다.

이제 온생명 개념과 비교하여 생명의 문제를 고찰해 볼 때, 오늘날 생물학자들이 "생명이란 무엇인가?"라는 질문에 답하는 방식은 과연 정당한지를 묻지 않을 수 없을 것이다: 생명체의 구성인자들에 대한 기술은 반드시 필요한가? 수많은 생명체의 특성들 가운데 과연 생명에 근본적인 것은 무엇인가? 무엇이 근본적인지를 우리는 어떻게 알 수 있는가? 생명

---

17) 이러한 논의는 장회익 교수의 여러 논문에 발견되며, 특히 앞에서 언급한 1999년의 「생명이해의 논리」라는 논문에서 강도높게 비판하였다.
18) 장회익, 『삶과 온생명』, p.209.

체들의 존재에 대해 언급하지 않고 생명을 말할 수 있는가? 또한 우주생물학(astrobiology)이나 지구권외 생물학(exobiology)에서 추구하는 생명은 온생명과 또 어떻게 관계되는 것인지 생각하지 않으면 안될 것이다. 한편으로는 온생명 개념이 생물학자들 그리고 생명기원 연구자들에게 반향되려면 실험으로서 충분히 이를 증명하지 않으면 안된다는 점도 고려하여야 할 것이다. 사실, "생명이란 무엇인가?"를 논함에 있어 기존의 많은 답들도 서로 연관되어있으며, 중요한 사실을 말하고 있는 것이다. 어느 한쪽으로 강조된 과학적 증명 영역밖의 생명의 정의는 분명 만족스럽지 못한 결과를 초래할 것이다. 온생명은 새로운 출발점으로서 "생명이란 무엇인가?"라는 질문에 답하는 새로운 방식으로서 생화학, 생물물리학, 분자생물학, 유전학, 지질학, 대기학, 우주생물학등의 상호 학문적인 교류를 요청한다고 하겠다.

"유전자란 무엇인가?"라는 물음에 대한 답은 DNA 구조 발견이후에 비약적으로 발전하여 인류에 커다란 공헌을 하였고, 한편으로는 오늘날 우리가 알고 있는 모든 생물학적 문제(형질전환 식물과 동물, 인간복제, 인간과 동물의 잡종 등)의 근원이 되었다. 1953년부터 2003년의 50년만에 일어난 일이다. "생명이란 무엇인가?"라는 물음에 대한 답은 밀러의 실험이후 많은 발전을 보았으나 여전히 답보 상태이다. 1953년부터 2003년의 동일한 반세기의 일이다.

2002년 기념비적인 사건이 일어났다. 소아마비 바이러스의 유전자를 가지고 실험실에서 살아있는 바이러스를 합성하여 생명체에서 증식시킨 실험이 성공을 거두었고,[19] 2003년에는 phi-X174라는 보다 복잡한 바이러스의 유전자만을 가지고 살아있는 바이러스를 합성하고, 생명체에서 증

---

19) J. Cello, A. Paul, E. Wimmer(2002), 「Chemical synthesis of poliovirus cDNA: Generation of infectious virus in the absence of natural template」, *Science* 297, pp.1016-1018.

식하는 데 성공하였다[20]는 소식이 들려온다. 물론, 유전자의 성분인 뉴클레오티드로 유전자를 합성하였지만, 나머지 성분은 살아있는 세포에서 추출하여 바이러스를 합성함으로 반드시 무기물에서 생명체를 만들었다고는 할 수는 없지만, "유전자란 무엇인가?"라는 물음과 "생명이란 무엇인가?"라는 물음이 결합하는 시대로의 진입을 의미하고 있는 것이다. 이 연구들은 이제 시작단계이지만 "생명이란 무엇인가?"라는 물음에 대하여 과연 어떠한 발상의 전환을 안겨줄 것인가?

---

20) 생물 대체 에너지 연구소의 2003년 11월 14일자 뉴스 "Synthetic Genome Has Potential Value for Energy and Environment"; http://www.genomenewsnetwork.org/articles/11_03/synthetic_genomes,html; H. O. Smith, et al., (2003), 「Generation a synthetic genome by whole genome assembly: phi-X174 bacteriophage from synthetic oligonucleotides.」, *Proc. Nat'l Acad. Sci.*, USA vol.100:15440-15445.

온생명론과 한스 요나스의 생명철학:
물질과 생명의 존재론적 범주 구분

김 재 영(베를린 막스플랑크과학사연구소,
과학철학)

1. 서론

2001년에 덴마크의 통계학자 뵤우 롬보르그(Bjørn Lomborg)는 『회의
적인 환경론자: 세계의 상태를 제대로 가늠하기』라는 제목의 책을 출판
하면서 생태·환경 문제에 대한 심각한 문제제기를 시작했다. 롬보르그
의 도발적인 문제제기를 다룬 「사이언티픽 아메리칸」의 2002년 1월 특
집을 편집한 존 레니(John Rennie)는 편집자의 글에서 다음과 같이 말하
고 있다.

이 책의 부제가 말해 주듯이, 롬보르그의 의도는 환경관련 데이터들을 재분석하여 과학이 말해 주는 것에 대한 가장 올바른 이해를 바탕으로 대중이 정책결정에 참여할 수 있게 하려는 것이었다. 롬보르그 자신도 깜짝 놀랐다는 그의 결론은 "장광설"에 나타나는 음울한 예측들과 정반대로 모든 것이 점점 더 좋아지고 있다는 것이었다. 모든 것이 장미빛이라는 말이 아니라 환경의 미래는 가정되고 있는 것보다 덜 긴박하다는 것이다. 롬보르그는 환경단체나 기구나 왜곡된 과학자들의 매체들이 낳은 비관적이고 부정직한 음모집단을 비난하고 있다.

롬보르그는 덴마크 생태협의회(The Danish Ecological Council)는 서둘러 자연과학, 사회과학, 경제학 분야에서 저명한 12명의 학자들이 모여 223쪽에 걸친 롬보르그에 대한 반박의 글들을 담은 책을 펴내기도 했고, "반롬보르그 인터넷 사이트"가 개설되는 듯 활발한 반론이 이어졌다.

그러나 정작 이런 다소 당황스런 논쟁이 계속되고 있는 까닭은 단순히 과학상의 데이터에 대한 상이한 해석들 때문만은 아니다. 오히려 롬보르그 논쟁을 더 상세히 살펴보면 환경관리주의적 차원에서 생태·환경 문제를 이해하고 해결책을 모색하는 것은 도무지 한계를 벗어나기 힘들다는 점을 볼 수 있다. 근본적인 사고의 틀이 달라지지 않고서는 근시안적 해결책에 매몰될 뿐 아니라 생태·환경 문제를 제대로 이해하는 일조차 쉽지 않다는 것이다. 근본적인 윤리학 및 존재론 상의 태도의 차이가 이런 논쟁 속에도 들어 있다고 보아야 한다.

그렇다면 어떻게 그런 새로운 사고의 틀을 찾아갈 것인가? 그 대답 중 하나가 온생명론이다. 온생명론은 "생명을 어떻게 볼 것인가?"라는 근원적인 질문을 던지고 이에 대답해 나가는 과정에서, 인간 사회에 대하여, 특히 현대 사회의 여러 측면, 그 중에서도 환경 윤리와 관련된 문제에 대한 적합한 대안을 찾아보고자 하는 노력이다. 이것은 곧 "현대 사회가 지닌 성격과 문제점을 새로운 시각에서 조명"함으로써 "우리가 지향해야 할 새로운 삶의 형태가 어떠한 것이어야 하며 또 어떻게 조정되어야 할 것인가에 대해" 해명하려는 것이다.[Z220][1] 즉, "지구 위에 형성된 하나의 통합적 생명체가 이루어낸 현 시기의 한 국면"인 "현대 사회 그리고 이것이 이루어낸 현대 문명"이 "과연 건강한 상태에 놓여 있는지"를 진단하고 그에 따라 적절한 치료와 예방을 처방하려는 것이다.[Z221~220]

그런 맥락에서 온생명론은 한스 요나스의 "기술 시대의 생태적 윤리학"에 비견된다. 요나스는 기술문명이 안고 있는 환경문제에 대한 고찰을 통해 철학이라는 분야를 새로 정립하고자 했다. 그 근본적인 틀은 하이데거의 현존재분석과 그노시스주의의 이원론에 대한 비판적 대항위치에 있으며, 생명체를 존재론적 패러다임으로 삼음으로써 통합적 일원론의 입장에서 미래윤리를 제시하는 것이다.[Hadorn(2000) 55] 이필렬(1995)에 따르면, "과학에 의해서 뒷받침된 기술이 자연세계의 총체적인 이용과 파괴라는 단계를 넘어서서 그것을 만들어낸 인간 자체까지도 조작하고 파괴할 수 있는 위력을 갖게 된 현실 속에서 우리가 살아간다는 것을 생각하면 종래의 것과는 전혀 다른 차원의 윤리학이 절실히 필요"하며, "우리가 저지른 일의 결과로 인해 우리 후손의 삶의 본질이 위협받거나 더 심한 경우 끊어져 버릴지도 모른다는 우려" 때문에 "시간이라는 차원이 포함된 새로운 윤리학"이 요청되고 있는데, 요나스의 생태적 윤리학이 바로 새로운 윤리학이다.

---

1) 이 글의 성격상 자주 인용되는 세 개의 참고문헌을 영문자로 표기한다. 장회익(1998)은 Z, Jonas(1994)는 J, 한정선(2001)은 H와 같다. 예를 들어, [Z220]은 장회익(1998)의 220쪽이라는 의미이다.

이 글은 온생명론과 한스 요나스의 사상의 몇 가지 측면을 비교하여 고찰하는 것으로 목적으로 한다. 이것은 온생명론이 기존의 사상들과 어떻게 연관되는지를 밝힌다는 점에서 온생명론을 다른 사상들의 그물망 속에 정치(定置)하는 작업이기도 하지만, 동시에 두 사상에서 공통적인 부분과 차이가 나는 부분을 명확하게 함으로써 서로 좋은 점을 취할 수 있게 하려는 것이기도 하다. 온생명론과 다른 사상들 사이의 관계에 대해서는, 동양의 전통사상과 연관된다는 점[Z290~294]이나, 온생명 개념과 생태계, 생물권, 가이아 등의 개념이 어떤 관계에 있는지 상세한 논의가 있긴 하지만[Z182~187], 다른 사상들과의 관계에 대해서는 아직 실질적으로 상세하게 다루어지지 않았다고 말하는 것이 옳을 것이다. 온생명론을 사상사적 맥락에서 상세히 다시 살펴보는 작업을 통해 온생명론을 다른 방식으로 서술한다거나 다른 사고틀의 언어로 번역하는 작업도 가능해질 것이다. 또한 온생명론을 요나스의 사상과 비교하는 작업을 통해 요나스의 사상에 대한 더 심도 있는 연구로 나아갈 수도 있을 것이다.

그러나 이러한 작업은 체계적이고 세심한 연구를 토대로 하지 않으면 자칫 왜곡되거나 잘못된 이해에 빠지기 쉽다. 따라서 이 글에서는 시론적으로 온생명론과 요나스의 생태철학을 비교하는 몇 가지 측면에만 그 논의를 국한하고자 한다. 그것은 주로 온생명 개념의 존재론적 함의에 집중될 것이며, 주로 장회익(1998)[Z]과 Jonas(1994)[J], 이 두 권의 책에 담겨 있는 내용을 비교하는 것에 중점을 둔다.

다음 절에서 온생명론의 구조와 성격을 정리하여 살펴보고 온생명이라는 개념이 어떻게 정의되며 어떤 필요성에서 제시되었는지를 검토한 뒤, 온생명을 물질과 생명이라는 범주와 어떻게 연관지어 이해할 수 있을지 논의한다. 이는 곧 온생명론을 더 발전시켜 나가기 위해 필요하다고 여겨지는 세부논의 또는 문제제기에 해당한다. 그런 뒤에 요나스의 생명철학 또는 철학적 생물학의 내용을 상세하게 살펴보면서 그 사상적 특징을 추출해낸 뒤, 요나스의 생명철학이 온생명론에 어떤 함의를 갖는지 논의하고 글을 맺는다.

2. 온생명론의 특성과 온생명 개념

2-1. 온생명론의 구조와 성격

온생명론의 출발점은 생명이라는 개념을 가장 근본적이고 추상적인 수준에서 검토하는 것이다. 생명이 지니고 있는 본질적인 측면들을 살펴본 뒤에 이를 추상화하여 온생명의 개념에 이르게 되며, 다시 통념 속의 생명 개념과 온생명 개념을 비교하여 보생명과 개체생명(낱생명)의 개념을 얻는다. 그리고 태양-지구계라는 온생명 속에서 인간 종이 차지하는 위치에 대해 상세하게 논의한 뒤에, 인간이 온생명의 "중추신경계"에 해당한다는 점을 다룬다. 이러한 접근 방식은 "밑으로부터 위로"(bottom-up)의 접근이라 할 수 있다. 즉, 생명이라 부를 수 있는 가장 근본적인 개념을 가장 추상적으로 다루고, 여기에 세부적인 조건들을 부가하여 점차 개념을 분화시켜 나가는 것이다. 이렇게 온생명에 대한 체계적인 개념들을 얻고 나면, 이를 이용하여 환경윤리의 근간을 새롭게 정초하는 일이라든가 현대과학과 정신세계의 관계라든지 과학과 종교 또는 동양사상의 관계를 논의하는 것은 자연스러운 틀이 될 것이다. 후자의 접근은 "위로부터 아래로"(top-down)의 접근이라 부를 수 있다.

이러한 온생명론의 구조는 의학과 유사한 점을 보인다. 전통적으로 의학은 실제의 병에 대한 진단과 치료를 다루는 경험적인 요소들이 축적되어 시작되었지만, 이러한 개별 사례들에 대한 경험의 나열을 넘어서는 더 근본적인 생리학적 탐구가 진행된 이후에야 의학이 비약적으로 발전할 수 있었다. 경험적 사례들 뒤에 숨어 있는 생리학은 히포크라테스-갈레노스의 체계이든 동아시아 의학의 체계이든 근대유럽의 생리학 체계이든 모두 가장 추상적인 수준에서 인체에 대한 개념과 이론을 전개하고 있다. 이렇게 인체를 구성하는 세포와 기관들의 구성과 기능을 탐구하여 인체생리학이 정립되고 나면, 여기에 부가하여 정상적인 기능들과 병리적인 기능들을 구분하는 병리학을 탐구하게 된다. 이렇게 "밑으로부터 위로" 올라가면서 생리학-병리학의 체계를 구성한 뒤에, 다시 "위로부터 아래로" 내려오면서 신체부위별로 그 생리학-병리학의 체계에 따른 이해를 적용하는 것이 의학에 공통된 특징이다. 온생명론은 이런 특징을 의학과 공유하고 있다.

장회익(1998)의 제2부 제목이 "생명, 인간, 문명"인 것은 우연한 것이 아니다. 이것은 곧 "생명을 어떻게 볼 것인가?"라는 근본적인 질문에 대해 원론적인 수준에서 명쾌한 대답을 찾고, 이것이 "생명과 인간"의 관계에서 어떤 의미를 갖는지 밝힌 뒤에, 다시 이를 토대로 "온생명과 현대 사회"의 올바른 관계를 설정하고 "새로운 생명 가치관의 모색"을 통해 환경윤리가 어디에 바탕을 둘 것인지를 고찰하고자 하는 방법론의 표현이다.
생명과 인간이 연결되는 맥락은 인간이 온생명의 일부로서 의식이라는 특유의 기능을 갖기 때문에 결국 온생명에 대하여 일종의 중추신경계와 같은 역할을 한다는 점에 있다면, 인간과 문명은 온생명의 관점에서 어떻게 연결될 것인가? 이에 대한 온생명론의 대답은 다음과 같다.

> 인간의 지적 능력이 지닌 가장 큰 의의는 이것이 인간으로 하여금 새로운 차원의 문화, 즉 정신문화를 이룰 수 있는 바탕이 된다는 점이다. … 인간의 문명이라고 하는 것도 결국 이러한 정신적 능력을 기반으로 이루어낸 다양한 형태의 새로운 삶의 양식을 총칭하는 것이라 할 수 있다. 인

간의 지적 능력은 주변 생태계와의 종적, 횡적 관계로 대
표되는 물질적, 사회적 차원의 삶을 변형시키는 것뿐 아니
라 또 하나의 삶, 즉 정신적 차원의 삶에 대한 가능성을 열
어주고 있는 것이다.[Z237]

이와 같이 온생명론은 생명에서 인간으로, 인간에서 문명으로 이어지는 맥락을 찾아내어 문명에 대한 진단과 처방을 제시하는 구조로 되어 있다.

온생명론의 중요한 특징 중 하나는 "온생명은 전체론적 관념의 산물이 아니라 과학적 고찰의 결과물이며 관측적으로 구획되는 실체적 개념"[Z298]이라는 언급에서 잘 나타난다. 온생명론은 그 목표를 이루기 위해 과학적 및 합리적 토대를 결코 포기하지 않으면서 이제까지 인류가 얻어낸 값진 성과들을 고스란히 다 사용해야 한다는 원칙을 밝히 말하고 있다.

물질과 생명, 인간과 사회에 대한 일관된 관점을 얻기 위
해서는 이들 모두를 하나의 통합된 시각 안에 담아낼 수
있는 신뢰할만한 이해의 틀이 요구되며, 이러한 이해의 틀
은 오직 현대과학을 통한 새로운 사물 이해 방식에 의해
마련된다고 할 수 있다. 이는 … 이러한 모든 지식들을 하
나의 통합된 체계 안에서 그 어떤 유의미한 존재 양상으로
재구성해냄으로써 비로소 얻어질 수 있는 것이다.[Z220]

다시 말해서 설사 "현대 문명의 암적 상황이 과학을 바탕에 둔 기술 문명에 근거한다"고 하더라도 "우리의 암적 상황을 자각하여 이에서 벗어날 길을 찾아야 할 지적 반성 역시 과학 지식의 바탕 위에 이루어져야 한다"[Z308]는 것이 온생명론에서 추구하는 원칙이다.

그런데 온생명론 그 자체는 전통적 과학철학에서 논의되던 과학적 방법에 따라 구성되어 있지 않다. 즉 온생명론은 생명에 대한 열역학적 이해, 체계이론, 이론 생물학의 생명모형 등과 같은 기왕의 과학 지식들을 활용하여 전개되고 있지만, 온생명론의 결론에 이르는 과정은 과학적 방법에 대한 가설연역모형이나 귀납통계모형이나 귀추모형 등 중 어느 것과도 걸맞지 않아 보인다. 이것은 기존의 과학적 방법에 대한 과학철학적 논의가 대부분 엄밀함을 추구하는 물리과학을 모범으로 삼아 전개되었기 때문일 것이다. 온생명론의 논리전개는 오히려 생명과학이나 의학에서 볼 수 있는 모형을 더 닮아 있다. 그렇다면 온생명론이 바탕에 두고 있는 방법론적 전제는 무엇인가? 온생명론에서 과학이 차지하는 역할과 위치는 무엇인가? 온생명론은 일종의 과학이론인가? 과학이론이라면, 물리과학적 이론에 더 가까울 것인가, 혹은 생명과학적 이론에 더 가까울 것인가? 철학적 사유로서의 온생명론의 독특한 특징은 무엇인가?

2-2. 온생명이라는 개념의 필요성과 정의

지금 우리가 처해 있는 생태·환경 문제는 무엇보다도 이제까지 인류가 살아왔고 앞으로도 살아갈 지구라는 태양계의 한 행성이 자칫 절멸의 위기에 처해 있다는 위기의식에서 출발한다. 그런데 현실적으로는 위기를 맞고 있는 장본인이 누구인가라는 물음에 대해 의견이 엇갈리고 있다. 장회익(1998)은 이와 관련된 사상들을 인간중심적 관점과 생명중심적 관점으로 크게 나눈다. 이것은 크게 두 부류로 나눌 수 있는 사상조류가 있다기보다는 인간중심적 경향과 생명중심적 경향의 많고 적음을 기준으로 관점들을 대립시켜 이해할 수 있다는 뜻이다. 전자가 인류가 살아남기 위해서는 "환경"을 지금의 과학기술문명에서 바라보는 것과는 다르게 보아야 한다는 것이라면, 후자는 설사 인류가 절멸된다 하더라도 지구상에 구현되어 있는 생명들은 보존되어야 한다는 관점이라 할 수 있다. 이 두 방향 사이의 논쟁은 생태·환경 문제를 이해하는 틀 안에서 실질적으로 곧잘 대립하곤 한다.

생태·환경 문제의 본질을 제대로 이해하기 위해서는 "무엇이 생명이고 무엇이 생명이 아닌가, 그리고 더 나아가 생명이란 도대체 무엇인가 하는 근원적 문제"를 살펴보아야 하며, 더 나아가 "생명의 일부로서의 인간은 무엇이며, 이러한 인간은 생명의 세계 안에서 어떠한 위상을 지니는 존재인가 하는 문제"를 살펴보아야 한다. 이것이 온생명론이 택하고 있는 생태·환경 문제에 대한 접근방식이요, 원론적인 전제이다.

일상적인 생명 개념에서는 생명이라는 현상이 지니고 있어야 할 특성들로서 물질대사라든가, 복제와 생식이라든가, 변이와 선택을 통해 환경에 적응해 나가는 진화 등을 말하고 있다. 예를 들어 2001년판 브리태니커 백과사전에서는 생명을 "신진대사, 성장, 생식, 반응성 및 적응 등과 같은 일련의 기능적 활동을 수행할 수 있는 능력을 갖는 물질 복합체 또는 개체의 상태"로 대략 정의하고, "생명현상에는 유기분자들의 복합적인 변환이 포함되어 있으며, 이러한 유기분자들이 조직화하여 순차적으로 원형질, 세포, 기관, 생명체와 같은 더 큰 단위를 만들어낸다"는 점을 주된 특징으로 지적하고 있다. 그 뒤에 생리학적인 정의, 물질대사에 바탕을 둔 정의, 유전적 정의, 생화학적 정의, 열역학적 정의 등을 차례로 다루고 있다.

그런데, 이 백과사전의 집필자에 따르면, 생명은 해부학, 분류학, 생리학, 생화학, 분자생물학, 유전학, 생태학, 생물행동학, 발생학, 진화생물학 등의 여러 학문에서 오랫동안 다양한 측면에서 연구되어 온 주제이자 대상이지만, 막상 그 연구주제 또는 연구대상인 생명에 대해 모든 이가 동의하고 있는 정의는 없다. 온생명론에서는 그 원인이 "부분 부분으로서의 과학적 이해는 충분한 정도에 도달했음에도 불구하고 이를 결합하여 생명의 전체적인 모습을 파악하고 이를 의미 있는 개념 구조로 전환시킬 전반적인 개념 정리 작업이 이루어지지 못한 데에 있다"[Z174]고 보고, "현대 과학을 통해 파악된 생명의 참모습은 단순한 개체적 생명체들의 집합체로 이루어지는 것이라기보다는 하나의 총체적 단일체로 이해되어야 할 성격을 더 강하게 지닌다"[Z175]고 주장한다. "직접적 경험의 대상이 되는 개체적 생명체들은 [온생명의] 부분적 국면에 해당하는 것"[Z176]일 뿐이라는 것이다. 이제 기존의 생명 개념을 대체하거나 명료하게 하거나 확장할 새로운 생명 개념이 필요하며, 이것이 온생명이라는 개념이다.

그렇다면 온생명은 어떻게 정의되는가? 온생명은 무엇보다도

> 우주 내에 형성되는 지속적 자유에너지의 흐름을 바탕으로, 기존질서의 일부 국소질서가 이와 흡사한 새로운 국소질서 형성의 계기를 이루어, 그 복제 생성률이 1을 넘어서면서 일련의 연계적 국소질서가 형성 지속되어 나가게 되는 하나의 유기적 체계[Z178]

로 정의된다. 여기에서 "국소질서"라는 것은 특정한 시간 간격 동안 특정한 공간적 위치를 차지하면서 일정한 패턴이 만들어진다는 의미이며, 복제생성률이 1을 넘어선다는 것은 일정한 수명을 갖는 국소질서들이 모두 소멸되기 전에 새로운 국소질서들이 생겨날 수 있어서 전체적으로 국소질서들이 모두 소멸되는 일은 없다는 의미이며, "연계적 국소질서"라는 것은 이러한 국소질서가 다시 새로운 국소질서를 자체 촉매적으로 만들어내는 데에 사용될 수 있다는 의미이다. 쉽게 말해서, 온생명은 "기본적인 자유에너지의 근원과 이를 활용할 여건을 확보한 가운데 이의 흐름을 활용하여 최소한의 복제가 이루어지는 하나의 유기적 체계"[Z227]이다.

일반적으로 흔히 심각한 고민 없이 생명으로 손쉽게 간주되곤 하는 여느 생명체들은 이 정의에서 말하는 국소질서에 해당하며 온생명과 구분

하기 위해 "개체생명"이라 한다. 그런데 모든 개체생명은 그 생존을 위해 "온생명에서 그 자신을 제외한 나머지 부분"으로부터 "개체 생존에 유리한 그 무엇을 얻어내야 하는 동시에 이와의 원만한 공존 유지를 위한 생태적 배려도 함께 해야" 한다. 이 나머지 부분이 곧 해당 개체생명에 대한 "보생명"이다. 개체생명은 보생명이 없이는 독자적 생존을 할 수 없기 때문에, 개체 생명만으로는 "생명 현상이 자족적으로 지속될 수 있는 최소한의 기본 단위"가 될 수 없다.[Z222-231] 다시 말해서,

> 오직 태양—지구계와 같은 항속적인 자유에너지 원천을 그
> 안에 품고 있는 "온생명"과 같은 존재만이 한 생명으로서
> 의 자족적인 존재 단위를 형성하는 것이다. 그러므로 우리
> 가 만일 그 어떤 생명체에 부가적인 조건이 없이 명백한
> 독자적 존재성을 부여할 수 있다면 이는 오직 "온생명"에
> 게만 해당하는 일이다.[Z190]

결국 온생명은 태양과 지구 사이의 자유에너지 흐름을 바탕으로 아마도 35억 년쯤 전에 지구 위에서 생겨나서[2] 이제까지 오랜 세월에 걸쳐 진화해 온 생명체들 전체를 가리키는 개념이다. 지금 우리가 알고 있는 온생명은 이 지구 위의 생명이 유일하지만, 언젠가는 다른 항성—행성계에서 또 다른 온생명을 만나게 될지도 모른다.

그런데 여기에서 지적할 점 하나는 온생명이라는 새로운 개념을 도입

---

2) 가장 오래된 생명체의 화석은 그린란드에 발견된 *Isuasphaera*로서 38억년전의 것이다. 다만, 이것이 과연 생명체의 화석인지에 대해 논란이 있으므로, 호주에서 발견된 *Primaevifilum amoenum*을 최고의 화석으로 보기도 한다. 후자는 35억년 정도 되었다. 지구의 탄생은 45억년전 무렵으로 보고 있다. Rizzotti(2000) 참조.

할 필요성으로 제시된 것이 다소 불충분해 보인다는 점이다. 온생명이란
개념에 이르게 되는 동기는 다음과 같다. 생명을 정의하고자 하는 여러 접
근들 중에 어느 것도 생명에 대한 만족할만한 정의가 되지 않는 까닭은
부분적인 과학지식은 충분하지만 이를 결합하여 생명의 전체적인 모습을
파악하는 개념정리 작업이 불충분하기 때문이며, 개체적인 생명체로는 생
명의 특성들을 충족시킬 수 없다는 것이다. 그러나 이 단계에서 우리에게
는 여러 선택지가 있다. 그 중 하나는 생명의 참모습을 총체적 단일체를
통해 이해하려는 것이며, 이것이 온생명론이 택하고 있는 전략이다. 하지
만, 생명에 대한 여러 가지 접근들이 상호보완적으로 생명에 대해 말하고
있는 것이라고 하거나, 개체적인 생명체들은 "생명이라는 속성"을 소유하
고 있는 개체들이라고 보는 관점도 앞에서 말한 문제점들에 대한 나름대
로의 해결책이 될 수 있다. 또한, 온생명의 개념이 도입되는 동기 중 중요
한 것이 "어떠한 조건 아래서 존속이 가능한 어느 단계의 개체를 진정한
생명의 단위로 볼 것인가 하는 문제"[Z209]이다. 온생명은 "이러한 현상
을 독자적으로 가능케 하는 전체 시스템으로서의 최소 단위"[ibid.]이다.
왜 굳이 "생명으로서의 자족적인 존재 단위"를 생각해야 하는 것일까?

2-3. 온생명은 물질인가, 생명인가?

이렇게 새로이 정의된 온생명은 알려져 있는 생명에 대한 여러 가지
정의와 어떻게 만나는가? 온생명은 신진대사를 하는가? 온생명은 생식과
복제를 통해 그 개체를 늘려갈 수 있는가? 온생명은 환경에 적응하여 진
화하는가? 생명에 대한 생리학적, 신진대사적, 유전학적, 생화학적, 열역
학적 정의들은 온생명의 개념과 양립하는가? 즉, 알려져 있는 생명에 대
한 정의에 따르면, 온생명은 일종의 생명인가?

온생명의 정의를 검토해 보면, 일견 온생명도 신진대사를 하며(자유에
너지의 흐름), 생식과 복제를 하며(새로운 국소질서 형성), 외부의 변화에

대하여 변이와 선택을 통해 적응하는(연계적 국소질서) 체계이기 때문에, 예를 들어 수리생물학자인 로위가 생명에 대한 이론적 모형을 세우기 위해 생명이 가져야 할 고유한 특성으로 제시한 세 가지 특성, 즉 대사, 생식, 진화의 특성들을 고스란히 가지고 있는 것으로 보인다. 그러나 더 꼼꼼하게 살펴본다면, 대사·생식·진화의 특성을 갖는 것은 온생명 자체가 아니라 온생명의 정의 속에 들어 있는 국소질서, 즉 개체생명임을 알 수 있다. 태양으로부터 자유에너지를 받는 지구 위에 생겨난 생명체들 전체를 가리키는 온생명의 개념 속에는 그 자체로 대사나 생식이나 진화의 특성이 나타나지 않는다.

먼저, 신진대사란 "일정한 경계를 지니고 있는 체계로서 적어도 일정 기간 내에 그 내적 성격에는 큰 변화를 가져오지 않으면서 외부와는 끊임없이 물질 교환을 수행해 나가는"[Z169] 것을 의미한다. 만일 태양-지구계라는 명백한 예로 나타나는 온생명이 신진대사를 한다면, 이것은 태양-지구계의 외부와 끊임없이 물질 교환이 이루어져야 한다는 말이 된다. 그러나 온생명은 정의 자체로서 자기완결적인 체계이다. 즉 더 이상의 보생명이 없이도 존속할 수 있는 실체인 것이다. 따라서 정의상 온생명은 외부와 물질 교환을 하지 않는다. 생식과 복제도 마찬가지이다. 이것은 한 개체가 그와 닮은 다른 개체를 만들어내는 특성을 가리키는데, 태양-지구계로 대표되는 온생명은 다른 항성-행성계를 복제해 내지 않는다. 진화의 개념도 엄밀하게 살펴본다면 분명히 그 체계의 외부인 환경에 대해 변이와 선택을 통해 진화한다는 것이므로, 온생명은 진화하지 않는다. 변이와 선택을 통해 진화하는 것은 온생명을 이루고 있는 국소질서, 즉 개체생명이지 온생명 자체가 아니다.

온생명론에서는 어떤 현상이 생명인가 아닌가를 판정할 기준으로 체계 유지 기능, 자체 복제 기능, 변이 계열의 형성, 협동 체계의 형성 이렇게 네 가지 기준을 제시하고 있는데, 이 네 가지 기준에 비추어 지구 위에서 발견되는 생명체들은 명백하게 생명이라고 할 수 있다.[Z200-208] 그러나 앞에서와 마찬가지로 이 기준들은 온생명 자체에는 적용되지 않는다. 다시 말해서, 이러저러한 방식으로 동적 체계 내의 정보를 담지하고 있는 실체는 개체생명이지 온생명이 아니며, "정보가 담긴 임계 결집핵"인 씨앗을 만들 수 있는 것도 개체생명이지 온생명이 아니며, 환경의 변화에 적응하기 위한 생존전략으로서 변이계열을 만드는 것도 개체생명이지 온생명 그 자체는 아니다.

이렇게 볼 때, 앞에서 제기한 질문들에 대한 대답은 모두 "아니오"가 된다. 즉, 생명의 개념을 로위의 정의나 브리태니커 백과사전의 다섯 가지 정의에 바탕을 두어 이해한다고 할 때, 온생명은 일종의 생명이라고 말할 수 없다. 왜 "어떤 현상이 생명인가 아닌가를 판정할 기준"으로 제시된 기준들이 온생명 자체에는 적용되지 않는 것으로 보이는가? 그 까닭은 "생명현상이란 그 전모에 있어서 "온생명"을 이루며, 그 세부적 존재 양상에 있어서는 각 단계의 "개체생명"을 현성하는 존재"[Z209-210]이며, "기존의 생명 개념은 개별 생명체들이 지닌 공통점을 추상하여 얻은 것임에 반하여 온생명의 개념은 지구상에 나타난 생명 현상을 그 연원과 더불어 여타 물리 현상과 구분되는 결정적인 특성을 파악함으로써 도출해낸 것"[Z179]이기 때문이다. 오히려 온생명도 일종의 생명인가를 묻는 것은 무의미하거나 부적절한 질문이다. 오히려 온생명론에는 "생명에 관한 기존의 관념이 바로 허상에 불과하다는 점"[Z300]을 주장하고 있다.

그렇다면, 온생명은 물질인가? 틀림없이 온생명을 이루고 있는 요소들은 우리가 물질이라는 이름으로 부르는 것으로 이루어져 있다. 태양과 지구를 이루고 있는 수소, 헬륨, 탄소, 산소, 질소 등의 화학적 원소들은 분명히 물질이며, 개체적인 생명체들도 모두 물질로 이루어져 있다. 그러나 그렇다고 해서 온생명은 물질이라고 말할 수는 없다. 그것은 온생명이 물질이라는 개념으로는 이해할 수 없는 전혀 새로운 면모를 보이고 있을 뿐 아니라 우리에게 익숙한 물질들과는 다른 현상이기 때문이다. 만일 온생명이 한낱 물질에 지나지 않는다고 하면, 온생명론 자체가 갑자기 그 문명비판적 및 생태윤리적 의의를 잃어버릴지도 모른다.

온생명이 물질인가라는 질문을 좀더 분명하게 하기 위해서는 생명의 기원에 대한 논의를 살펴보는 것이 도움이 된다. 브리태니커 백과사전에 따르면, 대개 생명의 기원에 대한 대답은 네 가지의 부류로 나뉜다. 첫째 부류는 생명의 기원은 모종의 초자연적인 사건에서 비롯된 것이며 자연과학에서 답할 수 있는 성질의 문제가 아니라고 본다. 둘째 부류는 생명은 예나 지금이나 저절로 생겨날 수 있다고 본다. 그러나 생명의 자연발생설은 19세기의 파스퇴르의 실험을 통해 반박되었다. 셋째 부류는 생명도 물질과 마찬가지로 우주공간의 어딘가에 존재해왔으며 지구상의 생명은 지구 밖의 생명이 유입된 것으로 보는 견해이다. 넷째 부류는 생명이 화학적 과정을 통해 물질로부터 만들어졌다고 보는 입장이다. 온생명이 탄생한 순간은 50억 년 전에 태양이 만들어졌을 때도 45억 년 전에 지구가 만들어졌을 때도 아니다. 온생명론에서 온생명은 "대략 35억 년 전에 태양–지구계를 바탕으로 출현하였으며, 이후 지속적인 성장을 거듭하여 급기야는 인간이라고 하는 영특한 존재까지 배출하면서 그 놀라움을 더해가고 있는 실로 신묘한 존재"[Z210]이다. 따라서 온생명은 분명히 물질이 아니다.

이와 같이 온생명은 생명도 물질도 아닌 어떤 새로운 존재론적 실체인 것으로 보인다. 온생명론에서는

> "온생명은" 유한한 시공간 내에서 기능하는 하나의 제한
> 된 물리적 실체를 이루면서도 그 안에 생명의 정의에 포함

된 모든 내용을 담고 있는 하나의 완결된 단위가 된다. 특
히 생명 현상 전체가 잘 결속된 하나의 협동 체계를 이루
는 경우, 이는 하나의 분명한 존재론적 위상을 부여받은
실체가 됨이 틀림없다.[Z209]

라고 천명하고 있지만, 온생명이라는 새로운 존재론적 실체가 기존의 생
명 또는 물질이라는 존재론적 실체와 어떤 관계에 있는지는 뚜렷하게 말
하고 있지는 않다. 온생명이라는 개념이 기존 생명 개념과 달라 보인다면
이것은 "기존 생명 개념의 개념화가 불완전하기 때문에" 그러한 것이며,
"온생명 개념은 생명의 한 하위 개념으로 들어간다."[Z304]라고 했지만,
온생명과 생명(기존의 통상적 의미에서)과 물질 사이의 범주적 관계가 더
명확해질 필요가 있다. 온생명 개념이 더 튼튼하게 서기 위해서는 다음과
같은 우문에 현답을 제시해야 할 것이다. 온생명은 물질인가, 생명인가?

3. 한스 요나스의 철학적 생물학

3-1. 요나스의 과학기술문명에 대한 존재론적 윤리학

올해는 요나스(Hans Jonas, 1903~1993)의 탄생 100주년이자 서거 10
주년이 되는 해이다. 요나스는 후설과 하이데거와 불트만의 제자이며, 독
일의 현상학과 실존주의 철학과 신학의 전통에 속해 있다.3) 그의 첫 철학
연구는 후기 그리스의 그노시스주의(영지주의)이다. 이것은 불트만의 종
교사적 주제를 "세계 속에 존재한다는 것에 대한 영혼의 대답으로서의
불안"[J356; H455]이라는 실존철학적 근본주제와 연관짓는 작업이었다.

---

3) 더 상세한 것은 Jonas(1987), Hadorn(2000) pp.57-67., 구승회(2001),
   Wolin(2001) pp.104-110. 등 참조.

그는 1949년 이후 본격적으로 하이데거의 『시간과 존재』에서 전개된 실존주의 철학에 대한 비판적 대안을 구성해 나가기 시작했다. 이것은 그노시스주의의 극단적 이원론, 즉 영혼과 자연을 대립시키는 사유와 하이데거의 현존재분석(Daseinanalyse)이 일맥상통한다는 점에 주목하는 것이다.

요나스는 그노시스주의와 실존주의에 입각한 허무주의를 극복하려는 과정에서 "생명의 철학"이라는 열매를 얻는다. "한편으로는 관념론과 실존주의 철학의 인간중심적인 한계들과 다른 한편으로는 자연과학의 유물론적 한계를 뚫고 나가기"[J9; H6] 위해서는 "살아있는 신체의 신비"를 보아야 하기 때문이다. 생명(Leben)의 철학은 생명체(Organismus)의 철학과 정신(Geist)의 철학을 아우른다. 이러한 연구를 모은 것이 1966년에 영문으로 출판한 『생명이라는 현상: 철학적 생물학을 위하여』이며, 1973년에 이를 독일어로 번역한 것이 『생명체와 자유: 철학적 생물학을 위하여』이다.

요나스의 사상의 정점은 1979년에 출판된 『책임원리: 과학기술문명을 위한 윤리학의 탐구』(국역: 이진우, 1994)에 나타난 문명과 사회에 관한 비판적 윤리학이다. 요나스는 자신의 윤리학이 "현실에 대한 충격에서 나타난" 것이라고 말하고 있다. 즉, "일상 속에서 실천되는 우리의 모든 기술들이 거의 불가피하게 보이고 있는 축적된 효과"의 위험 때문에 그의 윤리학이 절실하게 요청되었다는 것이다.[Jonas(1987) 28] 이것은 곧 "실천철학, 즉 인류가 결코 거부할 수 없는 기술의 요구에 대항하는 윤리학"[구승회(1996)]이며, "소박한 삶의 윤리"(Ethik der Bescheidenheit)이기도 하다. 다시 말해서, "과학으로부터 우리가 알지 못했던 거대한 힘을 얻고, 경제로부터 부단히 열정을 얻어, 마침내 속박에서 풀려난 프로메테우스는 새로운 윤리학을 요청한다. 현대의 기술의 약속이 하나의 위협으로 되었다는 사실에서 이 책은 출발하고 있다. 그것은 다름 아닌 책임이라는 미래 조망적인 윤리학이다."[Jonas(1979) 4-5] 요나스의 책임의 원리는 다음과 같은 정언명법으로 요약할 수 있을 것이다.

> 네 행동의 결과가 지구상의 참된 인간의 삶의 지속과 양립할 수 있도록 행동하라. 또는 네 행동의 결과가 그러한 삶의 미래의 가능성을 무너뜨리지 않도록 행동하라. 또는 지구상의 인류의 무한한 존속에 대한 조건을 위태롭게 하지 말라. 또는 네 현재의 선택 속에 네 의지의 동반대상(Mit-Gegenstand)으로서 인간의 미래의 정수(Integrität)를 포괄시키도록 하라.[Jonas(1979) 36]

3-2. 요나스의 생명철학의 구조

요나스는 독일어 초판 제목인 『생명체와 자유』가 영문판 제목인 『생명이라는 현상』보다 더 적합함을 피력하면서, "생명체와 자유"(Organismus und Freiheit)가 바로 이 책의 중심 주제라고 말하고 있다.[4]

요나스의 생명철학은 "생명의 객관적 형식으로서의 생명체를 다루면서도, 인간이 생명을 반성해 보면서 해석해 내는 것"[J21; H26-27]을 다룬다. 따라서 생명철학은 한편으로는 생명체들이 저마다의 모습으로 세계의 요구에 맞부딪치는 자연적인 능력의 단계들, 즉 물질대사, 감각, 운동,

---

4) 이 글 전체에 걸쳐 한스 요나스와 관련된 부분에서 "생명체"는 Organismus의 번역어로서 "생명(Leben)을 가지고 있다고 여겨지는 개체"라는 의미로 사용하기로 한다. 이를 일정한 틀을 갖춘 개체라는 의미로 "유기체"(有機體)라고 할 수도 있겠으나, 요나스에게 Organismus는 "생명의 담지자"라는 의미가 강하기 때문이다. 이것은 한정선(2001)의 선택을 따른 것이기도 하다. Jonas(1973) 또는 Jonas(1994)에서 인용한 문장의 우리말 번역은 한정선(2001)에 바탕을 두되, 이견이 있는 부분은 독일어 원문에서 직접 번역하였다.

정서, 지각, 상상력, 정신과 같은 것을 다루고 있으며, 다른 한편으로는 "인간이 그 역사 속에서 생명과 인간 자신의 본성에 합당하게 이론화하려 할 때 나타나는 표상들"[ibid.]을 다루고 있다. 이것은 "필연적으로 도덕적인 주제로 나아가고 마지막에는 형이상학적인 주제에까지 이르게 된다."[ibid.] 생명철학은 생명체의 철학과 정신의 철학을 아우른다. 나아가 정신의 철학은 윤리학을 아우르며, 정신에서 생명체를 거쳐 자연까지 이르는 연속성에 따라, 자연철학의 한 부분이 된다.[J401; H517] "과연 인간이 어떤 의미를 갖고 있는가라는 질문에 관한 한, 적어도 생명 전체를 해석함으로써 무언가를 배울 수 있을 것"이기 때문이다.[J403; H520]

"존재론에서 생명과 신체의 문제"(1965)은 시기적으로는 맨 나중에 쓰여졌지만, 이러한 "생명철학의 주제"를 논의하기 위한 전체적인 문제제기와 틀거리의 역할을 하는 글이다. 고대의 사유에서는 모든 것이 생명이었으며, 따라서 철학적 성찰과 고민의 대상은 죽음이었다. 그러나 그노시스주의의 극단적인 이원론을 거쳐 과학혁명 이후의 모든 것은 물질이 되어 버렸다. 그 전에는 죽음이라는 현상이 대단히 특이하고 신기한 것이었고 설명해야 할 주제였지만, 과학혁명 이후에는 생명이야말로 그런 주제가 되었다. 모든 것이 물질인 상황에서 생명이라는 현상을 이해하는 것이 철학적 사유의 과제가 된 것이다. 그러나 요나스는 고대의 범생명론과 그노시스주의적 이원론과 근대의 유물론적 일원론 셋 다 생명을 이해하는 데에 적절하지 않음을 주장한다.

"지각, 인과성, 목적론"(1950)에서 요나스는 기계론적 세계상 또는 근대의 유물론이 생명현상이 갖는 독특한 목적성, 다시 말해 생명을 유지하려 애쓰는 모습을 담아내지 못함을 논증하는데, 이것은 다시 "신은 수학자인가? — 물질대사의 의미에 대하여"(1951)에서 살아 있는 생명체가 지니는 특유의 성질, 즉 "결핍된 자유"(bedürftige Freiheit) 즉 물질대사를 통한 적극적인 노력이 있어야만 유지되는 생명체의 자유라는 개념을 통해 플라톤주의적인 신 개념이 부적절함을 논증하는 것으로 이어진다.

"다윈주의의 철학적 측면"(1951)에서는 "생명체와 환경이 만나는 상황"에서 진화의 과정을 기술하는 다윈주의는 데카르트가 도입했던 바, "생각하는 실체"와 "부피를 차지하는 실체"라는 이원론을 무너뜨리는 동시에 아리스토텔레스적인 목적론을 함께 추방함으로써 근대적 허무주의의 싹을 틔웠음을 논의한다.

"조화, 평형, 생성 — 체계개념과 이 개념을 생명체에 적용하는 것에 대하여"(1957)와 "인공지능학과 목적지향"(1953)에서는 버틀란피의 체계이론이나 위너의 인공지능학이 기존의 기계론적인 이해를 벗어나게 하는 데에 큰 기여를 했지만, 여전히 생명현상을 기술하는 데에는 한계가 있음을 설득력 있게 논의한다. 생명체는 고유한 목적지향성(Zweckhaftigkeit)을 지니고 있으며, 이것은 체계이론이나 인공지능학에서 다룰 수 있는 것이 아니기 때문이라는 것이다.

요나스의 논리는 분명하다. 그노시스—데카르트주의적인 이원론과 근대 과학 이후의 유물론적 접근이 생명을 이해하는 데에 부적합함을 보이면서, 이를 넘어설 수 있는 추상적 개념으로서 체계이론과 인공지능학을 소개한다. 그러나 이 또한 생명을 제대로 이해하는 데에는 한계가 있음을 지적하고, "운동과 감정 — 동물영혼에 대하여"(1953)와 "본다는 것의 고귀함 — 지각의 현상학을 위한 탐구"(1953-4)를 통하여 추상적인 인공지능학적 체계와 인간을 잇는 중간매개로서 동물의 문제를 다룬다. "호모 픽토르 — 모상화의 자유"(1961)에서 동물과 인간의 차이가 모상화의 능력에 있음을 설득한 뒤에, "생명체의 철학에서 인간의 철학으로"를 통해 생명체에 대한 일반적인 논의가 어떻게 인간의 철학으로 이어질 수 있는가를 해설한다. 결국 모상화(Bilden)는 "대상화의 자유"(Freiheit der

Objektivation)를 통해 "인간이란 무엇인가?"라는 질문에 이르게 되고 이것이 곧 인간의 철학을 낳는다는 것이다.

따라서 "이론의 실천적 사용"(1959), "그노시스, 실존주의, 허무주의"(1952), "불멸성과 오늘날의 실존"(1961)에서 다루어지는 내용은 다름 아니라 생명개념에 대한 적합한 이해에 바탕을 둔 윤리학적 및 형이상학적 고찰이 된다.

3-3. 통합적 일원론

요나스에게서 "생명의 문제는 존재론의 중심문제"[J40; H52]이며, "생명의 문제를 중심에 놓는다는 것은 주어진 존재론들을 제각기 평가하기 위해서 생명의 문제를 결정적으로 끌어들인다는 것뿐 아니라 생명의 고유한 문제를 다루는 데에도 매번 존재론 전체를 끌어들인다는 것을 의미한다."[J48; H62] 이것이 그의 생명의 철학의 기본 전제이다.

그에 따르면, 르네상스 이전에는 모든 것이 생명이었고 철학적 사유의 주제는 죽음이었지만, 르네상스와 함께 시작되는 근대적인 사유에서 이제 "자연적이고 이해될 수 있는 것은 죽음이고, 문제가 되는 것은 생명이다."[J28; H35] 이 범기계론에서 "우리 행성의 유일한 예외조건 아래 실현되어 있는 생명이라는 희귀한 경우는 있기 힘든 개별사태이다. 이는 물리적 세계의 기본법칙에서 벗어나는 것으로 보이며, 따라서 그 독자성을 포기하고 일반적인 법칙 속으로 통합되어야 한다."[J29; H37] 따라서 생명철학의 질문은 "어떻게 생명이 비생명으로 환원될 수 있는가?"[J30; H38]가 된다.

물질과 생명과 정신 사이의 틈새를 어떻게 이해할 수 있을까? 요나스는 고대의 범생명론과 근대의 범기계론을 매개하는 그노시스주의적인 이원론에서 실마리를 찾는다. 그노시스주의적인 이원론에서는 생명과 물질은 서로 아무런 관련이 없는 두 개의 존재론적 실체였다. 이 극단적인 이원론 덕분에 죽음을 문제시하는 범생명론으로부터 생명을 연구주제로 삼는 범기계론으로의 이행이 가능했다. 요나스는 고대서양의 일원론(범생명론)과 그 뒤를 잇는 이원론 뿐 아니라 이원론 뒤에 나타나는 일원론, 즉 유물론과 관념론을 모두 비판한다. 이 세 가지 접근이 모두 생명이라는 현상을 이해하는 데에 부족하거나 부적합하다는 것이다.

서로 아무 상관관계가 없는 물질과 의식을 전제하는 이원론뿐 아니라 각각 물질과 의식 중 한 가지만을 고집하는 유물론적 일원론과 관념론적 일원론 모두를 비판하는 요나스의 존재론은 무엇인가? 그것은 물질과 의식을 두 가지의 실체가 아니라 한 가지 실체가 나타내는 두 측면으로 보는 통합적 일원론(integraler Monismus)이다. 이에 따르면, "정신은 물질 속에 내재한다." "새로운 통합적 일원론은 물질과 정신이라는 양극성을 극복하여 더 높은 존재의 통일로 지양되어야 하며, 이를 통해 물질과 정신이 실재의 두 측면 또는 변화의 두 국면으로 나타나야 한다."[J36; H48] 따라서, 이제 통합적 일원론에서 "생명은 물질적인 생명, 살아 있는 물체, 즉 생명체적 존재를 의미한다."[J48; H62] 통합적 일원론에서 "생각하는 실체"(res cogitans)와 "부피를 차지하는 실체"(res extensa)라는 데카르트적인 이원론은 수정되어, 한 가지 실체의 내면성(Innerlichkeit)과 외면성(Äußerlichkeit)을 나타내게 된다.

현대의 자연과학에 내재해 있는 기계적 유물론에 대한 요나스의 비판은 "감각이 없는 물질세계 속에 감각이 있는 생명이 존재한다는 사실"[J37]에서 출발한다. 기계적 유물론은 능동적으로 살아 움직이는 생명체 대신에 수학자 신(der göttliche Mathematiker)의 설계에 따라 무미건조하게 작동되는 자연 개념에 바탕을 두고 있기 때문에 "영혼과 물질 사이의 근본적인 차이"를 보지 못한다는 것이다. 티마이오스의 데미우르고스

같은 수학자 신은 생명체 속에서 무엇을 보게 될까? 물리적인 물체로서의 생명체는 다른 기계들과 마찬가지의 일반적인 특성을 나타낼 터이지만, 물질대사에 이르면 전혀 다른 모습을 드러낸다. 생명체가 살아 있는 동안 끊임없이 외부의 물질들이 유입되고 내부의 물질들이 배출된다. 따라서 생명체가 살아 있는 동안의 자기정체성은 물질적인 동일성에서 비롯되는 것이 아니다. 오히려 생명체가 자신의 정체성을 확보하는 것은 바로 동일한 물질로 남아 있지 않음을 통해서이다. 즉, 생명체가 살아 있다는 것은 곧 물질적 동일성을 끊임없이 잃고 있다는 것을 의미한다. "생명의 이러한 능동적인 자기통합은 현상론적 개체 개념 대신 존재론적 개체 개념이 필요하다는 점을 보여준다."[J150; H186]

생명체는 분명히 물리적인 대상 중 하나이며, 그렇기 때문에 시공간적인 범주로 기술될 수 있고, 물리화학적 분석을 통해 이해될 수 있는 측면이 있다. 그러나 생명체는 수학적으로 기술되는 물리적 대상이 결코 갖지 않는 특성들을 지닌다는 것이 요나스의 생각이다. 무엇보다도, "자유"(Freiheit)라는 개념이 생명을 이해하는 실마리가 된다는 것이다. 생명체가 아닌 물질은 아무런 자유를 갖지 않고 오로지 역학적 필연에 따라 움직일 뿐이다. 이와 달리 생명체는 언제나 더 높은 단계를 향해 나아가는 과정 속에 있으며, 그 과정은 자유의 원리에 따라 진행된다. 그러나 생명체의 자유는 변증법적이다. 생명체는 물질대사를 할 수 있는 능력을 가지고 있지만, 그와 동시에 물질대사를 하지 않으면 생존할 수 없다. 즉 "생명체의 자유는 생명체의 필연이다."[J158; H197] 둘째로, 생명체가 그 생존을 위해 얻게 되는 물질은 그 생명체의 외부 세계에 있는 것이다. 따라서 생명체는 처음부터 세계라는 지평을 향해 자신을 열어 놓고 있어야 하며, 생명체는 그 생명체가 느끼는 "물질의 부족함"(Stoff-Bedürftigkeit) 때문에 이미 "세계를 갖고 있다." 현재 그 생명체에 포함되어 있는 물질은 한때 그 생명체의 밖에 있었고 언젠가 그 생명체의 밖으로 배출될 것이기 때문에, 생명체는 물질을 조건부적으로 소유하고 있는 것이다. 생명의 존재론적 자유의 배후에는 그와 같은 외부세계에 대한 본질적인 의존이 깔려 있다.

그러나 그렇다고 해서 생명체가 자기 주위의 물리적인 것들에 아무런 저항 없이 "일반적으로 통합되어" 버리는 것은 아니다. 생명체가 다른 물리적 대상과 달리 고유하게 갖는 셋째 특성은 고유한 내면성(Innerlichkeit)을 갖는다는 점이다. 세포막에 둘러싸여 외부와 분리되어 있는 아메바는 외부의 자극에 대해 저항한다. 지렁이도 밟으면 꿈틀 하는 것처럼. 생명체가 능동적일 수 있는 까닭은 생명체가 감각을 갖고 있기 때문이다. 낯선 것에 자극을 받은 생명체는 이를 통해 자기 자신을 느끼게 되는 것이다. 넷째, 생명체는 자신을 둘러싼 외부세계와 맞닥뜨려 있는 것과 마찬가지로, 앞으로 다가올 미래와 맞닥뜨려 있다. 생명체가 아닌 물리적인 대상들에서는 미래가 전적으로 과거에 의하여 결정되지만, 생명체는 자신의 부족함을 채워 나가기 위해 끊임없이 미래를 향해 나아가고 있다. 생명체는 생존을 위해 미래의 지평에 속한 것을 선취한다. 생명체는 그 특유의 목적성(Zweckhaftigkeit)을 지니고 있다. 요컨대, 생명체를 주목할 때 신은 분명히 수학자가 아니라는 것이 요나스의 대답이다.

요나스가 유물론적 일원론을 비판하는 또 다른 맥락은 진화이론에서이다. 요나스가 보는 "다윈주의" 또는 진화이론의 핵심은 "생명체와 환경이 어우러져 하나의 체계를 이루며, 이 체계는 생명의 기본개념을 규정"한다는 관념이다. 즉, "생명체는 그 존재의 조건을 통해 규정되며, 생명이란 자연의 자율적인 성취라기보다는 생명체와 환경이 만들어내는 상황(Organismus-Umwelt-Situation)으로 이해된다."[J85; H106] 진화이론은 플라톤적인 종의 불변성이 잘못된 것임을 밝혔을 뿐 아니라, "사유하는 실체"로서의 인간과 "자동기계"로서의 동물 사이의 틈새를 메움으로써 데카르트주의의 이원론도 무너뜨렸다.

그러나 "다윈주의의 승리 속에는 그 패배의 씨앗이 숨어 있었다." 인간을 동물에 가깝게 함으로써 유일한 "사유하는 실체"로서의 인간의 존엄성이 손상된 것처럼 보이는 이면에는 동물을 인간에 가깝게 함으로써 동물들도 인간처럼 내면성을 지니고 있는 존재라는 함의가 숨어 있다. 소위 "내면성과 생명의 공통외연 명제"를 통해 유물론적 일원론은 다시금 생명을 이해하는 데에 부적합함이 드러난다.

> 만일 내면성의 외연이 생명의 외연과 같다면, 생명에 대한 순전히 기계적인 해석, 다시 말해서 단순한 외면성의 개념에 바탕을 둔 해석은 가능하지 않게 된다. 주관적인 현상들은 수량화될 수 없으며, 따라서 외적인 "등가물"을 써서 순서를 매길 수 없다.[J101; H126]

예를 들어, 생명체에서 나타나는 갈망(Begehren)을 물리적 운동의 원인으로 볼 수 없으며, 생명체의 자기보존본능(Selbsterhaltungstrieb)은 관성력과는 전혀 다른 것이고, 죽음에 대한 공포(Todesfurcht)는 명백하게 많고 적음의 수량적인 문제가 아니라 절대적인 것이다.

요나스는 버탈란피(L. von Bertalanffy)의 열린계의 생물학적 이론이나 위너(N. Wiener)의 인공지능학이 생명이라는 현상을 이해하는 데에 중요한 역할을 한다는 점을 충분히 인정하면서도 이에 대하여 비판적인 입장을 취한다. 잘 알려져 있는 것처럼 버탈란피의 체계이론, 특히 생명체 체계이론은 이론생물학의 관점에서 생명현상을 체계의 동역학적 과정으로 이해하려는 것이다. 특히 생명체는 어떤 정상상태(평형상태)로 향해 진행해 가는 열린계로 모형화된다. 이를 위해, 비평형상태에서도 생명체를 이루는 체계는 존속하려는 경향을 가지며, 생명체 체계의 구조는 계층적으로 조직화된다는 가정이 덧붙여진다. 요나스는 생명체에 대한 이 체계이론들이 "생명체와 환경의 통일"을 다루고 있다고 본다. 버탈란피의 체계이론에서는 자기조절, 성장과 성장의 한계, 재생, 적응, 우회 등과 같은 생명체의 고유한 특징들을 열린계의 평형상수들로부터 해석적으로 유도해낼 수 있다. 특히 요나스가 중시 여기는 목적론적인 측면이 버탈란피의 체계이론에서는 평형상태를 향하는 속성에서 잘 구현되고 있다. 그러나 요나스는 체계이론에 대해 여전히 거리를 둔다. 설령 체계이론이 생명체가 고유하게 지니고 있는 것으로 여겨지는 속성들을 모두 유도해낼 수 있었다 하더라도, 그것만으로는 평형상태를 향해 변해 가는 열린계가 곧 생명이라고 말할 수 있는 것은 아니기 때문이다. 또한 "생명이 생명체를 통해 정의되는 것인지, 아니면 생명체가 생명을 통해 정의되는 것인지"라든가 "체계가 생명의 조건인지, 아니면 체계가 생명 자체인지" 등에 대해 여전히 의문을 제기할 수 있는 것이다.[J125; H159] 마찬가지로 위너의 인공지능학에서는 "행위, 목적, 목표, 정보, 기억, 결단, 인식, 주도권, 가치, 사유"와 같은 개념들을 인간동형론적으로 도입하여 예를 들어 어뢰정의 되먹임 제어에서 이런 개념들이 사용될 수 있는 것처럼 떠벌였지만, 실질적으로는 오히려 부적절한 유물론적 관념을 되풀이했을 뿐이라는 것이 요나스의 생각이다. "유물론적인 생물학은 (인공지능학을 통해 더 강화된 도구들을 써서) 생명을 이해해 보려 하지만, 이는 그러한 노력을 가능하게 하는 것, 즉 의식(Bewußtsein)과 목적(Zweck)이라는 참된 본질과 단절된 채로 이루어지고 있다."[J230; H293]

3-4. 생명개념과 존재개념

요나스의 통합적 일원론에서 생명이란 도대체 무엇인가? 한정선

(2001c)은 요나스의 생명체는 "내면성의 차원(Innendimension)을 가지고 있는 심리물리적 통합체(psycho-physische Einheit)"라고 말한다. "심리물리적 통합체이기 때문에 생명체를 이루고 있는 물질과 정신은 한쪽이 없이는 다른 한쪽도 존재할 수 없을 정도로 상호의존적이며, 서로를 자기 쪽으로 통합시키면서 긴밀하게 연결되어 있다."[한정선(2001c) 558] 그러나 이것은 생명체에 대한 현상적인 서술일 뿐이다. 이와 관련되지만 이보다 더 중요한 생명체의 본질은 "자기의 생명을 보존하려는 자기목적(Selbstzweck)을 가지고 있다"는 점이다. "생명이기 때문에 언젠가는 죽을 수밖에 없는 생명체는 사는 동안만은 자신의 생명을 보존하려는 경향성을 통해 죽음과 대결하고 죽음을 지연시키고 있다."[한정선(2001c) 559]

요나스가 말하는 생명의 가장 본질적인 개념은 바로 "자유"(Freiheit)이다. 그러나 이것은 일상 언어에서 말하는 자유와 같지 않은 존재론적인 개념이다. 이는 곧 "무한한 가능성의 영역으로 박차고 나오는 것"을 의미한다. 물론 "인간의 영역에서 자유라는 개념이 갖고 있는 의미"는 요나스가 말하는 자유라는 개념과 무관하지 않다. 비유적으로 말하면, 생명체를 구성하는 물질들이 군이 생명체로 바뀌지 않는다면 편안하고 안전한 역학적 인과성의 울타리 안에서 아무런 불안도 갖지 않은 채 존재를 계속할 수 있을 것이지만, 이것이 생명체가 되는 순간부터 단 한 순간도 쉬지 못하고 끊임없이 비생명으로 탈바꿈할 개연성과 싸워 나가야 한다. 이것은 모든 생명체에서 공통적으로 나타나는 물질대사(Stoffwechsel)에서 이미 나타나며, "물질대사가 할 수 있는 것(Vermögen)과 할 수 없는 것(Bedürfigkeit)이라는 이중의 측면을 통해, 비존재는 이미 존재 자체에 들어와 있는 대안적 가능성이 된다. "존재한다"는 것이 특별한 의미를 지니게 되는 것은 바로 이 때문이다."[J19; H23] 이와 같이 "죽음의 불안(Todesangst)으로 가득 차 있는 존재의 대담함 덕분에, 실체가 생명체로 되어가면서 겪어야 하는 자유의 모험이 밝히 빛난다."[J21; H26] 생명의 본질은 죽음의 의미, 비생명의 의미를 생명과 대조시킴으로써 분명해진다.

> 생명이 죽게 되어 있다는 사실은 생명에게는 근본적인 모
> 순이지만, 이 사실이야말로 생명의 본질에 속하며, 이 사실
> 을 생명과 따로 생각하는 것은 전혀 불가능하다. 생명이지
> 만 죽게 되어 있는 것이 아니라, 생명이기 때문에 죽게 되
> 어 있는 것이다.[J20; H25]

살아 있는 것은 살아 있다는 사실 자체 때문에 계속 살아남고자 하며, 살아남기 위해 필요한 물질을 적극적으로 자신의 외부에서 얻으려 애를 쓴다. 이것이 요나스가 말하는 "자유"의 의미이다. 생명은 살아남기 위해 미지의 물질 영역으로 모험을 찾아 나설 수 있는 자유를 갖는다. 요나스에게 생명체 또는 생명이 물질 또는 비생명과 다른 가장 본질적인 특성은 살아남는 것을 목적으로 하는 생명체 고유의 경향성이다. 이 경향성은 자유의 양식을 향하는 경향성이다. 요나스는 생명의 기원을 이 맥락에서 이해하는 것이 가장 설득력 있다고 말한다. 다시 말해서 "살아 있지 않은 실체가 살아 있는 실체로 옮겨가는 것, 즉 물질의 자기조직화를 통해 생명이 만들어지는 과정을 촉발시킨 것은 존재의 심연 속에서 작동하는 바, 자유의 양식을 향한 경향성이다."[J18; H22]

생명체가 갖는 존재양식은 어떤 것인가? 요나스의 대답은 다음과 같다.

> 생명체들은 그 존재가 스스로의 고유한 행위의 결과
> (Werk)인 어떤 것이다. 생명체는 자신이 무엇을 하는가에
> 도움을 받을 때에만 존재한다고 말할 수 있다. 극단적인
> 의미에서, 생명체가 행위를 통해 얻게 되는 존재는 그것을
> 만들어 내는 활동과 분리된 채로 생명체가 현재 갖고 있는

일종의 소유물이 아니다. 오히려 각각의 존재는 다름 아니라 이러한 활동의 지속이며, 생명체가 방금 성취해낸 것을 통해 비로소 가능해진다. 따라서 생명체의 존재는 그 고유한 작품이라는 주장은 생명체의 이러한 행위가 다시 그 존재와 같다는 것을 의미한다. … 여기에 생명과 죽음의 근원적 연결이 있으며, 생명의 원초적 상태 속에 내재해 있는 바, 죽게 되어 있음의 이유가 있다.[Jonas(1992) 82-83]

하도언(2000)은 생명체의 존재양식에 관한 요나스의 사유를 아리스토텔레스의 "엔텔레키에" 개념과 연결시켜 이해할 수 있음을 제시한다.

요나스는 이러한 생각을 생명체의 존재에 관한 명제에서 다음과 같이 정식화하고 있다. "존재의 양식은 행위를 통한 지속이다"[Jonas(1979) 157] "생명체의 존재는 그 고유한 행위의 결과"라는 명제는 아리스토텔레스의 영혼의 규정을 상기시킨다. 즉, 영혼이란 그 영혼이 담겨 있는 몸을 지속시키는 "부양하는 능력"(ernäherende Vermögen)이며, 이것은 그 몸에서 양식(즉 영혼)을 빼앗으면 몸이 더 버틸 수 없다는 점에서 그러하다[아리스토텔레스 De Anima, II, 4, 416b]. 요나스에게서 이런 생각은 생명체의 존재는 그가 살아남기 위해 하는 행위로 이루어진다는 위에 인용한 명제에서 잘 나타난다. 요나스는 이것을 물질대사의 존재론적 서술로 여기고 있다. 이것은 곧 요나스의 존재개념을 아리스토텔레스적으로 해석하는 것에 해당한다. 즉 "존재"란 영혼의 능력(Seelenvermögen)을 의미한다. 다시 말해서 그것은 생명체에 특징적인 행위의 결과인 에네르게이아

(energeia) 또는 그 완성을 목적(텔로스, telos)으로 하는 효력/충족인 엔텔레키에(entelechie)를 의미한다.[Hadorn (2000) 136]

이와 같이 물질과 생명의 관계에 대하여 이원론도 아니고 어느 한 쪽만을 고집하는 일원론도 아닌 통합적 일원론에서는 물질과 생명이 한 실체의 두 측면으로 나타나는 것이라고 본다. 생명을 이루는 부분은 물질을 이루는 부분과 달리 "자유"와 "목적"을 갖는다. 그리고 정작 요나스가 진정한 의미의 존재론적 대상으로 생각하는 것은 자유도 없이 필연성에 매어 있으면서 목적도 없이 떠돌아다니는 물질보다는 목적지향적인 생명이다. 생명 또는 생명체야말로 존재와 비존재, 즉 삶과 죽음, 생성과 소멸 속에서 가장 첨예하게 존재론적 물음에 맞닥뜨리게 하기 때문이다.

3-5. 존재론적 패러다임으로서의 생명체

요나스의 철학적 생물학 내지 생명체의 철학의 출발점 중 하나는 현대 사회에 팽배해 있는 허무주의의 극복이다. 요나스는 생명체의 철학을 단순히 생명현상에까지 확장된 철학적 사유로 여기지 않고, 오히려 하이데거의 현존재분석에 대한 적극적인 비판을 제기하는 연구프로그램으로 보고 있었다. 하도언(Hadorn, 2001)에 따르면, "요나스의 철학적 업적은 정언적 자연개념에 근거를 둔 허무주의의 극복에 있다. 이러한 문제제기와 기본사유는 고대말의 그노시스주의의 이원론과 하이데거의 현존재분석을 비교분석하는 과정에서 비롯된다." 그 핵심내용이 담겨 있는 것이 "그노시스, 실존주의, 허무주의"[J343-372; H437-480]이다.

요나스는 그 글에서 "현대의 실존주의와 이것이 가지고 있는 허무주의적 요소로 이끌어간 그런 형이상학적 상황의 근저에는 인간의 자연에 대한 표상의 변화가, 즉 우주적인 주위 세계에 대한 표상의 변화가 자리 잡고 있다는 점"[H447]을 주장한다. 고대 그리스 사람들에게 자연과 인간은 분리되어 있지 않았다. 이것은 고대 동아시아 사람들에게서도 마찬가지이다. 고대 그리스에서 이것은 신과 인간의 조화로 표현되었다. 그러나 고대 말이 되면서부터 그노시스주의로 대변되는 이원론이 심각한 영향을 끼치기 시작했다. 자연과 인간(Selbst)는 서로 대립하는 관계로 여겨졌고, 이러한 대립을 계승한 것이 근대 과학혁명기의 데카르트주의이다. 데카르트의 자연철학에서 일정한 부피를 차지하며 존재하는 자연은 "사유하는 실체"와는 화해할 수도 양립할 수도 없는 전혀 별개의 존재가 되어 버렸다.

이러한 자연과 인간의 대립은 현대의 실존주의와 허무주의에서도 마찬가지이다. 얼핏보면 실존주의의 문제제기는 자연에 대한 이해, 나아가 생명에 대한 이해와 아무 관련이 없는 것으로 보이지만, 그노시스주의와 실존주의 및 허무주의를 비교해 보면, 실존주의와 허무주의의 핵심에는 오히려 자연과 생명에 대한 이해가 깔려 있다. 이것은 "어디로부터(woher?)가 없는 던짐이 도대체 무슨 말인가? … 실존주의자들은 인간 존재가 자연으로부터 던져져 있다고 말해야 옳았다."[J371; H479]는 말에서 더 분명해진다.

요나스의 생명철학은 소극적인 의미에서는 그가 극복하려 했던 그노시스주의와 실존주의철학에 내재해 있는 근원적 허무주의에 대한 대안이기도 하지만, 동시에 적극적인 의미에서 이제까지의 철학적 사유에서 인간과 자연, 생명과 물질, 존재와 비존재 사이의 부적절한 대립을 해소하고, 이를 바탕으로 과학기술문명에 가장 절실하게 필요한 존재론적 윤리학을 얻어낼 토대이기도 하다. 그런 점에서 요나스에게서 생명체는 존재론적 패러다임의 역할을 하는 것이다.

4. 요나스의 생명철학이 온생명론에 대해 갖는 함의

우리는 앞에서 온생명론의 내용을 검토하면서 세 가지의 쟁점을 얘기
했다. 첫째, 온생명론에서 과학의 위치와 역할은 무엇이며 무엇이어야 하
는가? 온생명론은 과학에 대해 어떤 입장을 취하며 취해야 하는가? 둘째,
온생명이라는 새로운 개념이 반드시 도입되어야 할 필요성에 대해 더 상
세하고 특정적이고 구체적인 논의가 필요하다. 셋째, 온생명이라는 개념
은 생명인가, 아니면 물질인가? 아니면 이도 저도 아닌 제3의 범주인가?
이 절에서는 이 세 가지 쟁점에 대해 요나스의 생명철학 또는 철학적 생
물학이 어떤 함의를 제공하는지 살펴보고자 한다.

먼저 온생명론에서 과학의 위치와 역할을 검토해 보자. 여기에서 과학
이라고 부르는 것은 크게 "과학적 태도"와 "과학적 지식"의 두 측면을
동시에 가리키고 있다. 요나스의 생명의 철학은 버탈란피의 체계이론이나
인공지능학 등의 소기의 성과들을 열린 마음으로 흡수하려 하는 모습을
보인다. 나아가 생명의 기원과 관련하여 물질로부터 최초의 생명체가 만
들어지는 과정에 관한 자연과학적 연구에 대해서도 요나스는 잘 이해하
고 있을 뿐더러 능동적으로 이를 소화하고 있다. 그러나 철학과 신학에서
훈련받은 요나스는 이러한 자연과학적 지식이나 태도만으로는 의미 있는
생명철학을 구성하는 데에 심각한 한계가 있다고 보았다. 따라서 요나스
는 자신이 물질대사에 대해 성찰함으로써 얻어낸 존재와 비존재 또는 생
명과 물질 사이의 모순관계와 자유의 개념을 중심에 두고 체계이론이나
인공지능학의 논의를 비판적으로 수용하는 방식을 택한다. 이는 비단 과
학적 지식의 측면에 국한된 것이 아니고, 과학적 태도에 대해서도 성립하
는 이야기이다. 그리고 그리 노골적인 것은 아니지만, 요나스는 여러 곳
에서 자연과학적 접근으로는 생명과 관련된 현상적 접근의 수준을 넘어
설 수 없음을 곧잘 피력한다.

이에 비하여 온생명론에서 과학은 특별대접을 받는 것으로 보인다. 예를 들어 온생명의 개념 자체가 생명에 대한 여러 접근 중에서도 열역학적인 고찰에 바탕을 두고 있으며, 버탈란피의 체계이론에 대해서도 그다지 비판적이 지 않은 태도를 취하는 것으로 보인다. 이것은 아마도 자연과학의 테두리 안에서 자연과학의 판단기준에 따라 검증된 지식들은 온생명론을 전개하는 데에 큰 부담을 갖지 않고도 사용할 수 있다는 판단이 개입해 있기 때문일 것이다. 그러나 막상 온생명 안에서 인간의 위치와 역할을 논의하는 데에는 "중추신경계"라는 유비만이 제시되고 있으며, 왜 인간의 선택과 활동이 온생명에게 심각한 영향을 주게 되는지에 대해서는 상세한 고찰이 빠져 있다고 볼 수 있다. 현대사회에 대한 진단의 문제도 "온생명의 건강 문제"라든가 "온생명의 장기적인 생존"[Z222] 등과 같은 유비가 중심적인 역할을 한다.

그러므로 이 두 접근으로부터 온생명론 또는 생명철학이 과학적 지식이나 과학적 태도에 대해 어떤 입장을 갖는 것이 좋을지 융화된 견해를 얻을 수 있다. 온생명론은 또 하나의 과학이론이 아니며, 기존의 생명과 관련된 여러 학문들을 뛰어넘는 메타적인 담론이다. 메타담론은 개별담론에서 다룰 수 없는 것을 논의한다. 이는 자연과학적 지식에 대한 소박한 접근만으로는 생명에 대한 제대로 된 이해에 이를 수 없다는 요나스의 기조와도 통하는 것이다. 따라서 온생명론이 의학이나 생물학과 유사한 방법론의 성격을 보인다고 하더라도, 그것은 의학이나 생물학의 방법론을 차용하고 있다는 의미가 아니다. 즉, 온생명론의 방법이 생명과학적 방법에 더 가까운가, 물리과학적 방법에 더 가까운가라는 질문은 부적절한 질문이다.

그러나 온생명론이 메타담론이라는 말은 기존의 과학이론들에서 검증된 지식들과 이러한 메타담론이 상충해서는 안 된다는 요건을 의미하기도 한다. 온생명론 또는 생명철학은 과학적 지식의 틀 안에 갇히지 않되 과학적 지식들과 충돌하지 않는 담론들로 구성되어야 한다. 이 담론의 구성 과정에서는 과학적 태도를 견지하면서도 메타담론을 과학적 지식들로 환원시키지 않도록 유의해야 할 것이다.

둘째로, 온생명이란 개념을 도입해야 할 필요성에 대해 살펴보자. 앞에서 말한 것처럼, 이것은 왜 개체 수준의 생명을 넘어서서 총체적이고 자족적인 단위로서의 온생명을 상정해야만 하는가의 문제이다. 이와 관련하여 요나스의 접근이 좋은 참고가 된다. 요나스의 생명에 대한 논의는 물질대사에 바탕을 둔 생명의 정의에 초점을 맞추고 있다. 나아가 생명이라는 현상이 보이는 변이와 선택에 의한 진화도 생명체와 환경 사이의 대립과 자유의 문제로 이해될 수 있으며, 생식과 복제도 살아남기 위해 끊임없이 외부에서 물질을 조달받아 생명체를 구성하는 생명의 자유라는 개념으로 잘 설명할 수 있다. 생명에 대한 생화학적인 정의나 열역학적인 정의는 생명체가 외부에서 조달받는 물질이 어떤 구조와 기능을 보이는가, 전반적인 에너지 관계가 어떻게 되는가를 말해 주고 있지만, 여기에서도 틀림없이 존재와 비존재 사이의 대립, 생명과 물질 사이의 대립이 자연스럽게 이해되는 것으로 보인다. 게다가 요나스에게서 생명의 가장 중요한 본질은 결코 자족적일 수 없이 항상 외부에서 물질을 받아들이고 외부로 물질을 내보내야 하는 갈등에 있다는 점이기 때문에, 자족적인 생명의 단위라는 것은 요나스의 생명철학에서는 불필요한 것이 된다. 그렇다면 온생명이라는 개념을 도입함으로써 우리가 얻을 수 있는 유익은 무엇인가?

이 문제는 셋째의 문제, 즉 온생명은 물질인가, 생명인가 하는 쟁점과 맞물린다. 이를 논의하기 위해서는 요나스의 생명철학이 갖는 문제점을 간략하게 살펴보는 것이 유용하다. 요나스의 생태윤리학의 근간에는 생명이란 무엇인가에 대한 존재론적 성찰이 깔려 있다. 이것은 작금의 생태·환경 위기에 대하여 존재론에 바탕을 둔 윤리학을 구성하려는 노력이다.

그러나 요나스의 접근은 기본적으로 서양의 철학적 전통 속에 있다. 물질과 생명의 두 범주, 기독교 신학, 실존주의, 아리스토텔레스주의, 과학기술문명에 대한 비판 등은 모두 유럽과 영미의 전통에서 벗어나지 않는다. 요나스로서는 동아시아의 성리학적 사유나 인도의 불교사상과 같은 창문을 통해 생명에 대해 사색할 수 있는 기회를 갖기 힘들었을 것이다. 결국 그노시스-데카르트주의의 이원론 비판에 초점을 맞추다 보니까 오히려 물질과 생명이라는 범주 구분에 지나치게 집착하는 경향이 요나스에게서 드러난다. 게다가 "통합적 일원론"이라고는 했지만, 그 내용은 빈약한 편이다. 물질과 생명이라는 두 범주가 고정불변의 것이라고 본다면, 그에 따른 존재론은 (1) 물질 또는 생명, (2) 물질, (3) 생명(의식), (4) 물질 그리고 생명, 이렇게 네 가지의 가능성을 생각해 볼 수 있을 것이다. 첫 번째가 이원론이라면, 둘째와 셋째는 일원론이 될 것이고, 네 번째 것이 통합적 일원론이 된다. 그러나 물질과 생명의 범주를 경직되게 이해하는 요나스로서는 존재개념을 생명개념과 등치시키면서, 생명의 물질대사에서 나타나는 생명과 물질의 대립구도를 존재와 비존재의 대립구도로 확장시킬 수밖에 없었던 것으로 보인다. 그래서 생명이 아닌 물질이 졸지에 비존재(Nichtsein)가 되어 버리는 무리함이 따라온다.

그러나 이제 "온생명"이라는 범주를 생명도 물질도 아닌 상위의 범주로 이해한다면, 요나스의 접근에서 보이는 무리함은 상당 부분 해소될 수 있다. 요나스는 생명을 생명체, 즉 온생명론에서 말하는 개체생명과 동일시하고 있기 때문에, 생명의 바깥에 있는 것은 모두 물질인 동시에 비존재인 것으로 여긴다. 물질대사에 관한 요나스의 논의에서 "생명"과 "물질"을 각각 온생명론의 "개체생명"과 "보생명"으로 바꾸어 놓고 보면, 갑자기 모든 것이 명쾌해진다. 온생명론은 생명과 물질의 이원론이 아니다. 이는 온생명이라는 단일한 실체가 보여 주는 두 측면이며, 개체생명이 상정되었을 때의 물질은 곧 온생명에서 개체생명을 뺀 부분으로서의 보생명이다. 온생명론에서는 물질도 무미건조하게 죽어 있는 것이 아니라 개체생명의 생존을 위해 보생명으로서의 기능과 역할을 다 하고 있는 것으로 여겨진다.

요나스는 변이와 선택에 의한 진화에서 나타나는 "자유"를 얘기하면서, 진화도 생명체와 그 환경 사이에서 일어나는 존재와 비존재의 대립 또는 비존재의 존재화와 존재의 비존재화로 이해할 수 있는 것으로 본다. 그래서 생명을 "생명체와 환경이 만들어내는 상황"으로 보는 것이다. 그런데 여기에서 요나스는 진화론의 유물론적 특성을 비판하면서 다소 엉뚱하게 배(胚, embryo, Keim)와 몸(신체, Soma)의 이원론[J93-94; H116-118]을 제안한다. 배 또는 원형질(Keimplasma)에 대하여 몸(신체)은 일종의 환경이며, 몸은 다시 더 큰 주위환경(몸밖의 외부세계)과 배를 매개해 주는 역할을 한다. 요나스가 배와 몸의 이원론을 거론하는 까닭은 변이와 선택에 의한 진화의 개념에서는 생명체가 우발적인 돌연변이를 통해 환경에 대해 수동적으로 적응해 가는 것으로 여겨지며, 이것은 요나스가 말한 생명의 "자유"와 배치되는 듯이 보이기 때문일 것이다. 그래서 생명체와 환경 사이의 대립 대신에 배와 몸의 대립구도를 제시하는 것이다.

그러나 온생명론의 관점에서 보면, 지금으로부터 35억 년 전쯤에 태어나 이제까지 생명을 유지해 오고 있는 태양–지구계의 온생명의 생애 동안에 일어난 일들을 개념화한 것이 곧 진화이다. 요나스가 "환경"이란 말로 뭉뚱그려버린 물질적 존재도 온생명의 일부이다. 이 경우에 온생명의 국소질서에 해당하는 것을 하나의 종에 속하는 개체로 본다면, 진화 역시 온생명에 내재해 있는 역동성의 산물로 이해할 수 있게 된다. 생물학적으로 배와 몸이 대립구도를 그리며 상호작용하듯이, 온생명론에서는 개체생명과 보생명이 대립구도를 그리며 상호작용한다고 말할 수 있다.

이제 다시 앞에서 제기한 둘째 문제로 돌아가면, 온생명이라는 총체적이고 자족적인 존재의 개념을 도입하는 것은 단순히 생명의 진정한 단위가 무엇인가라는 질문에 대한 답변만은 아니다. 오히려 "생명이란 무엇인가?"라는 질문을 던졌을 때 반드시 온생명의 개념이 거론되어야 한다. 생명이란 무엇인가라는 질문은 동시에 "생명이란 무엇이 아닌가?" 내지 "비생명으로서의 물질은 무엇인가?"라는 질문을 함께 제기하는 것이므로, 개체생명과 이에 대한 보생명, 그리고 개체생명과 보생명을 아우르는 상위개념으로서의 온생명이 처음부터 거론되지 않으면, 생명과 물질의 두 범주에 대해 적절하지 못한 주장을 할 수 있다. 이것이 바로 요나스가 심도 있게 비판하고 있는 이원론, 유물론, 관념론의 입장이다. 요나스는 통합적 일원론이라는 교묘한 관념을 통해 이 세 가지 입장이 안고 있는 어려움을 극복하려 했지만, 생명이라는 개념을 개체생명에 국한시키고 있기 때문에, 여전히 생명과 물질 사이의 이원론적 대립을 개념적으로 해소하지 못하고 있다. 이와 달리, 온생명론에서는 생명이라는 개념이 개체생명에 국한되지 않음을 명확하게 보이고, 개체생명의 상위범주인 온생명에는 보생명으로서 물질이 포함된다고 보고 있다. 이런 맥락에서 온생명이라는 개념을 도입하는 것은 단순히 그렇게 해 볼 수 있다는 차원이 아니라 생명이라는 현상을 이해하기 위해서 꼭 필요한 것이다.

온생명론이 요나스의 생명철학에서 얻을 수 있는 또 다른 유익은 목적론의 개념이다. 온생명론에서는 생명이 가치를 갖는 까닭은 "생명가치는 … "이념적 가치"로만 존재하는 것이 아니라 태어날 때부터 이미 살아가려는 의지, 즉 "의지적 가치"의 형태로 모든 생명체들의 본능 속에 깊이 부각되어 있기"[Z268] 때문임을 피력하고 있지만, 논리적인 측면에서 본다면 왜 개체생명이나 온생명이 살아가려는 의지를 갖는지, 또는 그것이 본능 속에 깊이 새겨졌는지에 대한 설명은 따로 하고 있지 않다. 이에 대해 우리가 검토해 볼 수 있는 아이디어는 목적론이다. 요나스에 따르면, 17세기 이래로 목적론은 합리적이고 과학적인 논의에서는 너무도 당연히 배제되어야 할 것으로 여겨져 왔지만, 흥미롭게도 그 까닭은 어디에서도 정확히 논의된 바가 없다.[J65-71; H81-89] 이는 종교적 창조자라는 초월적인 목적론과 "자연의 인과적 양식 자체로서의 목적론, 즉 내재적 목적론"을 혼동했기 때문이라는 것이다. 요나스의 논의에서는 생명의 본질이 바로 생명을 유지하는 것, 즉 비생명으로 탈바꿈하는 것[죽음]에 끊임없이 저항하면서 비생명을 생명으로 바꾸어 나가는 과정에 있다고 본다. 여기에 탈신비화된 목적론이 개입한다. 생명체가 추구하는 바는 곧 완성태(엔텔레키에)로서 생명체 속에 내재한다는 것이다. 만일 개체생명뿐 아니라 개체생명과 보생명을 아우르는 존재도 명백한 하나의 실체가 된다면, 이 실체 즉 온생명도 그 생존을 끊임없이 추구하는 본성을 지니고 있다고 해야 한다. 따라서 인간동형론적 용어로서 "살아가려는 의지"라든가 "본능"이라는 표현을 쓰고 있긴 하지만, 실제로 온생명과 개체생명들이 "생명을 유지하려는 경향"은 온생명과 개체생명에 고유한 "본성"이라고 말할 수 있다. 온생명론에서 목적론이 가질 수 있는 함의에 대해서는 이후에 더 연구가 필요할 것이다.

이제 다시 앞에서 제기했던 세 번째 문제를 살펴보자. 온생명은 생명인가, 물질인가? 온생명은 물질이 아니다. 우리가 눈앞에서 보고 있는 생명이라는 현상은 분명히 물질만은 아닌 어떤 요소로 설명되어야 할 것이며, 온생명은 바로 그러한 고찰에서 얻을 수 있는 매우 값진 개념일 것이다. 또한, 생명의 개념을 개체생명으로 국한시킬 경우에 온생명은 분명히 생명이 아니다. 그러나 온생명의 개념이 "생명의 본질을 추구하는 가운데 얻어진 가장 핵심적이고 포괄적인 모습"이라면, "굳이 여기에 생명이라는 명칭을 부여하지 않을 이유는 없다."[Z304]

이와 같이 온생명론은 생명과 물질의 이분법적 사고를 극복할 수 있는 좋은 대안이 된다. 온생명은 생명만도, 물질만도 아니지만, 동시에 생명이기도 하고 물질이기도 한 것이다. 그리고 생명의 개념을 확장적으로 이해한다면, 온생명이야말로 생명이다. 온생명론이 생태·환경 문제에서 중요한 역할을 할 수 있는 것도 바로 이렇게 살아 있는 것과 죽어 있는 것 사이의 이분법을 극복하고 있기 때문일 것이다.

5. 글맺음

우리는 이제까지 온생명론의 몇 가지 문제를 한스 요나스의 생명철학과 연관지어 살펴보았다. 온생명론이 과학적 지식 및 과학적 태도와 어떤 관련을 맺는지, 온생명이라는 개념이 도입될 필요성은 무엇이며 유익은 무엇인지, 그리고 무엇보다도 온생명의 범주적 특성으로서 물질 및 생명의 범주와 어떤 관계에 있는지를 검토했다. 이를 위해 먼저『삶과 온생명: 새 과학 문화의 모색』의 주요내용을 개괄한 뒤에, 주로『생명체와 자유: 철학적 생물학을 위한 접근』을 바탕으로 하여 요나스의 생명철학을 살펴보았다. 그럼으로써 요나스의 생명철학이 온생명론에 대해 갖는 함의들을 논의할 수 있었다.

그러나 이 글은 요나스의 철학사상 전반에 걸쳐 검토한 것도 아니고 요나스의 사상과 관련시킬 수 있는 온생명론에서의 쟁점들을 망라한 것도 아니다. 이에 대해서는 이후에 더 체계적이고 포괄적인 연구가 진행되어야 할 것이다. 특히 온생명론과 요나스의 책임의 원리를 연관지어 살펴보는 것이 매우 유익하리라 생각되는데, 이 글에서는 이 부분은 거의 다루지 못했다.

최근에 경남 양산시 천성산에 있는 천연의 습원을 보호하려 하는 사람들이 천성산을 관통하는 고속철도 건설에 반대하면서 흥미로운 소송을 제기했다. 이른바 "도롱뇽 소송"이 그것인데, 신청인은 "도롱뇽"이고 신청인의 대변자가 "도롱뇽의 친구들"이다. "도롱뇽의 친구들"의 기자회견문에 따르면, "도롱뇽은 천성산에 산재하여 있는 22개의 늪과 12계곡에 가장 많은 개체수를 가지고 있는 종이며 특히 1급수 지표종인 꼬리치레도롱뇽의 대규모 서식지가 바로 천성산이다." 이 소송은 소송의 주체가 인간이 아니라는 점 외에도 꼬리치레도롱뇽이 1급수 지표종이라는 점 때문에 흥미롭다. 온생명론의 용어로 말하자면, 꼬리치레도롱뇽은 인간이라는 개체생명에게 보생명의 일부이다. 인간이라는 개체생명이 보생명에 존재하는 물 중에서 그 생존에 유리한 1급수를 판별하기 위해 꼬리치레도롱뇽의 힘을 빌리는 것이다. 그런데, 이 "도롱뇽 소송"을 통해 반대의 상황이 벌어진다. 꼬리치레도롱뇽이라는 개체생명에게 인간이 보생명의 역할을 하기 시작한 것이다.

롬보르그 논쟁은 한편에서는 경제주의자(economist)와 생태주의자(ecologist) 사이의 논쟁이기도 하지만, 동시에 과학적이고 합리적인 생태윤리학을 구성할 필요성을 새삼 강하게 제기한 사건이기도 했다. 온생명론과 한스 요나스의 생명철학은 이런 현실적인 문제들에서 의미 있는 윤리적 대안들을 고안하는 데에 중요한 역할을 할 것이며, 이후의 연구과제 중 하나는 좀더 추상적이고 원론적인 수준의 온생명론이 어떻게 구체적인 맥락의 논쟁들 틈새에 끼어들 수 있을지를 상세하게 살펴보는 일이 될 것이다.

【참고문헌】

구승회(1995), 『에코필로소피』, 샛길.

구승회(1996), "한스 요나스 『책임의 원칙: 기술시대의 생태윤리』", 동아일보 1996년 10월 <20세기 신고전>.

구승회(2001), 『생태철학과 환경윤리』, 동국대학교출판부.

이진우(1999), "한스 요나스의 생태철학", 조선일보 1999년 4월 14일자.

이필렬(1995), "소박한 삶 — 기술시대의 윤리", 한스 요나스의 책 『책임의 원칙』에 대한 서평, 『녹색평론』 제23호, 1995년 7-8월호.

이한음(2002), "환경문제, 과잉반응인가", 주간동아

장회익(1990), 『과학과 메타과학』, 지식산업사.

장회익(1998)[Z], 『삶과 온생명: 새 과학 문화의 모색』, 솔.

한정선(2001)[H], 『생명의 원리: 철학적 생물학을 위한 접근』, 아카넷.

한정선(2001a), "『생명의 원리』의 내용", 한정선(2001)의 525~541쪽.

한정선(2001b), "『생명의 원리』의 과제와 방법 그리고 의의", 한정선(2001)의 543~545쪽.

한정선(2001c), "한스 요나스의 생명철학 해설", 한정선(2001)의 547~582쪽.

D. Böhler(1994) ed., *Ethik für die Zukunft: Im Diskurs mit Hans Jonas*, C. H. Beck.

The Danish Ecological Council, *Sceptical questions and sustainable answers*, (http://www.ecocouncil.dk/download/sceptical.pdf).

G.H. Hadorn(2000), *Umwelt, Natur und Moral: Eine Kritik an Hans Jonas, Vittorio Hösle und Georg Picht*, Verlag Karl Alber.

G. Hottois & M.-G. Pinsart(1993), ed., *Hans Jonas: Nature et responsabilité*, Librairie Philosophique J. VRIN.

H. Jonas(1966), *The phenomenon of life: Toward a philosophical biology*; (1973), [J] Organismus und Freiheit: Ansätze zu einer philosophischen Biologie, Vandenhoeck & Ruprecht; (1994), *Das Prinzip Leben*, Suhrkamp; 한정선 옮김(2001), 『생명의 원리: 철학적 생물학을 위한 접근』, 아카넷.

H. Jonas(1979), *Das Prinzip Verantwortung: Versuch einer Ethik für die technologische Zivilisation*, Suhrkamp; 이진우 옮김(1994), 『책임의 원칙: 기술시대의 생태학적 윤리』, 서광사.

H. Jonas(1987), *Wissenschaft als persönliches Erlebnis*, Vandenhoeck & Ruprecht.

H. Jonas(1988), *Materie, Geist und Schöpfung*, Suhrkamp.

H. Jonas(1992), *Philosophische Untersuchungen und metaphysische Vermutungen*, Insel.

L. Margulis & D. Sagan(1995), *What is life?*, Simon & Schuster.

M. Rizzotti(2000), *Early evolution: From the appearance of the first cell to the first modern organisms*, Birkhäuser.

B. Romberg(2001), *The sceptical environmentalist: measuring the real state of the world*, Cambridge University Press; 원래는 1998년에 Verdens sande tilstand에서 덴마크어로 출판되었음.

C. Sagan & D. Duncan(1994-2001), "Life" in Encyclopædia Britannica, 2001 Deluxe Edition CD-ROM.

R. Wolin(2001), *Heidegger's children: Hannah Arendt, Karl Löwith, Hans Jonas, and Herbert Marcuse*, Princeton Univ. Press.

환경윤리 관점에서 본 온생명론

최 우 석(서울대 대학원, 환경교육)

들어가며

장회익의 학문 폭은 굉장히 넓다. 그는 기본적으로 물리학자일 뿐만 아니라 탁월한 메타과학이론을 내놓은 과학철학자이기도 하며, 온생명 이론을 정립한 생명과학자인 동시에 생명에 대한 새로운 개념 규정에 기초해 깊이 있는 윤리이론을 펼치는 윤리학자의 면모까지 보여주고 있다. 더불어 그는 오랜 기간 과학교육의 발전을 위해 힘써온 과학교육학자이고, 온생명 이론과 생명사상에 기초한 문명비평가이며, 대학교육의 일신을 위해 애써온 고등교육 분야의 실천가이자 사상가이기도 하다.

졸고는 방대한 장회익의 학문성과 중 특별히 온생명론이 갖는 윤리학적 의미를 곱씹어 보는 데에 초점을 맞추어 보기로 한다. 온생명론은 그 자체로 과학적인 생명 이해 방식에 커다란 전진을 가져온 생명이론인 동시에 목하 심각성을 더해만 가고 있는 생태적 위기 앞에서 인간의 길을 논하는 윤리사상까지 포괄하고 있다. 이 가운데 온생명론이 생명에 관한 과학 이론으로서 충분한 합리성을 보여주고 있는가를 검토하는 것은 보다 전문적인 식견을 가진 자연과학자들에게 맡겨진 숙제일 것이다. 반면 과학적 지식과 비과학 지식을 모두 포괄해 사상사적으로 온생명론이 어떠한 위치에 있으며 이것이 인간의 도덕적 삶에 어떠한 의미를 전달해 주고 있는가 하는 점을 드러내는 것은 그와는 성격이 다른 작업이 된다. 졸고에서는 이 후자에 해당하는 작업을 시도해 보기로 한다.

개략적으로 말해 온생명론은 "앎"의 영역을 혁신함으로써 "함"의 영역에 새로운 방향성을 가져다주고 있는 이론이라 할 수 있다. 현대 사회의 윤리적 문제는, 특히 환경윤리에 관련된 문제는 그 동기의 선악만을 가지고는 도덕적인 옳고 그름, 좋고 나쁨을 판단할 수가 없다는 것이 큰 특징이다. 선한 동기를 가지고 행한 행위도 경우에 따라서는 얼마든지 인류 전체와 생명세계 전체를 절멸의 위기로 내모는 결과를 낳을 수 있다. 인간의 행위 능력이 비약적으로 커진 까닭이다. 때문에 도덕적인 문제에 있어 그 어느 때보다 앎이 차지하는 비중이 높아진 것이 현대의 도덕적 상황이다. 이러한 차제에 온생명론은 생명과 세계, 그리고 인간 자신에 대한 보다 확대된 "앎"을 제공함으로써 차원 높은 도덕적 침로를 제시하는 과학이론이자 윤리사상으로 자리매김하고 있는 것이다.

이 글에서는 현재 환경윤리학이 안고 있는 문제점을 짚어 보고 이러한 문제의 해결에 온생명론이 기여하고 있는 바를 논함으로써 확대된 "앎"을 제공하는 온생명론이 어떻게 인간의 "함"의 영역에 새로운 방향성을 가져다주고 있는지를 보이고자 한다.

1. 오늘날 환경윤리학이 안고 있는 문제점

환경윤리학이 하나의 학문으로 성립하게 된 것은 길게 잡아보아야 20세기 중반 이상을 거슬러 가지 않는다. 마치 새로운 분과학문이 탄생하듯 환경윤리학이 등장하게 된 까닭은 환경문제, 생태적 위기라는 절체절명의 문제를 근본으로 파고들수록 세계관과 가치관 문제를 비껴갈 수 없었기 때문이다. 인간의 세계 이해 방식이 문제가 되었고, 인간 자신에 대한 해석이 문제가 되었으며, 인간의 도덕적 삶에서 도덕적인 고려대상이 의문시되었다. 이제 많은 사람들이 환경문제가 윤리적인 문제가 된다는 것을 인정하리만큼 환경윤리는 오늘날 매우 중대한 윤리적 숙고 영역으로 자리를 잡았다. 그렇지만 우리는 아직까지 이 부분에서 풀지 못하고 있는 커다란 두 가지의 숙제를 안고 있다 보인다.

1) 인간중심주의와 생태중심주의의 "가치 패러다임 이분 구도"

첫 번째 문제는 현재 환경윤리학 분야가 크게 볼 때 인간중심주의(anthropocentrism)와 생태중심주의(ecocentrism) 양 축으로 나뉘는 이른바 "가치 패러다임의 이분 구도"를 넘어서지 못하고 있다는 점이다.

아르네 네스(Arne Naess)는 1973년의 역사적 논문에서 "근본 생태주의 운동"(Deep Ecology Movement)과 "개량적 환경운동"(Shallow Ecology Movement)을 대척점에 놓인 두 개의 패러다임으로 구분하고 인간중심주의를 비판했다(Ness, 1973). 이후 많은 논자들이 이와 유사한 이분 구도를 설정하고 그에 따라 현대의 생태적 위기를 논했는데 드볼(B. Devall)과 세션(G. Session)은 현재의 지배적인 세계관(Dominant Worldview)과 근본 생태주의 패러다임을 대비하였고(Devall & Sessions, 1985), 밀브래스(Lester Milbrath)는 "지배적인 사회적 패러다임"(Dominant Social Paradigm; DSP)과 "새로운 생태적 패러다임"(New Ecological Paradigm; NEP)을 대비하였으며(Milbrath, 1989), 카프라(Fritjof Capra)는 근대 과학의 기계론,

환원론, 결정론에 뿌리를 둔 데카르트적 패러다임과 유기적이고 전일적(全
一的, holistic)인 시스템적 패러다임을, 박이문은 인간중심적 세계관과 생태
학적, 탈(脫)인간중심적 세계관을 대비시킨 바 있다(박이문, 1998).

네스 이후 광범하게 나타나는 이러한 주장들은 대체로 인간이 자연세
계와 인간 자신, 그리고 그 관계를 바라보고 해석하는 철학에 근본적으로
서로 다른 패러다임이 있다는 점을 역설한다. 물론 논자마다 각기 다른
개념을 쓰고 있지만 이들 모두 공히 인간중심주의와 생태중심주의로 집
약되는 두 경향의 대립을 함축하고 있으며, 이들 사이에는 근본적으로
"동일 표준상에서 비교 불가능한(incommensurable)" 면이 있다는 것을
인정하므로 이들이 말하는 철학이나 세계관, 윤리, 가치관, 사고 방식 등
을 쿤(Thomas S. Kuhn)이 말한 "패러다임"(paradigm)이라는 개념으로
대치해도 좋을 것이다(김명자, 1999).

이 글에서는 이처럼 환경문제를 기술적·사회적·법제적인 차원이 아닌
철학적·가치관적 차원에서 보며, 인간중심적 가치관과 생태중심적(또는
자연중심적, 비인간중심적) 가치관으로 가치 패러다임을 양분한 데 기초하
여 생태중심적 가치관으로의 전환이 환경문제의 가장 근본적인 해결책임
을 주장하는 논의를 "가치 패러다임의 이분 구도"라 부르기로 한다.[1]

가치 패러다임의 이분 구도는 이전까지 누구도 의심하지 않았던 보편
적 가치관이 인간중심성을 띤 편벽한 것이었음을 새로이 발견하게끔 하
고, 다른 패러다임의 가치관이 있을 수 있다는 점을 깨닫게 하는 공헌을
했다. 또한 환경문제를 해결하는 근본적인 해결책은 바로 자연 세계에 대
한 철학과 윤리에 있다는 점을 확인케 하여 환경문제에 대한 논의를 새로

---

1) 본고에서는 "가치관"과 "가치 패러다임"이라는 개념이 대동소이하다고 보고
특별히 구분하지 않은 채 혼용하여 쓰도록 하겠다. 우리에게 일반화된 "가치
관"이라는 개념이 쿤이 말하는 패러다임의 특성을 가지고 있다고 보는 까닭
이다.

운 차원에 올려놓은 공적 역시 매우 높이 평가해야 할 것이다.

그러나 인간을 중심에 둔 가치 패러다임인가, 생태계를 중심에 둔 가치 패러다임인가 하는 구도는 그 선택에 따라 생태적 위기를 극복하기 힘들게 하거나, 인간 허무주의로 흐를 수 있다는 한계를 가지고 있다.

인간을 가치의 정점에 두었을 때 생태 위기에 대한 대처는 기술적 해법 차원을 넘기 어려우며 자연 자원 아껴 쓰기 이상으로 나아가기 힘들다. 자연과 생명이 인간을 위한 자원이나 도구에 지나지 않는다면 생태적 위기는 언제라도 일어날 수 있다. 급박한 국면이 해소되더라도 위기 재연의 가능성은 남게 된다. 문제상황이 인간 자신에게 위협이 되지 않는 이상 지속적으로 자연과 생명을 존중해야 할 아무런 이유가 없기 때문이다. 따라서 인간중심적 가치관은 생태 위기 극복에 있어 한계적일 수밖에 없다.

반면 생태중심성을 견지하고자 할 때 인간 존재는 비하되기 쉽다. 인간은 생태계 전반을 위협할 수 있는 능력을 갖추었을 뿐만 아니라 서슴지 않고 자신의 이익을 위해 다른 생명과 생태계를 갈취한다. 네스가 말하는 "생물권 평등주의"(biospherical egalitarianism)에서와 같이 모든 생명이 본질적 가치에서 평등하다고 보면 인간의 복지를 위해 다른 존재들이 희생되어야 할 아무런 이유가 없다. 모든 생명이 평등할진대 특정한 종이 생존을 위해서만이 아니라 더 많은 복지와 쾌락, 심지어는 유희를 위해서 다른 생명들을 마구잡이로 해친다면 그 종의 번영은 생명 세계의 심각한 교란 요소일 수밖에 없다. 곧 인간의 번영은 생명 세계의 암적인 요소가 된다. 이러한 시각은 전체 자연과 생명 세계가 그 자체로 존재할 만한 가치를 가지고 있으므로 비정상적으로 번영하고 있는 암세포는 사라져 주는 것이 보다 마땅하다는 결론으로 귀결되기 쉽다. 따라서 생태중심적 가치관은 인간으로 하여금 자신의 존재 의의를 잃게 만들고 인간 자신에 대한 회의적인 사고로 빠질 수 있게 할 소지를 안고 있다. 그렇다면 가치 패러다임의 이분 구도 위에 기초한 환경윤리는 환경문제를 해결하고자

하는 가치관 반성과 정립의 과정에서 본의 아니게 오늘날 가중되어만 가
는 인간 이해의 혼돈 상황을 부추길 위험성을 내포하게 되는 것이다.

2) 보편윤리와 환경윤리의 분절

두 번째 문제는 가치 패러다임의 이분구도와 동전의 양면을 이루는 것
으로서 역사적으로 형성되어 온 인간의 보편 윤리와 20세기 이후 새롭게
제기되고 있는 환경윤리, 또는 생태윤리가 온전하게 통합되지 못하고 있
다는 점이다. 세계와 인간 자신에 대한 통찰의 미흡이 환경윤리 영역 내
에서 가치 패러다임의 이분구도라는 문제점을 야기하고 있다면 전체 윤
리 영역에서는 환경윤리를 보편윤리 안으로 포괄하지 못하는 문제점을
빚고 있는 것이다.

인간과 사회를 향한 도덕 원리와 자연과 뭇 생명, 환경을 향한 도덕 원
리는 별개의 원리로 자리잡고 있을 뿐만 아니라 경우에 따라서는 상충하
기까지 한다. 원칙적으로 동등한 도덕적 고려대상이자 각각 도덕적 주체
인 인간 사이에서의 윤리적 원칙은 인간 이외의 존재와 인간 사이에서는
동일하게 적용되지 않는다. "네 이웃을 네 몸과 같이 사랑하라"라는 하
나의 보편적 도덕 원칙이 있다고 할 때 이 보편 윤리로부터 인간 사회 안
에서의 도덕적 삶과 인간 사회를 넘어선 생태계 안에서의 도덕적 삶이 통
일되게 보장될 수 없는 것이다. 도덕적 고려대상에 어떠한 존재까지 포함
시켜야 하는가 자체도 심각한 논란거리가 될 뿐만 아니라 설사 어떤 존재
를 도덕적 고려대상에 넣는다 하더라도 포함된 모든 대상을 또한 동등하
게 대할 것인지도 문제가 된다. 결국 현재까지의 상황에서라면 우리는 하
나의 도덕 원칙을 가지고 인간 사회에서의 도덕적 삶과 전체 생명세계 내
에서의 도덕적 삶을 공히 일관되게 살아나갈 수 없게 된다.

물론 피터 싱어(Peter Singer)와 같은 윤리학자는 공허한 형이상학을
버리고 개개 도덕 문제마다의 실천 지침으로서 실천윤리학(Practical

Ethics)을 주창하기도 했으니 이는 문제가 되지 않을 수도 있다(황경식·김성동, 1997). 그러나 이것은 인간이 세계에서 어떠한 존재이며 어떻게 살아가야 한다는 총체적인 인식 부재의 결과로서 우리는 아직까지 보편 윤리 원칙을 포기해야 할만한 뚜렷한 이유를 찾기 힘들다. 보편적인 윤리 원칙을 갖지 못한 채 사안에 따라 다른 윤리 원칙을 갖고 살아간다면 인간의 도덕적인 일관성을 확보하기 힘들며 이것은 인간 자신의 분열적 상황으로 인간을 이끌 수 있는 것이다.

여러 종교들이 독특한 형이상학적 원리로부터 종교적, 도덕적 실천 원리를 이끌어 내고 있는 것에서 보이듯 인간의 도덕적 실천은 보다 궁극적인 원리로부터 일관성 있는 실천 규범을 이끌어 내었을 때에 확신성 있는 실천으로 이어질 수 있을 것이다. 그렇다면 상호 호환되지 않는 여러 가지 원칙의 보따리를 들고 있다가 만나게 되는 문제마다 다른 주머니를 열어야 하는 상황은 만족스럽지 못하다.

2. 가치관 형성의 토대

그렇다면 이 같은 문제의 극복 가능성을 우리는 과연 어디에서 찾을 수 있을 것인가?

여기에서 우리는 한 개인의, 또는 특정 범위의 사회적인 가치관이 어떻게 형성되는가 하는 문제, 즉 가치관의 토대 문제에 주목할 필요가 있다. "동일 표준상에서 비교 불가능한" 서로 다른 가치 패러다임이 대립되어 있다면 그러한 가치 패러다임들이 무엇에 토대를 두고 있으며, 어떻게 달리 형성될 수 있는 지를 이해하는 것이 문제의 해결에 보다 유용할 것이기 때문이다.

가치관의 토대 문제를 살피기에 앞서서 가치관이라는 개념이 뜻하는 것이 무엇인지를 우선 분명히 하자. 가치관은 일반적으로 "사람의 행위와 생각과 세상의 사물과 현상의 가치를 매기는 관점과 태도"(연세 한국어사전, 2000)로 정의된다. 또한 "여러 가지 가치를 그 유형과 중점 및 우선 순위 등에 따라서 질서 있게 정립함으로써 가치판단의 기본 방향과 준거를 제시해 주는 일련의 틀"(김종철, 1989)이라고 정의되기도 한다. 사람들은 보통 그가 접하는 여러 가지 사물, 현상, 관계, 관념 등을 더 중요한 것, 덜 중요한 것, 더 소중한 것, 덜 소중한 것, 더 좋은 것, 덜 좋은 것으로 구분한다. 그리고 이러한 구분 체계에 따라 행동하며 삶의 의미를 찾게 된다. 따라서 가치관이란 존재 세계를 질서 있게 가치 서열화 한 틀이며 이에 바탕하여 행위의 옳고 그름, 좋고 나쁨을 판단하는 관점이라 할 수 있을 것이다.

가치관은 그렇다면 어떻게 형성될까? 박이문(1998)에 따르면 세계관은 존재 일반에 관한 견해인 우주관, 인간 존재 일반에 관한 견해인 인간관, 삶의 의미에 대한 해답인 윤리관으로 이루어진다. 이때 대체로 인간관과 윤리관은 우주관을 전제로 하고, 윤리관은 인간관을, 인간관은 우주관을 전제하므로 우주관이 인간관에 영향을 미치고, 우주관과 인간관이 윤리관을 크게 결정한다고 그는 설명한다. 이 글에서 문제삼고 있는 가치관이라는 개념과 박이문의 윤리관 개념을 대동소이하다 보면 가치관의 형성에는 우주관과 인간관, 즉 존재 세계와 인간에 대한 앎과 견해가 크게 영향을 미친다고 볼 수 있겠다.

한편 가치관에 관심을 초점을 맞출 때 우리는 가치관이 세계관 안에 굳이 자리해야 한다고 볼 필요가 없다. 사실 세계를 이해하는 문제와 "어떻게 살아야 하는가"하는 점과 관련하여 존재 세계를 가치 서열화 하고 옳고 그름, 좋고 나쁨의 판단 기준을 세우는 문제를 하나의 개념틀 안에 묶는 것은 이 글이 목적하는 바에 적절한 것이 아니다. 이렇게 본다면 우리는 위에 말한 우주관과 인간관을 세계관으로, 윤리관을 가치관으로 범주화할 수 있다.

박이문은 세계관이 우주관과 인간관 및 윤리관으로 이루어져 있다고 보았지만, 관심의 초점을 가치관에 맞추었을 때 세계관을 존재 세계에 대한 앎과 이해에 국한시키고, 가치관을 세계관에서 분리할 수 있을 것이다. 세계를 이해하는 문제와, "어떻게 살아야 하는가" 하는 관점과 관련하여 존재 세계를 가치 서열화 하고 옳고 그름, 좋고 나쁨의 판단 기준을 세우는 문제를 하나의 개념틀 안으로 묶는 것이 이 글이 목적하는 바에 적절하지 않은 까닭이다.

박이문이 말하는 "세계관"을 가치관과 세계관으로 구분한 데에 이어 또한 우리는 세계관을 물질관, 생명관, 인간관으로 나누어 볼 수 있겠다. 현대 과학 시대를 살아가는 오늘의 인간이 파악하는 존재 세계는 그저 혼미한 전체로 파악되는 것이 아니라 물질과 생명, 그리고 인간이라는, 비교적 명확하게 구분되는 존재들로 이루어져 있기 때문이다. 물론 혹자는 여기에 신 또는 영적 존재를 추가할 수도 있을 것이며, 경우에 따라서는 정신 세계의 중요성을 강조할 수도 있을 것이다. 그러나 특정한 부류의 세계관(가령, 특정 종교의 세계관)을 보고자 하는 것이 아니라 보편적인 인간의 세계관 구조를 파악하려 한다 했을 때에 물질과 생명, 인간의 세 가지 요소는 존재 세계를 그리는 데에서 제외할 수 없는 것들이다. 따라서 일반적인 세계관의 구조를 이해하는 데에는 가장 기본이 되는 요소들을 중심으로 얼개를 그려보는 것이 타당하다. 이러한 이해를 모식도로 옮겨 보면 <그림 1>과 같이 표현될 수 있다. 이와 같이 가치관과 그 토대를 이해했을 때 우리는 가치관 형성의 토대를 이루는 것으로 물질관과 생명관, 인간관을 꼽을 수 있게 된다.2)

---

2) 장회익(1990)은 지식의 구조를 분석해 낸 결과, 패러다임 전환의 지식 내적인 측면은 바로 "의미기반"의 전환임을 밝힌 바 있다. 그에 따르면 이론이나 지식의 근저에는 이론 자체의 "의미"를 부여해 주는 개념의 바탕, 즉 "의미의 기반"이 있는데 "의미의 기반 그 자체가 하나의 중요한 구조를 형성하고 있는 것이어서 이론의 구조 및 성격을 파악하기 위해서는 이러한 "의미기반"(意味基盤, semantic basis)의 구조부터 먼저 명백히 규명해 내어야 한

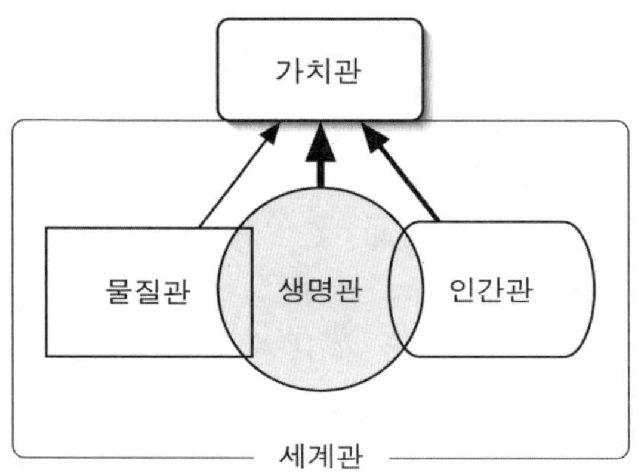

<그림 1> 가치관과 가치관의 토대 모식도

다.” 마치 문장이 성립하기 위해서는 언어라는 것이 마련되어 있어야 하는 것처럼 어떤 뜻이나 이론을 만들어 표출하는 데에는 반드시 그 바탕에 암묵적인 전제, 즉 의미기반이 있다는 것이다. 이는 과학이론과 같이 개념과 의미가 명료한 지식에서부터 우리의 일상적 지식처럼 명료하지 못한 지식체계에까지 모두 공통적이다. 그렇다면 우리의 일상적 지식 중 하나인 가치관념에서도 의미기반을 찾을 수 있을 것이다. 이 글에서 가치관의 토대로서 제시한 물질관, 생명관, 인간관은 가치관념의 의미기반을 이루는 요소들이라 판단된다. 물질과 생명, 인간에 대한 앎과 이해가 가치판단을 가능케 할 의미를 제공하기 때문이다.

쿤이 말하는 패러다임의 형성에는 사회적 현실과 사상 조류의 영향, 인접 학문의 영향, 과학자 사회 집단과 교육 방식의 영향 등등 한 분야의 지식 내외에 걸친 영향들이 개입하게 마련이다. 패러다임 전환의 지식 외적인 측면을 논외로 하고 지식 내부로만 시각을 한정하면 패러다임이 대체된다는 것은 곧 의미기반이 변하는 것을 의미한다. 쿤의 패러다임 개념은 서로 다른 패러다임의 우열을 비교할 수 없게 하지만 장회익의 의미기반 개념은 보다 더 나은 지식과 그렇지 않은 지식의 비교를 가능케 한다. 따라서 과학사 연구에서 비롯된 패러다임이라는 개념이 거의 모든 학문 분야에 영향을 미치고 원용되고 있듯이 장회익의 의미기반 개념을 이용해 여러 지식 영역들에서 이를 분석해낼 수 있다면 우리는 보다 더 나은 지식을 판가름할 수 있는 유용한 방법을 갖게 될 것이다.

　이 기본적인 세 가지 가치관의 토대 중 우리는 생명관에 주목할 필요가 있다. 대체로 우리는 생명이야말로 최고의 가치를 갖는 것이라는 통념을 안고 살아간다. 인간 존엄성의 최우선적인 조건이 그 생명의 안위 보장이라는 점에는 의문의 여지가 없다. 특별한 경우가 아니라면 남의 생명을 해쳤을 때 인간은 가장 심한 양심의 가책을 받게 된다. 한 개인에게 있어 자신의 생명은 그 무엇보다도 소중한 것이다. 물론 어떤 사람은 스스로 여기기에 더욱 숭고한 가치나 남을 위해 초개같이 목숨을 내던지기도 한다. 이런 경우 일 개인의 입장에서는 자신의 목숨보다 더 가치 있는 것이 존재한다 하겠으나 이 때에라도 더욱 높은 가치가 존재하기 위해서는 자신과 동일시되는 사람이나 집단의 생명이 전제된다. 생명은 다른 모든 가치들이 존재하기 위한 가장 기본적인 전제가 된다. 그 때문에 최고의 가치가 아닐 수 없다.

　생명이라는 것은 우리의 일상적 관념과 가치관을 형성하는 데 있어 가장 먼저 전제되는 것으로서, 또한 궁극적인 가치로서 우리에게 자리한다. 따라서 생명을 어떻게 이해하며 생명 세계를 어떻게 해석하는가 하는 생명관은 일상적 관념과 가치관 형성의 중대한 토대로서 작용하게 된다. 생명이, 특히 자신의 생명이 가치 척도의 최우선적인 기준이 되기 때문이다. 많은 사람들이 "생명이란 무엇인가"라는 질문을 끝없이 되뇌이는 것은 생명 그 자체가 호기심 어린 대상인 까닭도 있지만 생명에 대한 이해가 인간의 삶의 지향에 중대한 바탕을 제공함에서 비롯한다.

　가령 가장 귀한 자신의 생명 및 만물의 생명은 신(神)이 불어넣은 숨결이며, 생명은 신에게서 나와 신에게로 돌아간다고 이해하는 사람은 자연히 신 중심의 가치관을 가지지 않을 수 없다. 기(氣)라는 것이 우주와 천지에 두루 퍼져 있고 이 기가 뭉쳤을 때 생명이 되며, 생명이 다 했을 때 다시 기로 흩어져 우주로 되돌아간다는 생명관을 가진 사람은 현세적인 가치나 삶과 죽음 자체에 대해 초연한 자세로 살아갈 수 있을 것이다. 현세에서의 생명은 짧고 한시적인 생명이지만, 죽은 후에는 영원한 생명이 펼쳐지고 그것이야말로 진짜 생명이라 믿는 사람은 내세를 기원하며 현세를 희생하려는 경향을 가진다. 생명의 윤회설을 믿는 사람은 자기 자신도 다음 생애에 작은 풀이나 짐승, 벌레 등으로 태어날 수 있기 때문에 모든 살아있는 것에 대한 살생을 금기시한다.

이처럼 생명관은 한 개인이나 한 사회의 가치관을 형성하는 데 이바지하는 기본적인 토대 중 가장 중요한 토대가 된다. 물질관 역시 가치관의 토대로서 작용하지만 그 영향은 생명관에 비할 바가 못된다. 생명과 인간이 있지 않고서는 가치란 것이 성립할 수도, 그 경중을 따질 수도 없기 때문이다. 인간관 역시 가치관의 중요한 토대로서 작용함은 물론이다. 그러나 자연과 환경에 대한 가치관의 문제를 생각코자 한다면 인간 자신에 대한 이해를 넘어서서 인간과 다른 존재, 특히 다른 생명과의 관계에 대한 이해가 가치관에 보다 근본적인 영향을 준다는 점을 생각지 않을 수 없다. 따라서 자연과 환경에 관한 가치관이 형성되게끔 하는 가장 중요한 가치관의 토대로서 우리는 생명관의 문제에 주목하지 않을 수 없는 것이다.

3. 생명관의 범주와 그에 따른 가치관의 성격

1) 생명관의 범주

생명관의 내용에는 많은 질문들이 포함되겠지만 가장 핵심적으로는 생명과 비생명을 어떻게 달리 보는가 하는 것이 생명관의 내용이 될 것이다. 이 때 생명과 비생명을 구분하는 기준이 문제가 된다. 보통 생명이란 어떤 특성을 가진 것, 또는 어떤 기능을 하는 것으로 정의하고, 이를 기준으로 생명과 비생명을 구분하는 것이 오늘날 일반적인 생명 이해 방식이다. 그러나 이러한 방식은 현대 생물학이 발달한 이후에야 일반화된 방식이다. 만약 생명관의 여러 사례를 인류사 속에서 두루 찾고자 한다면 이러한 방식은 적용되기 힘들다. 역사적인 관점에서 본다면 앞의 기준은 매우 특별한 경우이며, 보다 일반적인 기준이라면 "과연 어디까지를 살아있는 것으로 볼 것인가?"하는 것이 될 것이다. 즉, 인류사 속의 여러 생명관을 범주화하기 위해서는 "생명의 범위"라는 기준이 적절하겠다는 것이다.

과거 토템 신앙의 시대에는 물활론적 세계관이 지배적이었다. 태양도, 달도, 바람도, 불도, 물도, 흙도 이 시대 사람들에게는 모두 살아있는 것이었으며, 나아가서는 신적인 존재로서 두려움과 숭앙의 대상이었다. 당시로서는 "낱낱의 생물 유기체만이 생명이다"라는 식으로 생각하기란 쉽지 않았을 것이다. 물활론적인 세계관 또는 범신론적 세계관은 오늘날까지도 인간의 관념 속에 깊이 뿌리박고 있다 보인다. 이러한 관념이 비과학적이며 미신적인 견해라 치부 당하게 된 것은 불과 얼마 전의 일이다. 근대 과학과 생물학이 발달하게 된 최근 몇 백년을 제외하곤 인류사 내내 생명은 세상 어느 곳에나 깃들어 있었다.

따라서 인간 가치관의 토대로서 생명관을 검토하고자 한다면 고대로부터 우리 관념상에 지대하게 영향을 미쳐온 여러 생명관들을 모두 포괄할 수 있는 기준을 세우지 않을 수 없다. 때문에 개념 자체가 다소 모호할지라도 "생명의 범위"라는 기준으로 유형화 작업을 할 수밖에는 없다. 여기에는 생명과 비생명을 어떻게 구분할까 하는 문제뿐 아니라 생명과 비생명을 구분한다는 것이 가능한가 하는 문제까지 포함된다. 사실 무엇은 생명이고, 무엇은 비생명이라고 구분할 수 있다는 발상 자체도 역사적인 견지에서는 매우 독특한 견해가 된다.

역사적으로 인류가 가졌던 생명관은 계속 변천해 왔다. 그것을 생명의 범위라는 기준, 즉 생명과 비생명을 구분할 수 있는가, 구분 가능하다면 어디까지가 산 것이고 어디까지가 죽은 것인가 하는 기준에 의해 분류해 본다면 다음의 셋으로 나누어 볼 수 있을 것이다. 첫째는 개체주의적 생명관이며, 둘째는 범(凡)생명관이며, 셋째는 온생명관이다.

⑴ 개체주의적 생명관

개체주의적 생명관은 생명과 비생명을 엄격히 구분할 수 있으며, 생명의 특성이나 기능으로 지정되는 성질을 분명히 보여주는 생물유기체 개체만이 생명이라는 견해이다. 이는 오늘날 가장 보편화된 생명관이다. 이에 따르면 우리가 일상적으로, 또는 과학적 방법을 통해 경험할 수 있는 개별 유기체들만이 살아있는 것이고, 그 밖의 무기물들은 모두 살아있지 않은 것이다. 현대인의 상식적 생명관이나 현대 생물학의 생명관, 서구의학의 생명관은 개체주의적 생명관에 바탕하고 있다. 이 생명관 안에서는 바이러스 등 특정 유기체를 생명으로 볼 것인가 아닌가가 문제가 될 뿐 토양이며, 공기며, 물 따위의 무기물질이 생명이 아니라는 것에는 이론의 여지가 없다. 개체주의적 생명관은 오늘날 우리의 보편 상식과 부합하므로 많은 설명이 필요치 않으리라 본다.

⑵ 범(凡)생명관

범생명관은 생명과 비생명을 구분한다는 것 자체가 가능하지 않다는 견해이다. 개별 유기체들 자체는 관계를 떠나 생명일 수 없으며 생명은 보다 넓은 차원의 관계망이라는 것이 범생명관의 주된 견해이다. 따라서 범생명관은 사실상 살아있는 것과 살아있지 않은 것의 구별을 중요하게 여기지 않거나 아예 구별하지 않는다. 범생명관에서는 범위를 어떻게 정하건 "전체"가 하나의 유기체, 또는 관계망이며, 이 전체 자체가 생명이라면 생명이고 아니라면 아닌 것이다. 또한 범생명관에 바탕한 상당수 사상은 생명 자체는 전혀 문제삼지 않고 존재와 비존재만을 문제삼기도 한다. 그 범위는 특별히 정해지지 않거나 우주, 또는 존재 일반으로까지 확대된다. 범생명관의 구체적 형태는 매우 다양하게 나타난다. 불교나 힌두교 등 인도에 뿌리를 둔 역사성 깊은 상당수의 종교도 이러한 생명관을 보여주고 있고, 노자 철학이나 성리학 등 동양권의 오래된 형이상학도 범생명관적 특징을 가지고 있다. 현대에 와서는 화이트헤드의 형이상학이 범생명관의 전형을 보여주고 있으며, 상당수의 생태 철학과 몇몇 체계론적 생명관 역시 범생명관의 요소를 지니고 있다. 여기에서는 화이트헤드(Alfred North Whitehead) 형이상학의 기본을 이해 가능한 수준까지 고찰하면서 범생명관을 이해해 보기로 하자.

화이트헤드의 철학은 원자론과 비슷하다. 원자론에서 세상 모든 것이 다 원자로 구성되어 있듯이 화이트헤드 철학에서 세상 모든 것은 다 "현실적 존재"(actual entities)로 구성되어 있다. 원자론과 다른 것이 있다면 원자에 해당하는 현실적 존재는 고정불변의 실체가 아니라 끊임없이 생성·소멸하는 찰나적 존재라는 것과 실재하는 것은 오로지 현실적 존재들뿐이라는 점, 그리고 현실적 존재는 물질·비물질을 초월하는 개념이라는 점이다.

하나의 현실적 존재가 소멸하면 뒤이어 새로운 현실적 존재가 생겨난다. 이때 앞에서 소멸한 현실적 존재들이 새 현실적 존재의 재료(여건, datum)가 된다. 새 현실적 존재는 이 재료들로 자기를 구성하고(경험, experience) 차츰 이것들을 자기화해 나간다(합생, concrescence). 이 과정의 마지막에 이르면 새 현실적 존재는 완전한 자기화를 끝내면서 자기 목적을 완성하고(만족, satisfaction) 소멸한다(객체화, objectification). 그러면 객체화된 현실적 존재는 또 새로 생성하는 현실적 존재의 재료가 되어 앞의 과정이 반복된다. 이처럼 현실적 존재들로 들어찬 존재의 세계는 앞선 현실적 존재들이 잇따르는 현실적 존재들의 "여건"이 되는 방식으로 모두 유기적 관계를 맺고 있다. 따라서 세계는 "유기체"로서 존재하는 것이다. 화이트헤드는 이런 까닭에 자신의 철학을 "유기체 철학"이라 불렀으며, 세계의 어떤 것도 고정되어 있지 않고 유전(流轉)하는 과정에 있는 고로 후세 사람들은 "과정 철학"이라고도 한다.

현실적 존재가 소멸하고 새 현실적 존재가 생성하는 사이에서 시간과 공간이 만들어진다. 즉, 시공적 실체로서의 우주는 생성·소멸하는 현실적 존재의 계기(繼起, succession)를 통해 만들어지는 것이다. 현실적 존재들은 또한 원자들이 만물을 구성하는 것처럼 모여서 "결합체"(Nexus) 또는 "사회"(Society)를 이룬다. 이것이 우리가 경험하는 물체, 동식물 등 경험적 실체들이다. 따라서 우리가 경험하는 실재는 마치 영화 필름처럼 토막토막 만들어지는 시간과 공간사이의 현실적 존재의 결합일 뿐 사람이며 나무며 꽃 등이 실재하는 것은 아니다. 또한 물질과 정신, 생명과 비생명도 이 결합에 있어서 정도 차이만 있을 뿐 본질적인 차이를 갖는 것은 아니다. 한마디로 이 우주의 유일한 실재는 현실적 존재뿐이고 현실적 존재가 생성·소멸하고 계기하며 유기적으로 결합하는 "과정"(process)만이 이 우주의 본질일 뿐이다.(문창옥, 1999; Sherburne, 1966)

오영환에 따르면 "화이트헤드의 유기체 철학은 자연 전체를 살아 있는 생명체로 보는 형이상학적 우주론"이다. 화이트헤드는 "실재적인 것은 모두 유기적인 것으로 보며, 원자나 분자와 같은 저차원의 유기체로부터 동물이나 식물과 같은 생물로서의 유기체, 그리고 인간과 같은 지적 유기체에 이르기까지 자연은 계층적 질서를 형성하고 있다고 본다." 또 "살아 있는 것과 살아 있지 않은 것 사이에도 절대적인 단절이 있다고 보지 않는다."(오영환, 1996)

화이트헤드의 "유기체 철학"은 체계 이론(System Theory) 성립에 영향을 미쳤고 오늘날 대부분의 생태 철학이 체계 이론에 기반하고 있는 관계로 화이트헤드 식의 범생명관은 많은 생태 철학에 깊숙이 영향을 미치고 있다 할 수 있다. 실제 자연 세계를 체계론적으로 이해하는 많은 생태 철학이 체계적인 위계의 상위 체계를 우주 전체로까지 확장시키고 있는

것은 화이트헤드식 범생명관의 영향이라 하지 않을 수 없는 것이다. 범생
명관은 이처럼 오늘날 화이트헤드의 철학적 영향을 한편으로, 영성을 추
구하는 종교적인 영향을 다른 한편으로 양 측면에서 많은 철학과 관념에
깊숙이 뿌리를 내리고 있는 생명관이다.

(3) 온생명관

온생명관은 온생명론의 출현으로부터 생겨난 새로운 생명관이다. 온생
명관은 생명과 비생명을 엄격히 구분하는 가운데 온전한 생명 이해를 위
해서는 "생명의 단위"(장회익, 1990)를 기준으로 생명과 비생명을 구분해
보아야 한다는 최신의 생명관이다. 엄밀한 의미에서 온생명관을 정확하게
보여주고 있는 사상은 "온생명론" 밖에는 없다. 그럴 수밖에 없는 것이
온생명론은 20세기까지 발전되어 온 현대과학, 특히 물리학과 생물학의
성과를 모두 망라하여 제 학문 영역의 지식들을 유기적으로 종합한 결과
로 출현한 이론인 만큼 현재와 같은 과학지식을 갖지 못했던 인류사의 지
난날에는 그 전형이 있을 수 없었던 것이다. 그러나 완벽하게 온생명관을
보여주지는 못해도 체계 이론을 발전시켜 생명을 체계론적으로 분석하는
카프라의 체계론적 생명관(이성범·구윤서, 1985), 체계론적 생명관을 보
다 발전시켜 지구적 차원에서 생명 세계를 시공간적으로 연결시킨 러브
록(James E. Lovelock)의 가이아(Gaia) 가설(홍욱희, 1990) 등은 온생명론
에 앞서 온생명관을 부분적으로 보여주었다 하겠다.

여기에서는 온생명론을 개략적으로 소개하면서 온생명관을 개념화하기
로 한다. "우주인의 눈"으로 본다면 보편적인 "생명"은 태양과 같은 에
너지원과 지구처럼 그에 비해 현격히 낮은 온도를 가진 행성 사이의 지속
적인 자유에너지 흐름 가운데서 독특한 질서를 형성·유지하고 있는 체계
이다. 엄격한 의미로 생명은 이것 밖에 없지만 우리의 오래된 상식적 개
념과 너무도 크게 차이가 나므로 이를 "온생명"(global life)이라 부른다.

장회익은 "기본적인 자유에너지의 근원과 이를 활용할 물리적 여건을 확보한 가운데 이의 흐름을 활용하여 최소한의 복제가 이루어지는 하나의 유기적 체계"가 생명 현상이 자족적으로 지속될 수 있는 최소한의 기본 단위이며, 이것이 바로 진정한 의미의 생명의 단위, 즉 "온생명"이라 정의한다.(장회익, 1998b) 그 자체만으로 생명 현상을 유지할 수 있는 생명의 "정상적 단위"(normal unit)는 온생명 뿐이다.

우리가 일반적으로 생명이라 여기고 있는 많은 개체들은 그 환경적 요소들과 적절한 관계를 유지했을 때에만 한시적으로 생명적 특성을 가질 수 있는 "낱생명"(individual life)이다. 낱생명은 생명의 "조건부 단위"(conditional unit)인 까닭에 온생명이 전제되지 않는 한 결코 생명일 수가 없다. 낱생명들은 온생명의 부분을 이룬다. 낱생명들이 자신의 생명의 꽃을 피우고 대를 이어 생명을 유지함으로써 온생명의 생명이 유지되게 된다. 따라서 온생명은 낱생명의 생존에 그 생명 현상을 절대적으로 의존하고 있다.

온생명에서 낱생명을 뺀 나머지 부분은 그 낱생명에 대한 "보생명"(co-life)이다. 낱생명은 보생명에 절대적으로 의존해 그 생명을 유지한다. 온생명이 아닌 모든 낱생명은 보생명이 없이는 생명일 수 없다. 때문에 낱생명들은 보생명과의 협력을 기본으로 생을 유지한다. 물론 동종의 다른 낱생명, 또는 다른 종의 비슷한 위계수준 낱생명과 경쟁하기도 하지만, 기본적으로 낱생명과 보생명은 서로의 생명을 지탱해주는 상보적 관계를 이룬다.

이처럼 온생명론에서는 온생명만이 진정한 생명의 단위이다. 생명이란 기본적으로 우주적 현상이며 존재이다. 아직까지 우리는 단 하나의 온생명만을 알고 있지만 우주 가운데 또 다른 온생명은 얼마든지 존재할 수 있다. 또한 온생명은 그 자체로 온전한 생명인 까닭에 진화와 발전을 거쳐 의식을 가진 정신적 존재로 나아갈 수 있다. 사실 지금 태양—지구 온생명은 집합적 정신을 이룬 인간의 출현 덕분에 그 의식이 깨어나고 있는 단계에 있다. 온생명 안에서 인간은, 마치 인간 몸 안에서의 중추신경계와 같은 역할을 하고 있음으로 해서 온생명 내에서 매우 특별한 지위를 가진 낱생명이 된다.

온생명론의 역사가 짧은 관계로 아직까지 온생명관이 인간의 사고와 삶에 미친 영향은 찾아보기 힘들다. 그러나 환경·생태 위기가 진전됨에 따라 새로운 과학적, 철학적 세계 이해를 갈구하는 사람들이 많아지는 만큼 온생명관이 인간의 새로운 생명 이해의 양식이 될 가능성은 매우 넓게 열려 있다 하겠다.

이상의 내용을 도식화해 본다면 아래의 <표 1>과 같이 정리할 수 있을 것이다.

<표 1> 세 가지 생명관의 범주

		개체주의적 생명관	범생명관	온생명관
생명의 범위	생명과 비생명 구분	가 능	불가능	가 능
	생명	생명의 특성을 띠는 생물 유기체 개체	"전체"가 하나의 유기체, 혹은 관계망 ("전체"의 범위는 정해져 있지 않음)	기본적인 자유에너지의 근원과 이를 활용할 물리적 여건을 확보한 가운데 이의 흐름을 활용하여 최소한의 복제가 이루어지는 하나의 유기적 체계
범주에 속하는 생명관의 예		현대의 상식적 생명관 대개 생물학의 생명관 서구 의학의 생명관	불교·힌두교 등 여러 종교적 생명관 노자철학·성리학 등의 여러 동양권 형이상학 화이트헤드 형이상학 몇몇 생태주의 철학	온생명론 체계론적 생명관 (부분적) 가이아 가설 (부분적)

2) 생명관에 따른 가치관의 성격 및 윤리학적 유의미성

앞서 이야기했듯이 생명관은 가치관의 형성에 영향을 미칠 수 있는 가치관의 토대 중 하나이다. 따라서 특정한 가치관은 그 토대로서 작용하는 주된 생명관의 특성에 영향을 받지 않을 수 없다. 따라서 토대가 되는 생명관의 특성을 파악하면 그로부터 어떤 가치 판단을 내리고, 어떻게 가치 위계를 정립할 수 있는가를, 즉 토대 위에 형성될 가치관의 성격과 한계를 어느 정도 가늠할 수 있겠다. 이 방법을 통해 우리는 앞서 범주화된 각각의 생명관이 오늘날 윤리학적으로 얼마나 유의미성을 갖는가를 파악할 수 있을 것이다.

여기에서는 첫째, 현재의 전지구적인 생태위기를 극복할 수 있는 새로운 가치관을 줄 수 있겠는가, 즉 자연을 오로지 인간을 위한 도구로만 바라보는 관점을 극복할 수 있겠는가 하는 점과 둘째, 인간의 삶의 의미와 인간으로서의 자긍심 그리고 인간의 행복과 보람의 근거를 찾아줄 수 있겠는가 하는 점을 가지고 각 생명관의 윤리학적 유의미성을 판단해 본다. 우리는 생태위기를 현명하게 극복해 낼 가능성과 인간이 행복과 보람으로 충만한 의미 있는 삶을 살 가능성 두 가지 중 어느 하나라도 놓칠 수 없다. 사실 이 두 가지의 문제는 동전의 양면일 것이라 믿는다. 이 둘이 동시에 해결되지 않고 어느 한 가지만 해결될 수는 없을 것이다. 따라서 어떤 가치관 및 그 가치관의 토대가 되는 생명관의 윤리학적인 의미를 짚어 보기 위해서는 생태 위기 극복의 가능성뿐만 아니라 인간 위기 극복의 가능성까지 판단해 보지 않을 수 없겠다.

⑴ 개체주의적 생명관이 배태하는 가치관의 성격과 윤리학적 유의미성

먼저 개체주의적 생명관이라는 토대는 이에 바탕한 가치관에 어떤 특성과 한계를 부여하게 될 것인가?

개체주의적 생명관에 기반할 때 개별 생명 개체들은 각각 가치 규정

의 주체가 된다. 모든 생명 개체들은 자신의 생명 가치를 궁극의 가치로 하며, 가치 실현의 대상으로서 세계를 구분하고 위계화 하게 된다. 저마다 제 생명 가치가 궁극의 가치이므로 공유할 수 있는 보편적인 가치란 있을 수 없다. 궁극의 가치에서부터 규정될 수 있는 모든 가치는 주체에 따라 상대적이다. 따라서 개체주의적 생명관을 토대로 하는 가치관은 그 성격상 상대주의적 성향을 띤다. 물론 그 존재 기반을 같이 하는 같은 종 내 생명 개체들이 규정하는 가치는 상당 부분 공통적일 수 있으나 그 궁극의 가치가 각각 자신의 생명 가치인 만큼 보편 가치를 공유하는 것은 아니다.

개체주의적 생명관에 비치는 생명세계는 서로 다른 개성을 향해 쉼 없이 분열하는 세계이다. 다윈(Charles R. Darwin)이 변이를 진화의 필수 요건이라고 했듯이 생명세계는 비슷한 것에서 다른 것이 끝없이 분열해 나오는 장이며, 다르다는 점이야말로 진화를 이끄는 원동력이다. 세계는 서로 다른 것으로 가득 차 있고, 다양하면 할수록 생명력은 고양된다. 생명세계의 다양성과 위에 말한 가치의 상대성은 다윈주의적 가치관으로 이끌린다. 세상은 다양한 제 각각의 생명 가치들이 각축을 벌이며 진화하는 장이고, 이 중 어떤 가치가 더 중요한가는 정해져 있지 않다. 그저 개체들이 자신의 개성을 장점으로 다른 개체들과 경쟁하며 자기 생명 가치를 실현할 때, 생명세계 역시 자연스럽게 진화한다. 이런 자연적 원리를 가로막는 어떤 비자연적 장치나 기구도 효율적이지 않으며, 도리어 진화를 가로막는다. 개체들은 자신의 생명 가치를 실현할 자유를 가지고 태어난 것이다. 이처럼 개체주의적 생명관은 자유를 옹호하는 사상으로 연결될 수 있었고, 이런 점이 근대 시민권의 기반인 자유 사상으로 이어져 봉건적 속박으로부터 근대 사회로 나올 수 있는 가치관을 특징지었다고 볼 수 있다.

한편 주체 밖의 세계는 그 자신의 생명 가치 실현을 위한 대상, 즉 객체이다. 주체는 객체, 즉 주체 이외의 개별 생명들과 비생명에게 도구적 가치를 부여한다. 따라서 비생명이라면 개별 생명을 위한 도구 및 자원이 될 것이며, 다른 개별 생명 역시 그러하거나 또는 공통된 대상에 관심을 가지고 있을 경우에는 투쟁과 극복의 대상이 된다. 개별 생명 개체가 자신의 가치를 객체에게서 실현코자 할 때 객체가 이에 저항한다면 투쟁할 수밖에 없는 것이다. 따라서 세계는 자신의 가치 실현을 위한 쟁투의 장이며 다른 생명 개체는 투쟁의 대상이 된다. 개체주의적 생명관은 자기 중심적으로 세계를 바라보는 성격과 살아남기 위해 세계와 투쟁하는 경쟁 본위적인 성격의 가치관을 낳는다. 이 점은 개체주의적 생명관이 가지게 되는 한계점일 수밖에 없다.

경쟁 본위의 생명 세계에서는 당연히 강자와 탁월성을 가진 개체만이 살아남는다. 이들이야말로 자연선택을 통해 우월성을 입증 받은 개체들이다. 따라서 어떤 주체의 가치도 보편 가치일 수 없을 때는 강자의 가치가 우선시되는 힘의 세계가 펼쳐진다. 현실적으로 강자가 다른 어떤 가치보다 자신의 생명 가치를 가장 앞서 실현시킬 수 있는 힘을 가진 데다가, 그의 생명 가치는 자연 선택을 통해 우월성이 드러났다는 점에서 이념적으로도 그러하다. 이 점은 능력에 따라 가치 서열이 정해진다는 가치관으로 이어질 수 있다. 인간 사회에서는 강자 중심의 가치관이 될 수 있고 생명 세계 전체적으로는 인간 중심적 가치관이 될 수 있는 것이다. 상대주의적 성격의 가치관이 역으로 전체주의적 성격의 가치관이 될 가능성이 이 점에 있다.

적어도 인간 사회에서의 윤리란 이러한 성격의 가치관을 타협을 통해 극복하고자 제시된다. 나의 생명 가치만을 강요하고자 할 때 다른 주체의 생명 가치를 침해하게 되거나 가치간에 충돌이 일어나게 되는데 이것이 공멸로 이어지는 것을 피하고자 하는 타협인 것이다. 즉 본질적으로 생존을 위한 극한의 경쟁원리가 지배하는 생명세계 속에서 타고난 자연적인

본성을 극복하는 것이 윤리이며 도덕성이다. 따라서 이성을 통해 본능을
통제할 수 있는 인간만이 윤리적일 수 있다. 이는 인간의 입장에서 볼 때
다른 어떤 생명과도 구별되는 인간만의 탁월성이다. 오로지 인간만이 자
신의 가치를 희생해 남의 가치 실현을 도울 수 있는 것이다. 이 점은 인
간 중심적 성격의 가치관을 합리화하는 근거가 된다. 더 나아가서는 세계
를 물질과 정신, 또는 물질과 영혼으로 이원화시키거나 또는 신에 의거해
서 인간의 도덕적 탁월성에 보다 강력한 이념적 뒷받침을 하게도 된다.
이런 점에서 인간은 그 자신의 능력, 탁월성으로부터 인간으로서 자긍심
을 가질 수 있다.

　개체주의적 생명관에 입각하게 될 때 행복이란 자신의 생명 가치를
실현시키는 데에 있다. 행복이란 것은 진화적 관점에서 생각해 보면 생
명의 유지에 보탬이 되는 결과들을 지속적으로 지향할 수 있게끔 하는
본능의 연장선상에 있다 하겠다.[3] 배가 부를 때, 배우자와 사랑을 할
때, 후손이 건강하게 자라는 것을 볼 때, 원하는 것을 소유할 때 행복을
느낀다는 것은 곧 그의 생명 가치가 실현될 때 행복을 느낀다는 것이다.
따라서 탁월한 능력을 바탕으로 경쟁자들을 제압하고 자신의 생명 가치
를 우선적으로 실현시킬 때 생존 본능에서 우러나오는 행복은 달성될
수 있다. 그러나 자신의 생명 가치만이 궁극의 가치로 자리한다면 자기

---

3) 인간이 말하는 "행복"이란 것의 진화적인 기원은 유전부호가 유기체 내에서
　기능한 결과인 생존 본능이라 할 수 있겠다. 진화적인 견지에서 볼 때 에너
　지 섭취, 성적 교배 등 생명 유지나 종족 번식에 필요한 행위를 할 시 즐거
　움이나 쾌감을 느끼도록 하는 유전인자가 있는 개체군과 그렇지 않은 개체
　군이 있다면 분명 전자가 더 크게 번성할 것이다. 마찬가지로 생존에 필요한
　것이 부족할 때 결핍감이나 고통을 느끼도록 하는 기제가 유전되는 개체군
　이 더 크게 번성했을 것이다. 이러한 진화의 과정은 생명의 유지와 보존에
　유리한 결과들을 지속적으로 지향하게끔 하는 유전적인 본능을 생명체 일반
　에게 각인 시켰으리라 생각한다. 인간 역시 오랜 진화의 역사 끝에 출현한
　존재라고 본다면 인간의 행복 역시 이러한 유전적인 생존 본능에 기초한다.

삶의 의의는 찾기 힘들다. 그저 살아남는 것이 절대 가치일 뿐 그 이상도 이하도 아닌 것이다. 이는 개인이기주의나 배금주의로 이어질 수는 있으나 삶의 보람을 찾을 근거는 마련해 주지 못한다. 행복이 개체의 생명 가치 실현을 위해 본능이 형성해놓은 기제라면 보람은 그것을 뛰어넘는 만족이다. 보람이란 자기 자신 이외의 무언가에 기여했을 때 얻을 수 있는 것으로, 자기 자신에게 이바지하는 것으로는 얻을 수 없는 것이다. 개체주의적 생명관은 인간으로서의 삶의 의미와 보람을 찾게 하는 데에는 한계점을 가지고 있다. 생명세계 안의 최강자로서 자긍심을 찾는다면 모를까, 보다 고차원적인 삶의 의미를 찾을 근거는 물질과 영혼을 구분하는 이원론이나 신에 기대지 않고서는 찾기 힘들다. 보람의 문제 역시 마찬가지이다.

정리해보면 개체주의적 생명관은 그에 토대한 가치관에 상대주의적, 다원주의적 성격을 부여한다. 개성과 자유가 이 점에서 중시되고 이러한 점은 인간 사회를 오랜 억압의 굴레로부터 깨어나게 하는 데에 크게 이바지했다. 반면 자기 중심적, 경쟁주의적 성격 역시 개체주의적 생명관이 가치관에 부여할 수 있는 중요한 성격이다. 이는 강자 중심의 질서, 인간 중심적 질서로 연결되기도 하며 이원론과 신을 요청하기도 한다. 또한 인간으로서의 자긍심은 그 탁월한 능력에서 찾을 수 있지만 인간으로서의 삶의 의미와 보람은 이원론이나 신 등에 의거하지 않는 한 생명세계 안에서는 찾을 수 없다. 이러한 점에서 개체주의적 생명관은 생태위기를 극복할 가능성과 인간으로서 삶의 의미와 보람을 찾을 가능성 양 측면에서 긍정적인 가치관을 낳기 힘든 한계점을 안고 있다.

(2) 범(凡)생명관이 배태하는 가치관의 성격과 윤리학적 유의미성

범생명관에 토대한 가치관에서는 가치 규정의 주체가 매우 모호해진다. 범생명관에 입각해 보면 생명 개체란 일시적 존재 또는 실체가 없

는 허상일 뿐이다. 화이트헤드에게 유일한 실체는 현실적 존재뿐이지 내가 실재하는 것이 아니다. 불교나 인도종교 등에서는 물물(物物)이 내가 아닌 것이 없는 한편, 나 자신이나 이 세계는 마야(Maya)라는 허상에 불과함을 가르친다. 따라서 생명 개체는 가치 규정의 주체가 될 수 없고, 개체의 생명 가치는 궁극의 가치가 될 수 없다. 역시 모호하기는 하나 가치 규정의 주체가 될 수 있는 것이 있다면 살아있는 전체, 또는 질서 그 자체, 아니면 눈에 보이는 실재 이면의 참실재, 신, 관계, 이런 것만이 가치 규정의 주체가 될 수 있을 뿐이다. 이런 까닭에 생명 세계 또는 존재 세계 내의 어떤 특정한 것은 궁극의 가치가 될 수 없고, 오로지 전체만이 궁극의 가치가 된다. 전체는 조화로운 관계로 이어진 과정, 그 자체라고 할 때 범생명관은 이 전체의 조화로운 질서를 최상의 가치로 강조하게 된다. 즉, 범생명관이라는 가치관의 토대는 그에 근거한 가치관에 전체주의적 성격, 일원주의적 성격, 조화 우선적 성격을 부여한다. 범생명관이 부여하는 이러한 성격은 근대 세계 이전까지의 인간의 장구한 역사를 자연 속에서 조화롭게 유지하게 하는 원동력이 되었을 것이다.

한편 범생명관은 개별적인 어떤 가치도 인정하지 않는데 이는 인간 사회에서 현실적으로 양쪽으로 전개될 가능성을 함께 안고 있다. 즉 자연 세계의 질서를 끊임없이 변화하는 것이라고 보게 될 때에는 인간 사회의 변화를 옹호하는 혁명적 성격을 갖게도 되고, 그 변화 속에서 조화를 이루는 질서나 원리를 강조할 때에는 기존 질서를 옹호하는 보수적 성격을 갖게도 되는 것이다. 이처럼 범생명관은 전체의 가치 이외의 어떤 가치도 인정하지 않음으로 해서 의미 있는 행동규범을 낳기 힘든 측면을 가진 한편, 현실 속에서는 해석에 따라 상반되는 가치관으로 연결되기도 한다. 즉, 현실적인 문제에 별반 규정성을 갖지 못한다는 것이다.

범생명관의 시각에서는 전체 생명 세계의 가치 이외의 어떤 개물(個

物)의 가치도 전체를 떠받치는 가치만을 인정받을 수 있을 뿐 그 각각은 서로 동등한 가치를 가지거나 또는 무가치하다. 전체 이외에는 가치 규정의 주체가 없는 관계로 사실세계는 구분되지도 않고 가치 위계화도 가능하지 않다. 이 경우 한편으로는 인간 중심성이나 강자 우선성에서 벗어나게 되지만 다른 한편으로는 의미 있는 행동규범과 연결될 수 있는 현실성 있는 가치관을 갖기 힘들다. 세상에 더 중요하고 덜 중요한 것이 있을 수 없는 까닭이다. 이런 탓에 범생명관은 그에 근거한 가치관에 탈속(脫俗)적 경향의 성격을 부여하게 된다. 자기 가치 실현을 위한 경쟁이나 개성 등은 찰나에 불과한 것에 대한 집착일 뿐 부질없는 일이 되고, 가치를 부여할 수 있는 것이 있다면 전체의 본원적 질서나 원리·섭리로 합일, 회귀하는 것뿐이다. 현상적으로 보이는 개체를 위한 일은 우주적인 또는 전체적인 차원에서 볼 때 잠시잠깐일 수밖에 없는 것에 매달리는 어리석은 일이다. 따라서 현상적인 것, 개체 중심적인 것을 뛰어넘는 가치나 원리 등에 대한 추구만이 가치 있는 일이 된다. 이러한 탈속적 성격은 현실적, 세속적 가치를 부정하는 경향을 낳게 되고, 인간으로서의 자긍심과 삶의 보람 역시 현실 속에서는 찾기 힘들게 되는 것이다.

범생명관은 생태위기를 극복할 수 있는 가치관을 제시할 가능성은 가지고 있다. 그에 기반한 가치관이 전체중심적, 조화 우선적 성격을 가지기 때문이다. 그러나 인간 됨의 자긍심을 찾거나 인간의 행복과 보람을 찾는 문제에 대해서는 현실적인 해답을 별로 주지 못한다. 궁극의 가치 이외에는 다른 가치들을 규정할 수 없거나 찰나적인 부질없는 것으로 볼 수밖에 없기 때문이다. 탈속적인 가치관을 무조건적으로 부인하는 것은 아니지만 특별한 사람들 몇 사람만이 아닌, 보다 많은 사람들을 위한 가치관을 모색하고자 할 때 우리는 현실성을 문제삼지 않을 수 없다. 따라서 인간의 문제에 현실성 있는 성격의 가치관을 낳지 못한다는 점에서 범생명관은 크나큰 한계점을 가지고 있다 하겠다.

⑶ 온생명관이 배태하는 가치관의 성격과 윤리학적 유의미성

온생명관에서는 가치 규정의 주체가 이중적이다. 온전한 생명의 단위인 온생명이 가치 규정의 주체가 됨은 말할 것도 없고, 낱생명 각각 역시 가치 규정의 주체가 된다. 이 이중적 가치 규정의 주체는 한 몸의 상반된 측면인 까닭에 온생명관은 절대적 보편 가치와 상대 가치가 상보적으로 공존하는 이중적 성격을 가치관에 부여한다.

온생명이 가치 규정의 주체가 되거나 낱생명이 가치 규정의 주체가 되거나 온생명은 궁극의 가치이다. 온생명 자신에게 그 자신의 생명 가치가 최고의 가치임은 말할 것도 없고, 낱생명에게 있어서도 그 자신이 생명이기 위해서는 온생명이 전제되지 않으면 안 된다. 따라서 온생명 자신과 온생명 내 모든 낱생명에게 있어 온생명은 절대적인 보편 가치가 된다. 한편 낱생명의 생명 가치는 온생명을 위한 도구적 가치가 아니다. 낱생명은 온생명의 부분으로서 온생명 그 자신이며 온생명은 낱생명들의 생존에 그 생명을 절대적으로 의존하고 있는 까닭이다. 따라서 개별 낱생명의 생명 가치 역시 준절대성을 가진 가치가 된다. 우리 몸의 심장이며, 장기며, 세포 등의 부분들이 우리 몸의 생존을 위해 쓰고 버릴 수 있는 도구가 아니라 우리 자신 그 자체인 것과 마찬가지이다. 온생명 내 모든 낱생명들은 동등한 가치를 갖는다. 온생명의 생명이 낱생명 때문에 가능하다는 데에 더 중요하고 덜 중요한 낱생명이 있을 수 없다. 모든 낱생명의 가치는 온생명이라는 궁극적 보편 가치 아래에서 똑같은 절대성을 부여받는다.

한편 온생명관에서는 가치의 상대성 역시 공존하게 되는데 이것이 바로 기여 가치이다. 온생명이 가치 규정의 주체일 때 그 부분인 낱생명들은 도구적 가치가 아닌 온생명에 대한 기여 가치를 부여받는다. 즉, 온생명 자신의 생존과 발전에 기여하는 정도에 따라 상대적인 가치 평가가 가능하다는 것이다. 낱생명이 가치 규정의 주체일 때 역시 보생명은 그 낱생명에 대한 기여 가치를 부여받는다. 또한 낱생명 안의 체계적 부분을 이루는 낱생명들 역시 그 낱생명에 대한 기여 가치를 부여받는다. 낱생명의 입장에서 여러 보생명들과 낱생명 자신의 여러 부분들 가운데에는 더 고마운 존재가 있을 수 있고 덜 고마운 존재도 있을 수 있는 것이다. 기여 가치에 있어서는 낱생명들은 동등한 가치를 갖지 않는다.

온생명관에서는 이처럼 생명 가치와 기여 가치라는 절대적 보편 가치와 상대적 가치가 양립하고 공존하기 때문에 우리는 오늘날 환경·생태 위기를 극복할 수 있는 가능성과 인간의 삶의 의의를 찾고 행복과 보람을 찾을 수 있는 가능성 모두를 찾게 된다.

온생명관에 기반한 가치관은 온생명을 보편 가치로 하며 모든 낱생명들의 가치가 동등한 가치로 인정받게 되므로 이 점에서 우리는 인간 중심적 가치관을 극복할 수 있다. 온생명 내에서 어떤 하나의 낱생명만이 궁극의 가치가 된다면 그것은 마치 인간 몸 속의 암세포와 같이 된다. 자신의 생명만을 앞세우고 다른 생명을 도구 또는 적으로만 인식할 때 필연코 자신의 생명도 유지할 수 없을뿐더러 전체 생명도 위협하게 된다. 그러나 온생명관에 기반할 때 한 몸 내에서 자기 생존만을 위해 아귀다툼을 하게 되지는 않는다. 자기의 생존이 온생명 전체의 건강에 의존하고 있으며 여타 모든 낱생명들은 모두 온생명의 생명을 떠받치고 있는 고귀한 나의 한 몸이며, 형제들이기 때문이다.

온생명 내에서 인간의 행복이란 자기의 생명 가치가 한껏 발양되며 동시에 온생명의 생명 가치가 꽃필 때이다. 제 한 몸은 힘에 겨울 정도로 비대한 데 다른 사람들은 굶고 있다면 그것은 행복일 수 없고, 인간만은 전례 없는 풍요를 구가하고 있지만 수많은 생명들이 무리 죽음을 당하고 있다면 행복일 수 없다. 사실 이런 때에 대부분의 인간이 죄책감이나 안타까움을 느끼게 되는 것은 우리의 정서 안에 자연스럽게 온생명관의 맹아가 자리하고 있는 때문인지도 모른다. 온생명관을 통해 우리는 행복에 대한 새로운 눈을 뜨게 된다. 개체주의적 생명관에서처럼 경쟁에서 승자가 되어 자기의 생명 가치를 한껏 높인다고 해서 행복이 성취되는 것은 아니다. 온생명과 내가 접할 수 있는 보생명들이 나와 함께 건강할 때에야 우리의 생명 가치도 빛을 뿜게 되고 그 때야말로 온생명 내에서 낱생명이 가질 수 있는 진정한 행복의 순간인 것이다.

온생명관에서 얻을 수 있게 되는 기여 가치는 또한 인간허무주의를 극복할 수 있는 근거를 제공한다. 인간은 온생명 내에서 신경 중추로서의 역할을 하고 있다. 인간으로 하여 온생명은 스스로를 발견하고 의식적 능력을 가진 새로운 단계의 생명으로 진화하고 있다. 이것은 우주 내에서 생명이 출현한 것만큼 새로운 단계의 중대한 사건이다. 인간은 온생명의 새로운 차원의 삶에 있어 지대한 역할을 하는 중차대한 낱생명이다. 이 기여 가치라는 점에 있어 인간은 온생명 내 여타 낱생명에 비해 보다 중대한 위치를 차지하고 있으며, 이 점에서 우리 인간은 그 스스로의 인간됨에 자긍심을 느끼며 살아 갈 수 있게 된다. 온생명에 있어서 인간은 있으나 마나 한 존재도, 있으면 되려 해만 끼치는 존재도 아니다.[4] 35억 년의 나이를 가진 온생명이 장구한 역사 끝에 차원 높은 생명으로 거듭나는 우주사적 사건에 인간은 중심적 역할을 하고 있는 것이다. 물론 아직 우리는 온생명이 정신을 가진다는 것이 어떤 의미일지, 그렇게 되었을 때 무엇이 달라질지 알 수 없다. 그러나 적어도 온생명이 의식적 존재로 거듭나고 있는 과정의 한 가운데에 인간이 자리하고 있다는 사실만큼은 분명하다. 이 점에 있어 우리 인간은 인간으로 태어나 문명과 문화를 일구고 사는 데에 대한 자긍심을 한껏 가져도 좋은 것이다.

---

4) 사실 이런 가능성이 없는 것은 아니다. 어쩌면 현재까지의 상황으로 보건대 인간이 온생명 내의 암적 존재로 전락해버릴 가능성이 더 높은 지도 모른다.

또한 기여 가치가 실현될 때 우리는 삶의 보람을 찾게 된다. 사실 행복은 자신의 생명 가치를 실현함으로써 찾을 수 있는 것이지만 보람이라는 것은 그렇지 않다. 그것은 자신 이외의 것에 보탬을 줌으로써, 기여를 함으로써만 찾을 수 있는 것이다. 그리고 이것이야말로 온생명 내의 낱생명들이 스스로 삶의 의미를 갈구할 때 그 해답이 되는 지점이다. 인간은 온생명의 정신에 중대한 역할을 함으로써 인간으로서 사는 보람을 찾을 수 있다. 낱생명이 가치 규정의 주체인 경우 그 보생명에 대한 기여 가치를 실현할 때 또한 보람을 찾을 수 있는 때이다. 인간 사회 내에서 다른 인간에 기여를 하며 우리는 보람을 얻을 수 있고, 개인의 상위 생명이 되는 사회에 기여를 하면서 보람을 느낄 수 있는 것이며, 다른 낱생명의 생명 가치를 높이는 데에 기여를 하면서 보람을 느낄 수 있는 동시에, 최종적으로는 온생명의 생명 가치를 높이는 데에, 그리고 그 정신을 깨어나게 하는 데에 기여를 하면서 보람을 얻을 수 있는 것이다.

온생명관에 입각함으로써 우리는 환경 생태 위기를 극복하고 새로운 차원의 삶을 열어갈 수 있는 성격의 가치관을 얻을 수 있을 뿐만 아니라 인간이 인간으로서 살아가는 의미, 인간으로서의 행복과 보람을 찾을 수 있는 근거를 모두 얻게 된다. 인간 행복의 근거가 온생명과 자신의 생명 가치의 실현이라면 인간 보람의 근거는 온생명과 보생명에 대한 기여인 것이다. 이러한 점에서 온생명관은 여타의 생명관과 비교할 때 보다 높은 가치관적 유용성을 가지고 있다 평가하지 않을 수 없다. 물론 온생명관에 있어서도 한계점은 있다. 상반되는 가치가 상보적으로 공존할 때 그 적절한 접점을 찾기가 쉽지 않는다는 점이다. 어쩌면 그것은 자연 세계가 그렇듯이 끊임없이 요동하면서 긴장 속의 균형을 찾아가게 될 문제인지도 모르고, 또 어쩌면 우리가 온생명에 대한 이해를 높여가면서 그에 대한 답에도 접근해 갈 지 모르는 일일 게다.

　이 세 가지 생명관으로부터 배태되는 가치관의 성격 및 그 윤리학적 의미를 정리하자면 <표 2>와 같이 정리될 수 있겠다.

<표 2> 세 가지 생명관이 배태하는 가치관의 성격 및 윤리학적 유의미성

	개체주의적 생명관	범생명관	온생명관
가치 규정의 주체	개별 생명개체 각각	"전체"나 질서 그 자체	온생명 개개의 낱생명
궁극의 가치	각각의 생명개체 자신의 생명 가치	전체(의 조화로운 질서)	온생명 가치 낱생명 가치(준절대성)
가치관의 성격	상대주의적 / 다원주의적 경쟁본위적 / 자기중심적	조화우선적 / 일원주의적 탈속(脫俗)적	절대적 보편가치(생명 가치)와 상대적 가치(기여 가치)가 상보적으로 공존하는 이중적 성격
생명세계에 대한 이해	개성을 향해 분열 / 각축 / 진화 생존경쟁·적자생존의 장	생명 개체란 일시적 존재, 또는 실체 없는 허상. 존재세계 전체의 조화가 본원적 질서, 참실재.	협동과 경쟁이라는 두 원리가 상보적으로 공존하는 세계. 협동이 본원적인 원리.
인간에 대한 이해	자연적 본성(이기성)을 극복할 이성과 도덕성을 가진 탁월한 존재	"나"란 실체 없는 허상. 본원적 질서로 합일, 회귀해야 할 일시적 존재.	온생명의 자의식 형성할 중추 신경계.
생태위기 극복 가능성	인간중심적 가치관을 옹호하고 자연을 도구로 보는 시각을 갖기 쉬움으로 극복하기 어려움.	전체 질서 아래 모든 일시적 존재들 각각은 동등한 가치 가짐. 인간중심적 가치관 극복 가능.	절대적 가치에서 모든 낱생명의 생명가치 동등. 인간중심적 가치관 극복 가능.
인간위기 극복 가능성	물질/정신 이원론이나 신 등을 요청하지 않고는 고차적인 인간 삶의 의의나 보람을 해명하기 힘들므로 극복에 한계 있음.	현실성 있는 행동규범을 주기 힘들며, 탈속적인 성격 때문에 의미있는 세속/대중가치관 되기 힘들므로 극복에 한계 있음.	온생명에 대한 기여에서 인간 삶의 의의를, 보생명에 대한 기여에서 삶의 보람을 해명하여 인간 위기 극복 가능성 가짐.

⑷ 온생명관이 윤리학적으로 유의미한 이유

그렇다면 위 세 가지의 생명관 중 온생명관이 특히 오늘날 윤리학적으로 유의미한 가치관을 형성할 토대가 되는 까닭은 무엇으로 볼 수 있는가?

그것은 온생명관이 현대적인 합리성을 갖춘 생명관이기 때문으로 사료된다. 생명세계를 이해하는 데에 있어 현대적인 합리성의 핵심은 바로 생명의 "개별성" 혹은 "개체성"과 생명의 "전체성" 혹은 "연관성", 양자를 고루 해명할 수 있는가 하는 문제일 것이다. 이것은 현대과학이 생명체 개체에 대한 이해의 수준을 높이는 방면에서 탁월한 성과를 거둔 동시에 생태학 등 생명세계의 전체성과 그 깊은 연관성을 이해하는 데에서도 많은 발전을 이루고 있는 바 이러한 성과를 모두 수용하는 생명관만이 현대적인 의미에서 합리적인 시각이 될 것이기 때문이다. 이 점을 간단히 비교해 본다면 <표 3>과 같이 정리될 수 있겠다.

<표 3> 세 가지 생명관의 현대적 합리성 비교

	개체주의적 생명관	범생명관	온생명관
개별성/개체성 해명	○	×	○
전체성/연관성 해명	×	○	○

개체주의적 생명관은 생명의 개별성·개체성은 해명하여 주지만 전체성·연관성의 부분에선 그러하지 못하다. 범생명관은 이와 반대이다. 그러나 온생명관은 생명이 온생명이라는 전체로서 자족적으로 정의되며 이 온생명이 수많은 낱생명들과 그의 보생명으로 이루어져 있다는 연관성을 해명하는 동시에, 개별 낱생명들이 가진 개별성·개체성의 부분도 해명하

고 있다. 따라서 우리는 온생명관이 세 가지로 범주화되는 생명관 중 현대적인 의미에서 합리적으로 생명을 이해하는 데에 가장 우수한 생명관이라는 점을 어렵지 않게 확인할 수 있다.

과학적인 합리성이 곧바로 윤리학적인 유의미성으로 직결된다고 보기에는 무리가 있다. 그러나 처한 세계를 보다 더 잘 이해하는 것은 옳고 그름, 좋고 나쁨을 판단하는 기준과 가치 서열을 세우는 데에 가장 튼튼한 기초가 됨 역시 부인할 수 없다. 특히나 오늘날 환경문제를 극복하고자 우리가 가진 자연에 대한 가치관을 재검토하는 데에 있어서는 그 가치관이 토대하고 있는 앎과 이해의 측면이 얼마나 합리적이었는가 하는 문제가 관건이 된다. 현대의 환경문제가 비롯된 근원이 인간의 비도덕적인 측면에 주로 기인한다기보다는 자연세계에 대한 무지와 몰이해, 이해 폭의 협소함에서 출발하였기 때문이다.

따라서 생명관이 가치관 형성의 중대한 토대가 된다고 할 때, 보다 긍정적인 가치관을 배태할 가능성은 보다 합리적인 생명관에 더욱 크게 내재되어 있다 하겠다

4. 온생명론의 윤리학적 의의

온생명론은 온생명이 모든 낱생명 존재의 근원임을 밝힘으로써 인간중심주의 패러다임을 극복한다. 그리고 온생명 내에서 인간이 그 중추신경계를 구성하며 온생명의 자의식을 형성하는 중요한 위치에 있음을 밝힘으로써 생태중심주의 패러다임의 한계점 역시 극복한다. 온생명론에 이르러서야 인간중심인가, 생태중심인가 하는 가치 패러다임의 이분구도를 극복하고 보다 차원 높은 윤리적 성찰의 단계로 나아갈 수 있게 되는 것이다.

나아가 온생명론에 입각할 때 현대의 두 가지 위기, 즉 생태적 위기와 인간의 위기는 동전의 양면과도 같다는 점이 드러난다. 인간이 생명 세계 속에서 그 자신의 행복이란 무엇인가를 옳게 이해하지 못하고 본능적인 식욕과 물욕에만 매몰될 때 온생명을 통째로 바쳐서라도 더 많은 물질적 풍요만을 얻고자 하는 자멸의 길로 향하게 된다. 인간으로 하여 생태적 위기가 더해지면 더해질수록 온생명 내에서 인간은 암적인 존재로 전락하게 되어 결국 인간으로서 살아가는 보람을 찾을 길이 요원하게 된다. 즉, 인간의 행복과 보람에 대한 협애한 이해가 현대의 생태적 위기와 인간 위기 양자의 바탕에 자리하고 있다는 것이다.

온생명론은 새로운 세계 이해와 인간 이해에 근거하여 인간의 삶의 의의와 행복 및 보람의 문제에 대한 새로운 이해를 가능케 함으로써 하나의 원리로부터 인간 문제와 환경 문제 모두를 해명하여 보편 윤리와 환경 윤리 통합의 가능성을 열고 있다. 이것은 온생명론이 환경문제를 우리 시대에 세계와 인간을 향해 새로이 열린 창(窓)으로 바라보고, 보다 근본적인 인식으로 접근하려 한 사유의 결과물이기 때문이다. 온생명론에 입각할 때 현대 환경문제에 대한 이해를 새롭게 할 수 있고, 이러한 문제의 원인이 인간 자신의 문제와 연결되어 있음을 이해할 수 있다. 현대 환경문제는 대아(大我)인 온생명의 병적인 증세로 이해된다. 그리고 인간이 자신의 위치와 삶의 의미를 찾지 못하고 혼돈 속에서 좌충우돌하고 있는 바의 결과, 다시 말해 인간이 자신의 행복한 삶과 보람있는 삶에 대해 제대로 이해하지 못하고 있음의 소치가 환경문제로 이어지는 것이다.

이처럼 온생명론은 20세기 말, 21세기 초 환경문제라는 창을 통해 새롭게 발견하게 되는 세계와 인간 자신에 대한 확장된 인식이다. 환경문제가 기존의 협소한 세계 이해와 비약적으로 향상된 인간의 능력 사이의 부조화를 알리는 메시지였다면 온생명론은 이 부조화를 극복하는 새로운 인식 지평으로서 자리매김한다고 할 수 있을 것이다.

5. 온생명론의 발전 과제

　그러나 온생명론은 아직까지 완결태라고 할 수 없다. 특히 윤리사상 측면에서의 온생명론은 보다 많은 점들을 극복하고 발전시켜야 완숙한 차원으로 나아갈 수 있을 것이다.

　우선 환경윤리적 관점에서 볼 때 가장 중대한 한계이자 해결 과제는 환경윤리사상으로서의 온생명론이 구체적인 도덕적 실천 지침을 주기 매우 힘들다는 것이다. 가령 살생의 문제를 생각해 보자. 인간이 일체의 살생을 피하기 힘들다면 우리 각자는 무엇은 죽여도 좋고, 무엇은 죽여서는 안 되는가. 무엇은 먹어도 좋고, 무엇은 먹어서는 안 되는가. 일체의 생명들이 모두 대아(大我)인 온생명을 이루는 부분이라고 할 때, 이 질문에 대해 답할 수 있는 기준은 무엇이 될 것인가. 온생명의 건강을 기준으로 종다양성을 고려하고자 한다면 멸종 위기의 생물이 이상 번식하고 있다 보이는 인간 종보다 더 우선적으로 보호되어야 한다고 보아야 할 것인가? 종의 보존을 보장한다면 가축을 사육해서 식육하는 것은 도덕적으로 긍정될 수 있는가? 하나의 예를 들었지만 개개인의 일상생활에서 우리가 부딪힐 수 있는 도덕 문제는 너무나도 많다. 그러나 온생명론은 아직까지 이른바 거대담론의 면모만을 갖추고 있는 바 구체적인 실천에 대한 유용성이 떨어진다 생각된다.

　온생명론이 제시하는 도덕적 판단과 실천 기준은 "온생명의 건강"이라는 기준, 그리고 나 이외의 존재들이 나의 "보생명"이라는 자각일 것이다. 온생명의 건강이라는 기준은 매우 불투명할 뿐만 아니라 그에 대한 판단 근거들 자체가 많지 않기 때문에 실질적인 판단 기준으로 작용하기 어려운 경우가 많다. 장회익 스스로는 이 문제를 보다 분명하게 하고자 "인간 한계부양성 안정"이란 개념을 통해 문명 시대 이전인 1만 년 전의 상태를 하나의 기준으로 제시한 바 있으나(장회익, 2001b) 현 시점에서 구체적인 개인들의 환경윤리적 판단과 실천의 기준으로 삼기에는 상당한 거리가 있다 생각된다. 또한 보생명에 대한 자각 역시 어떤 보생명을 더 아끼고 어떤 보생명을 덜 아껴야 할 것인가를 판단하는 데에 상당한 애로를 안고 있다. 장회익은 이 점에 대해 가까운 보생명을 자기 자신 못지 않게 아끼려는 선천적 특질이 우리에게 있으며 이것이 지성을 통해 자각된 온생명을 보다 큰 "나"로 느끼게끔 할 심정적 바탕이라고 보았지만 (장회익, 1998b, pp.284-286) 무엇이 가까운 보생명인지 판단하는 것도 아직은 모호하다. 혈연적으로 가까운 것이 가까운 보생명인지, 자신의 생존에 직접적으로 관련된 것이 가까운 보생명인지, 생활에서 자주 마주하게 되는 생명이 가까운 보생명인지 개별 사안에서는 판단키 힘들다. 혈연을 생각한다면 부모와 자식일 것이고 생활을 생각한다면 친구나 동료들이겠지만, 생존을 생각한다면 아마존의 열대 우림일 수도 있지 않은가.

그 의의와 가치가 높은들 현실에서 힘을 갖지 못하는 사상은 보다 많은 사람들에게 받아들여지기 힘들 수 있다. 당장 피터 싱어의 동물해방론과 온생명론을 두고 비교해 본다면 그 역사적인 의의나 학문적 깊이에 있어 온생명론을 더 높게 평가하지 않을 수 없지만 개개인의 실천면에서 보다 강력한 것은 두말할 것 없이 동물해방론이다. 따라서 온생명론에 바탕한 환경윤리를 정립하기 위해서는 보다 구체적인 도덕적 판단과 실천의 기준들을 마련하려는 노력이 필요하다 생각한다.

덧붙여 온생명론 발전의 또 다른 과제가 있다면 그것은 온생명론에 기반한 "보람의 윤리학"을 정립하고자 하는 노력이 필요하다는 것이다. 온생명론은 최초로 인간의 "보람"을 철학적·윤리학적 문제로 제기한 사상이다. 장회익에 의하면 행복이란 "생존에 유리한 것이 개체에게 즐거움을 주도록 본능이 형성한 메커니즘"으로 볼 수 있다. 본능에 각인된 이 메커니즘은 충족이라는 한 벡터만을 만족하게 형성되어 있을 뿐 "지나침"에 대한 제어가 불가능하기 때문에 행복만을 추구할 때에는 파멸로

갈 수도 있다. 그러나 행복보다 더 높은 차원에 있는 것이 "보람"이란 것
으로써 행복과 보람의 양자를 추구해 갈 때 불행한 사태를 막을 수 있을
뿐만 아니라 인간으로서 사는 의의 역시 찾을 수 있다는 것이 장회익의
견해이다(장회익, 2001d). 따라서 온생명론에서는 보람의 문제가 중요한
철학적, 윤리학적 문제로 제기되는데 이 점은 대중들에게 고루한 의무로
만 인식되고 있는 도덕·윤리가 보다 삶을 알차게 살아갈 수 있는 지침
으로 달리 자리매김 할 수 있는 중요한 문제제기이다. 온생명론을 토대로
인간의 행복과 보람의 문제를 더욱 적극적으로 해명하고, 나아가 "보람
의 윤리학"을 정립할 수 있다면 인간의 도덕적 생활에 커다란 변화를 가
져올 수 있을 것이라 기대해 볼 수 있겠다.

【참고 문헌】

김명식 옮김, 1999, 『환경윤리: 환경윤리의 이론과 쟁점』, 자작나무. (DesJardins, Joseph R., 1993/1997, *Environmental ethics: an introduction to environmental philosophy*, 2nd Edition, Wadsworth Pub. Co.).

김명자 옮김, 1999, 『과학혁명의 구조』, 까치글방. (Kuhn, Thomas S., 1962/1970/1996, *The Structure of Scientific Revolutions*, The University of Chicago).

김종철, 1989, 「우리나라의 교육목적과 가치관 교육」, 수록처 : 서울특별시교육연구원 편, 『가치관교육』, pp.79-97.

문창옥, 1999, 『화이트헤드 과정철학의 이해』, 통나무.

박이문, 1997/1998, 『문명의 미래와 생태학적 세계관』, 도서출판 당대.

박창근, 1997, 『시스템학』, (주)범양사 출판부.

오영환, 1996, 「만물의 신체를 꿰뚫고 있는 우주 생명 — 생명과 우주에 대한 철학적 시각」, 『지성과 패기』, 35, 1996년 7-8월, pp.114-115.

이성범 · 구윤서 옮김, 1985, 『새로운 과학과 문명의 전환』, (주)범양사 출판부. (Capra, Fritjof., 1982, *The Turning Point*, John Brockman Associates, Inc., New York).

임홍빈, 2001, 「생명의 형이상학은 가능한가?」, 『과학사상』, 36, pp.151-166.

장회익, 1990, 『과학과 메타과학』, 지식산업사.

______, 1993, 「생명문제의 문명사적 의의」, 『과학사상』, 7, pp.8-24.

______, 1995, 「"온생명"과 현대문명」, 『과학사상』 12, pp138-160.

______, 1998a, 「인식 주체와 과학의 인식적 구조」, 『과학철학』 1, pp.1-34.

______, 1998b, 『삶과 온생명』, 솔출판사.

______, 2000a, 「현대과학의 생명이해」, 수록처 : 우리사상연구소 편, 『생명과 더불어 철학하기』, 철학과현실사.

______, 2000b, 「21세기 지성과 생태문제」, 『과학과 철학』 11, pp.11-33.

______, 2000c, 「온생명과 인류 문명」, 『동아시아 문화와 사상』 4, pp.12-42.

______, 2001a, 「온생명 관점에서 본 생명조작과 생명윤리」, 『녹색평론』 57, pp.131-141.

______, 2001b, 「생태적 사고와 인류의 생존」, 충북대 심포지엄 자료.

______, 2001c, 「자연, 인간, 교육」, 한국어린이육영회 학술대회 《어린이와 자연: 교육의 미래를 생각합니다》 기조강연자료.

______, 2001d, 2001년 10월 16일 서울에서 글쓴이와의 면담.

______, 2002, 「자연과 인간의 조화」, 『고등학교 철학』, 대한교과서주식회사, pp.145-177.

최우석, 2003, 「환경교육의 토대로서 생명관과 가치관 변화 기제에 관한 연구 — 온생명론의 교육적 측면에 관련하여」, 서울대학교 석사학위 논문.

홍욱희 옮김, 1990, 『가이아: 생명체로서의 지구』, (주)범양사 출판부. (Lovelock, James E., 1979, *Gaia: A new look at life on earth*, Oxford University Press).

황경식·김성동 옮김, 1997, 『실천 윤리학』, 철학과현실사. (Singer, Peter., 1980/1993, *Practical Ethics*, Cambridge University Press).

Devall, Bill. & Sessions, George., 1985, *Deep Ecology*, Peregrine Smith Books, Salt Lake City. 재인용 : 조용개, 2001, 「생태중심 생명가치관 확립을 위한 환경윤리교육의 모형 개발에 관한 연구」, 『환경교육』 14(1), pp.1-18.

Milbrath, Lester W., 1989, *Envisioning a Sustainable Society: Learning Our Way Out*, State University of New York Press, Albany.

Naess, Arne., 1973, "The Shallow and the Deep, Long-Range Ecology Movement: A Summery", *Inquiry* 16, pp.95-100.

Sherburne, Donald W. (ed.)., 1966, *A Key to Whitehead's Process and Reality*, The University of Chicago Press, Chicago and London.

연세 한국어사전, 2000, <http://dic.yonsei.ac.kr>

의미기반, 이론구성, 과학혁명

이 상 원(포항공대, 과학철학)

1. 이론구성의 기초로서 의미기반

장회익(1990)은 "의미기반"과 "지지이론"이라는 개념을 도입하여 몇 가지 과학철학적 질문에 답한다. 그의 답은 세 가지로 요약할 수 있다. 첫째, 쿤의 혁명적 과학철학을 사회적 차원이 아니라 순전히 "인식적" 차원에서 해명할 수 있다. 둘째, 논리 경험주의 과학철학, 소위 이론에 대한 "진술적 관점"의 맹점을 해명할 수 있다. 셋째, "동역학"의 구조 이해 및 분류를 효율적으로 행하게 해줌으로써 과학에 대한 우리의 이해를 높여 준다. 이 글에서는 이러한 장회익의 논의가 가지는 기여 사항과 발전가능성 등등에 대해 논의하고자 한다. 논의의 후반부에서 필자는 과학 활동에서 실험 도구(좁게 측정 장치)의 역할에 대해서 논의하면서, 장회익 스스로 시도한 것은 아니나 실험 도구에 대한 장회익(1998)의 입장을 의미기반에 대한 그의 견해와 자연스럽게 연결시킬 수 있는 가능성에 대해서 논의할 것이고, 그럼으로써 그의 의미기반에 대한 논의를 확장시키고자 시도할 것이다.

의미기반에 대하여 장회익은 다음과 같이 개념을 규정하고 있다.

> 과학이론이 지니는 이러한 성격을 집합론적 개념을 활용하여 서술해보면 다음과 같다. 이제 하나의 과학이론을 S라 부르기로 할 때 이 이론은 영역(領域: domain) D와 사상(寫像: mapping) g에 의하여 다음과 같은 형태로 표시될 수 있다.
>
> $$S = < D, g >$$
>
> 여기서 영역 D는 이론 S의 "의미기반"을 나타내는 것으로서 이를 구성하는 모든 가능한 의미요소(意味要素: semantic element)들의 집합이며, 이는 다시 이론의 취급 대상이 되는 모든 대상물들의 집합 즉 대상영역과 대상물들이 지닐 수 있는 모든 가능한 상황을 나타내는 물리량들의 집합 즉 상황 영역으로 구분될 수 있다. 그리고 사상 g는 이 영역 D위에 정의되는 각종 함수(function), 관계(relation) 및 상수(constant)들을 나타내는 것으로서 대체로 명시적 상황에 대한 진술에 해당하는 것이다.
>
> 이 새로운 관점에서는 과학이론이라는 것이 그 언어에 해당하는 "의미기반" D와 그 문장에 해당하는 "상황진술" g의 대립되는 두 요소로 이루어지며 과학의 발전과정에 따라 이 두 요소가 모두 변형될 수 있는 성격을 지닌다는 점

이 강조되고 있다. 특히 "의미기반" D 그 자체는 다시 "대
상역역"과 "상황영역"으로 구분되면서 이론의 매우 중요
한 구조적 특성을 반영하는 부분이 되면 "상황진술" g는
오직 이미 의미기반 속에 포함된 의미요소만을 대상으로
이들간의 보편적·특정적 각종 상호관계를 표현하는 기능을
지니는 것으로 보게 된다.(장회익, 1990, p.76.)

이어서 장회익은 이러한 집합론적 이해를 구체적인 예를 통해 설명한
다.

> … 고전질점역학의 경우를 생각해보자. … 의미기반을 보
> 면 대상영역으로서의 N개의 입자계(질점계)를 지정할 수
> 있으며 상황영역으로서 이들이 지닌 3차원공간영역, 1차
> 원질량영역, 1차원질량 영역, 3차원 힘 영역들을 지정하
> 고 이들의 복합영역으로서 속도·가속도·운동량·에너지영
> 역 등을 지정할 수 있다. 다음에 여기에 부여될 상황진술
> 들로서는 먼저 상황영역내의 모든 복합영역(속도·가속도·
> 운동량 등)과 원초영역(공간·시간·질량 등)간의 관계를 지
> 정하는 "함수"들이 주어지며, 또 보편상황 진술은 힘과
> 운동량 변화와의 "관계", 물체와 물체 사이의 기본적 상
> 호작용 "관계" 등의 공리의 형태로 주어지고, 특수상황
> 진술로서 입자들이 지닌 질량의 값, 그리고 입자들이 지
> 닌 초기조건, 즉 어느 특정시간에서의 위치 및 속도의 값
> 들이 주어질 수 있다. 그리고 역시 상황진술의 일부로 되
> 어 있는 상수항으로서의 좌표의 기준을 표시해 줄 수 있
> 다.
> … 의미기반과 상황진술들이 모두 주어지면 이 대상물이

지니는 상황에 관한 모든 가능한 정보들이 이론체계의 논
리적 성격에 의해서 연역될 수 있다. 예를 들어 이 입자계
가 지닌 현재의 위치와 속도를 알면 미래 또는 과거 어느
순간에서의 위치와 속도를 비롯해서 모든 의미 있는 물리
적 상태량들이 산출될 수 있으며 이러한 산출값들은 또한
더 직접적인 관측에 의해서 확인될 수 있다.(장회익, 1990,
pp.76-77.)

이 인용문의 둘째 문단은 현재 학부 이상의 학제에서 고전질점역학
에 대한 교육과 연구활동에서 중심을 이루는 내용을 기술하고 있다. 하
지만 위 인용문의 첫 문단에 담긴 의미기반에 대한 인식은 "의도적으
로" 보고자 하지 않으면 보기가 쉽지 않은 내용이다. 이 의미기반에 관
한 논의가 바로 과학철학적, 과학기초론적으로 장회익이 기여하고 있는
내용이다.

2. 의미기반 변화로서 과학 혁명

장회익이 "… 과학이론이라는 것이 그 언어에 해당하는 "의미기반"
D와 그 문장에 해당하는 "상황진술" g의 대립되는 두 요소로 이루어지
며 과학의 발전과정에 따라 이 두 요소가 모두 변형될 수 있는 성격을 지
닌다는 점이 강조되고 있다."라고 썼을 때, 이 상황은 다음 두 가지를 의
미한다. 첫째, 과학 이론의 변화는 주로 의미기반의 변화를 의미한다. 둘
째, 이러한 관점에서 볼 때, 의미 기반의 변화라는 개념은 쿤의 과학혁명
의 과정을 통해 일어나는 인식적 변화 부분을 설명할 수 있다.

3. 의미 기반의 국소적 변형: 상황 영역의 변화와 대상 영역의 변화

앞서 보았듯이, 의미 기반은 크게 대상 영역과 상황 영역으로 나뉜다. 이때 과학혁명을 각각의 영역에서의 국소적 변화의 결과로 효과적으로 설명할 수 있다.

3-1. 대상 영역의 변화

대상 영역에서의 어떠한 변화가 과학혁명을 이끈 경우로 장회익은 돌턴(Dalton)의 원자론의 경우를 들고 있다. "원자론이 도입되기 전에는 우리가 고찰의 대상으로 삼고 있는 대상물들을 연속적인 매질 및 이들의 결합이라고 보아왔으나 원자론을 계기로 대상물들을 유한한 단위를 지닌 미소립자들의 모임이라고 생각하게 되었으며 대상물에 대한 이러한 성격 변화에 따라 이들이 지니는 상황영역 또한 크게 수정되었고, 결과적으로 우리의 현상이해 방식이 근본적으로 달라지게 되었음은 너무도 잘 알려진 사실이다."(장회익, 1990, 83)

이러한 유형의 대표적인 경우로 또 다른 사례를 들 수 있다. 화학혁명이 그것이다. 프리스틀리(Priestly)가 "플로지스톤이 빠진 공기"(dephlogisticated air)로 본 것을 라부아지에(Lavoisier)는 "산소"로 보았다. 산소를 도입함으로써 라부아지에는 연소 현상뿐 아니라 여러 가지 화학 현상을 설명해 낼 수 있었다. 이런 종류의 의미기반의 변형, 즉 대상영역의 변형에 의한 과학적 변화는 인식 대상의 급격한 "존재론적" 변화에 기반하는 과학혁명에 대한 설명 형식이 된다.

3-2. 상황 영역의 변화

프톨레마이오스 천문학이 코페르니쿠스 천문학으로 바뀌었을 때, "의미기반 속에 담긴 대상물로서의 지구와 여기에 대응하는 상황영역으로서

의 '위치'(또는 운동) 사이에 구조적 변화가 일어남으로써 가능해진 것
으로 해석할 수 있다."(장회익, 1990, p.76.) 이는 의미기반의 상황 영역
변형에 따른 과학적 변화로서 전형적인 과학혁명에 속한다. 즉 천체들이
사라지거나 새로운 행성의 추가가 엄청나게 커다란 정도로 있는 것이 아
니라, 행성간의 위치나 운동에서의 어떤 변화를 줌으로써 우리가 세계를
다른 방식으로 이해하게 되는 경우라고 할 수 있다. 이는, 상황 영역의 변
형이라는 시각에서, 즉 대상계의 존재론적 변화보다는 대상계를 파악하는
우리의 "인식론적" 시각에서 변화가 일어남으로써 세계를 과거와는 전혀
다른 방식으로 바라보게 해주는 과학 혁명의 유형을 설명해 내고 있다.

4. 진술적 관점과 의미기반

의미기반에 대한 논의는 과학이론에 대한 "구조적 관점"과 상당한 부
분에서 연관을 지니고 있으며 그 주요 내용을 위에서 살펴보았다. 특히
스니드(Joseph Sneed) 등등의 수리구조적 관점은 이론의 특성을 주로 집
합론을 기반으로 한 수학적인 논리구조에서 찾으려 하나, 이에 의미기반
을 고려하게 되면 이론의 특성이 더욱 충실히 드러난다는 것이 장회익의
입장이다. 한편 구조적 관점과 의미기반의 중요성을 강조하는 자신의 입
장에 비할 때, 이른바 과학 이론에 대한 "진술적 관점"과 의미기반론의
관계는 더욱 두드러진다고 장회익은 말한다.

> … 이 이론과 진술적 관점을 비교해 보면 그 공통점과 차
> 이가 가장 명확히 드러난다. 즉 이 이론에서 상황진술에
> 해당하는 부분이 거의 문자 그대로 진술적 관점에서는 과
> 학이론 즉 "진술"에 해당하는 것이며 진술적 관점에서 암

암리에 전제하면서도 거의 아무런 명시적 고려를 하지 않
고 있는 것이 바로 의미기반의 부분이다. 따라서 이 이론
은 진술적 관점에서 거의 도외시하고 있는 이론구조의 나
머지 반쪽을 찾아내어 구조적으로 연결시키는 입장이라고
말할 수 있다.(장회익, 1990, p.79.)

의미기반과 관련될 만한 논의가 진술적 관점에서는 거의 고려된 바가
없으므로, 이러한 맹점을 의미기반에 대한 논의가 극복하게 해줄 수 있다
는 입장이다.

5. "지지이론"과 동역학의 분류

의미기반의 기원, 성격, 변형과 관련해서 장회익은 다음과 같은 시각을
보이고 있다.

··· 현실적 과학이론에서 처음부터 의미기반 D가 위에 언
급한 형태로 명백히 주어지는 것은 아니다. 원시적 과학이
론의 경우 의미기반으로서 일상적 언어들을 활용할 수 있
겠으나 과학이론 자체가 발전해 나감에 따라 의미기반 그
자체가 더 엄격히 규정되어야 하며 또한 나름대로의 복잡
한 구조를 지니게 된다. 따라서 의미기반 자체를 서술하는
또 하나의 이론이 요청되며 이러한 이론을 우리는 "지지이
론"(supporting theory)부르기로 한다. 한편 이러한 지지
이론에 대해서 위에 언급한 이론 S는 "형식이론"(formal
theory)이라 불리울 수 있다. ··· 과학이론에 대한 이러한

구분을 취할 경우 과학이론이 지니는 가설연역체계 등의
엄격한 논리구조는 주로 지지이론 부분이 아닌 형식이론이
취하게 됨을 알 수 있다.(장회익, 1990, pp.77-78.)

지지이론의 도입은 상당한 철학적 의의를 지닌다. 진술적 관점에서는 이
에 대한 논의가 거의 전무하기 때문이며, 구조적 관점에서도 지지이론에
해당하는 부분을 별도로 분리하여 적극적인 논의의 대상으로 삼고 있지
않기 때문이다. 이 지지이론을 어떤 식으로 규정하고 정교화하느냐에 따
라 과학 변동과 이론의 분류 등등을 매끄럽게 수행할 수 있을 것으로 본
다.
　　장회익은 이러한 지지이론적 논의를 통해 의미기반의 요소들을 다음과
같이 구분한다.(장회익, 1990, pp.87-105.)

　　　서술공간(시공간의 구조)
　　　서술모형(대상의 표상모형)
　　　서술양식(상태규정 및 그 해석 방식)

또한 의미기반 요소의 구분을 기초로 여러 종류의 동역학 이론을 분류하
고 그 성격을 지적한다. 이러한 이론 구분은 현행 동역학의 종류와 역할,
그들간의 상호관계, 미래의 상호연관과 발전전망 등을 명료히 해주는데,
그것은 물론 지지이론을 도입한 덕택이다. 장회익은 의미기반 및 지지이
론에 대한 논의를 주로 물리 이론 특히 동역학 이론에 집중하면서 전개하
고 있는데, 앞으로 이러한 의미기반 및 지지이론이라는 개념을 동역학 이
론 이외의 여타 과학의 분야, 예를 들면 진화생물학 같은 분야에, 또는 그
밖에 사회과학 분야에 속하는 이론의 구조와 성격의 규명에도 적용해 본
다면 그것은 매우 의의 있는 작업이 될 것이라고 본다.

6. 실험 도구와 안정된 현상

상황 영역의 변형과 대상 영역의 변형에 해당하는 과학혁명의 예는 장회익의 논의에 비교적 잘 서술되어 있다. 하지만 과학에서 중요한 역할을 수행하는 실험 도구의 지위에 대해서는 상대적으로 덜 비중 있게 다루어지고 있는 것으로 보인다. 또한 도구에 대한 논의가 의미기반에 대한 논의, 더 구체적으로는 도구 사용과 관련된 내용이 대상 영역에 속하는지 상황 영역에 속하는지에 대한 명백한 언급을 찾기는 쉽지 않았다. 이 절에서는 도구 사용과 그에 의한 새로운 현상의 발견이 가지는 의미를 추적하고 이런 대목에 대한 논의가 의미기반 및 지지이론에 관한 논의 속에 포함될 가능성에 대해 논의보기로 한다.

뢴트겐(Wilhelm Conrad Röntgen)은 음극선관을 가지고 기체 방전 실험을 하다가 우연하게 x선을 발견했다. 애초에 그가 x선이라는 존재자를 이론적으로 예견했던 것은 아니었다. 어떤 특정 목적의 실험을 하다가, 그러한 목적의 실험의 틀이나 관점으로는 설명되지 않는 놀라운 새로운 현상이 나타났던 것이다. 이러한 발견 후에 그는 x선 자체의 여러 속성을 드러내려 실험을 행한다. 즉 x선이 발견된 이후 한동안, x선과 관련된 실험은 주로 과연 x선이 도구를 써서 "안정적으로" 얻어낼 수 있는 현상인지를 알고자 하는, 또한 그 현상의 여러 속성이나 성질을 밝혀내려던 성격의 실험이 행해지고 있었던 것이다. 따라서 이를 위해서는 안정적으로 이 현상을 보여주는 도구의 개발과 개선이 매우 중요했다. 즉 이 단계에서 실험의 목적은 주로 x선 그 자체의 도구를 통한 재생과 x선의 여러 성질을 드러내는 데 위치해 있었다고 말할 수 있다.[1] 또한 이 단계에서는 x

---

1) 이처럼 특정 이론과 무관하게 또는 특정 이론을 받아들이면서 그것을 의심하지 않은 상태에서 x선과 같은 현상의 성질을 파악하기 위한 실험을 "사실획득" 실험이라고 하고, 이론을 시험하기 위한 목적으로 이루어지는 실험을

선에 대한 어떤 고수준의 이론은 아직 존재하지 않는 상태이고 따라서 실험이 특정 이론과 연관을 맺고 있지 않는 상태임을 알게 된다.

한편 이런 단계를 지나 x선이 안정된 현상이라는 점과 x선의 여러 성질이 과거에 비해 보다 자세히 알려지고 축적되면서, 이제 x선과 관련된 실험은 x선의 본성이 과연 무엇이냐에 대한 "이론적 질문"에 답하기 위한, 또한 나아가 x선을 다른 탐구를 위한 도구로 사용하는 목적의 실험이 그 주를 이루게 된다. x선 발생 장치가 안정성을 얻으면서 x선의 여러 성질이 점차로 알려지고 축적되어서 이 실험이 이제는 다른 과학적 활동, 기술적 작업, 의학적 활동의 도구가 된다. 예를 들면 x선의 결정학 분야, 생물학 분야, 의학 분야에서의 채용이 그것이다.

여기서 어떤 현상이 안정화되면서 이러한 사실의 결과로 그 현상 자체에 대한 이론적 탐구에 강한 자극을 주는 대목에 주목해 보기로 한다. x선이 안정적 현상임이 알려지자, 그렇다면 x선의 본성은 무엇이냐에 대한 이론적 질문이 제기된다. 새롭고 주목할만한 현상에 대한 실험적 사실이 그에 대한 이론적 해석을 요구할 수 있는 것이다. 이런 계기를 보여주는 한 예는 라우에(Max von Laue)의 경우이다. 라우에는 x선이 파동적 성격을 보여줄 것이라는 이론을 제안한다. 그리고 그는 이러한 이론적 제안을 일종의 슬릿으로서 결정(crystal)을 이용하여 x선의 간섭 무늬를 얻으면서 입증한다. 이 단계에서는 "현상"으로서의 x선에 대한 제한된 관심을 넘어 이제는 x선의 "본성"이 무엇이냐 하는 질문에 답하기 위한 이론적 답의 후보자가 제시되고 이를 확인하기 위해 실험을 하는 대목이 나타나고 있음을 인지할 필요가 있다. 이런 실험적 맥락 속에서 x선 실험이 이제는 사실 획득의 실험에서 전환되어 가설 시험의 성격을 띠기 시작한다는 점을 인식하게 된다.2)

"이론 시험" 실험이라 한다. 이러한 구분과 그 철학적 의의에 대해서는 이상원(2002)를 볼 것.

또한 이런 결과가 나오자 이제는 역으로 간섭 무늬를 실험적으로 정확히 얻어내어 그것을 근거로 결정의 구조적 특성을 알아내고자 하는 유형의 실험이 나타나는 단계가 이어진다. x선 실험이 x선 현상 그 자체의 탐구를 위한 실험의 단계를 벗어나 결정학에 채용되면서 결정성 물질의 구조 및 몇몇 성질을 알아내고자 하는 작업에 긴요하게 쓰이게 된다. x선을 결정에 통과시켜 나타나는 간섭 무늬에 대한 면밀한 관찰을 근거로 결정의 구조를 밝히는 실험적 작업이 그 전형이 된다. 윌리엄 헨리 브랙(William Henry Bragg)과 윌리엄 로런스 브랙(William Laurence Bragg)의 작업은 이런 수준에서의 연구를 보여주는 예이다. 간섭 무늬 관찰을 기초로 브랙 부자는 자연의 결정 격자를 이루는 원자간의 거리를 알아내고자 하는 또 다른 이론적 질문에 답할 수 있는 방법을 알아내게 된다.

이와 유사한 실험적 맥락을 보여주는 다른 예를 들 수 있다. 모즐리(H. G. J. Moseley)는 이른바 "특성 x선"(characteristic x-rays)을 이용하여 원자수 개념과 주기율표에서 원소의 자리매김을 원자 구조적 측면에서 연구하여 구조적 의미를 부여한 바 있다. 특성 x선은 음극선에서 나타나는 것과 같은 일반적 x선이 아니라 이차적 x선(secondary x-rays)이다. x선이 아닌 어떤 선을 특정 물질에 쬐어 에너지를 가하면 원자의 깊은 곳에 있던 전자가 튀어나오고, 이때 전자가 나온 빈자리를 낮은 에너지 준위에 있는 외각 전자가 채우면서 x선을 방출하는데 이것이 특성 x선으로 알려져 있다. 모슬리는 이러한 특성 x선의 성질을 이용하여 원소의 주기율표상의 위치와 관련된 연구를 할 수 있었던 것이다. 이 경우 역시 x선의 성격과 종류가 상당히 알려지고 축적되면서 특정한 이론적 질문을 위한 실험이라고 할 수 있다. 그 이외에도 몇몇 이들은 X선을 이용하여 여

---

2) 도구 사용, 신뢰성 있는 실험 결과의 산출, 이론의 평가 혹은 시험의 관계에 대해서 필자(이상원, 2003)는 해석적 실천, 중간 이론, 이론망의 개념에 입각해서 설명한 바 있다.

러 실험적 그리고 이론적 탐구를 하게 된다.

x선이 결정질 물질과 같은 대상에 널리 이용되고 대단한 유용성을 보여주자 이제는 광물과 같은 결정질 물질뿐만이 아니라 유기적 물질에 응용하려는 탐구에도 x선이 도구로 채용된다. 여기서 단일 분야가 아닌 여러 분야에 x선 현상과 x선 이론이 도구적으로 확장되어 쓰이게 되는 대목을 볼 수 있다. 이러한 실험의 진화의 한 단계에서 나타난 중요한 성과의 또 다른 예는 분자 생물학에서 DNA의 이중나선 구조의 발견이다. DNA의 이중나선 구조를 밝힌 왓슨(James Watson)과 크릭(Francis Crick)의 작업은 x선을 생명을 이루는 물질의 구조와 성질을 이해하려 도구적으로 응용한 성과로 나타난 대표적인 결과라고 할 수 있을 것이다.

한 실험적 현상이 안정성을 얻으면 그 현상은 과학적인 목적의 여타의 실험적 탐구에 도구로 쓰일 수 있으며, 또한 기술적 도구로 전화하기도 한다. 뢴트겐의 x선에서 브랙 부자와 왓슨과 크릭의 x선 이용에 이르기까지 실험의 성격이 계속 변화를 겪어 왔음을 뚜렷이 보여준다. x선을 바탕으로 하면서도 서로 조금씩 상이한 새로운 성격의 실험이 줄을 잇고 있음을 알 수 있다.

도구는 탐구하고자 하는 대상과 물리적으로 상호작용하는 또 하나의 대상이지만, 인식론적 관점에서 볼 때 대상에 관한 유의미한 경험 정보를 산출하여 이를 인식자(예로, 인간 의식)에 전달하는 기능을 한다는 측면에서 인식을 확장하는 연장(tools)이라고 볼 수 있다. 도구는 인식 대상의 일부라기보다는 인식 주체의 일부에 속한다고 말할 수 있을 것이다. 자연은 도구에 반응하지만 도구를 만들지는 않기 때문이다. 도구는 인간이 만든다. 실험 도구를 인식의 대상이 아니라 인식의 주체 영역에 포함시키는 입장은 장회익의 다음 문장에 잘 나타나 있다.

여기서 한 가지 더 고려해야 할 점은 과학에서는 많은 경우 "관찰"의 수단으로 "측정 장치"를 사용한다는 점이다. 이렇게 될 때에 이 측정 장치의 인식론적 위상을 어떻게 설정할 것인가 하는 점이 중요하다. 여기서 말하는 인식론적 위상이란 이 장치를 인식 주체의 일부로 볼 것이냐, 인식 대상의 일부로 볼 것이냐 하는 문제를 의미한다. 이는 기본적으로 우리가 어떠한 관점에서 측정 장치를 대하느냐에 따라 결정될 문제이다. 예컨대 우리가 측정 장치 자체의 성능을 검토하는 과정에 놓여 있다면 우리는 이를 인식 대상으로 보아 인식 주체의 밖에 위치지움이 옳다. 그러나 이러한 검토의 과정이 끝나 "측정 장치" 본연의 기능인 "여타 대상물에 대한 측정의 수단"으로 활용될 때에는 이것이 당연히 인식 주체의 일부분으로 간주되어야 한다. … 측정 장치의 정상적 기능이 관측 대상으로부터 물리적 "자극"을 받아 그 자극 내용을 "경험표상 영역" 내의 언어로 바꾸어 주는 것이라고 한다면, 이는 바로 인식 주체의 지각 기구에 해당하는 내용이 되는 것이다. 한편 이 측정 장치가 기록한 내용을 해독하고 해독된 정보를 필요한 부위로 전달하는 것 등은 오로지 인식 주체 내부의 과제일 뿐이다. 그러므로 적어도 "대상"과의 관계라는 입장에서 볼 때 측정 장치는 어디까지나 인식 주체의 한 부분이며 측정 장치와 인식 주체의 여타 부분 사이의 관계는 인식 주체 내부의 문제로서, 예컨대 눈의 망막에 전달된 물리적 자극이 어떻게 두뇌로 연결되어 의식에 이르게 되는가 하는 일종의 생리적 과정의 문제에 해당한다.(장회익, 1998, pp.14-16.)

x선의 발견은 실험 도구를 사용함으로서 새롭고 놀라운 경험의 영역을

일구어낸 사례이다. 이러한 대목은 상황 영역의 변화나 대상 영역의 변화의 틀로 정확히 포착되지는 않는 것으로 보인다. 오히려 대상 영역의 "추가"라고 부를 수 있을지 모르겠다. 하지만 넓은 의미에서의 대상 영역의 변화의 틀에 넣음으로써 대상 영역의 변화의 의미를 확대시킬 수는 있으리라고 본다. 그런 의미에서 도구 사용과 현상 만들기는 의미기반에 대한 논의에서 빠질 수 없는 부분이라고 볼 수 있을 것이며 특히 진술적 관점에서는 거의 간과되어 왔던 부분이라고 할 수 있다.

과학 혁명에 대한 쿤의 논의에서 나타나는 과학 혁명의 사례는 대부분 대상 영역의 변화나 상황 영역의 변화와 관계되지만 x선과 같은 현상의 출현과 이에 뒤이은 사건에 대해서도 쿤은 주목하고 있다. 이런 대목에 대해서 쿤은 엄청난 과학적 중요성을 갖는 x선 실험에 대해 다음과 같이 평가하고 있다. "x선은, 확실하게, 새로운 분야를 열어 제쳤으며 따라서 정상 과학의 잠재적 영역(potential domain)을 추가시킨 것이다."(Kuhn, 1970, p.59.) 쿤에 따르면, 새로운 정상 과학의 도래는 과학혁명에 의한다. 과학혁명은 일반적으로 거시적 의미에서 천문학 혁명과 같은 세계관 변화로서의 새로운 패러다임의 도입을 의미하지만, x선의 경우처럼 상대적으로 미시적이지만 아주 새로운, "안정적인" 실험적 현상의 발견 자체도 과학혁명에 준하는 엄청난 사건이 될 수 있는 것이다.

7. 의미기반 변동과 미적·사회적 차원

쿤의 과학철학은 증거와 논리라는 내적인 요소만으로 패러다임의 변화를 설명할 수 없다는 입장이다. 장회익의 의미기반에 입각하는 과학의 변화에 대한 설명은 합리주의적 설명으로 쿤의 설명 방식과는 다르다. 정확히 말해, 쿤의 철학이 과학철학자 사이에서 논란이 된 것은 패러다임 교체의 "결과"가 갖는 의미라기보다는 패러다임 교체 "과정"이 과학 내적인 요소에 의한 것이냐, 외적인 요소의 개입이 있을 수 있느냐에 대한 것이었다고 하겠다. 반면 장회익의 의미기반에 기반한 과학 이해는 패러다임 교체의 "결과"가 의미기반의 변동에 의해 잘 설명될 수 있다는 주장으로 이해할 수 있다고 본다. 또한 이런 관점에서 볼 때, 위에서 논의한 것처럼 과학혁명의 내용이 대상 영역과 상황 영역의 변화라는 틀에서 잘 이루어지고 있음을 알 수 있었다. 하지만 이러한 기여에도 불구하고, 이론 교체 "과정"이 과연 합리적이냐 그렇지 않으냐의 문제는 여전히 남아 있는 것으로 보인다. 즉 의미기반의 변동과 쿤이 이야기하는 미적, 사회적 차원의 관계에 대한 해명이 있어야 할 것이다. 과학자 사회가 새로운 의미기반을 수용한다는 것과, 쿤이 말하고 있는, 더 단순하고 간결한 이론을 선호한다는 과학자들의 "미적 감각", 나이가 든 과학자보다는 젊은 과학자가 일반적으로 새로이 등장한 패러다임에 훨씬 더 우호적이라는 "사회적 차원"을 어떻게 균형 있게 평가해내야 할지는 여전히 과학철학적으로 흥미 있는 문제로 남아 있다고 본다.

【참고문헌】

이상원(2002), 「실험의 두 역할: 사실 획득과 이론 시험」, 『철학』 제72집,
　　pp.273-294.
이상원(2003), 「사실의 스펙트럼: 해석적 실천과 중간 이론」, 『철학연구』 제
　　61집(철학연구회), pp.147-165.
장회익(1990), 『과학과 메타과학: 자연과학의 구조와 의미』, 서울: 지식산업
　　사.
장회익(1998), 「인식 주체와 과학의 인식적 구조」, 『과학철학』 제1권 제1호,
　　pp.1-33.
Kuhn, Thomas S., (1970), *The Structure of Scientific Revolutions*,
　　Chicago: University of Chicago Press. 2nd ed.

회고(回顧)와 반추(反芻): 기여 논문들에 대한 답글을 대신하여

장 회 익

숙명의 굴레: 물리학

이봉재 교수는 이 책에 기고한 글에서 언젠가 나와 대화했던 내용을 언급하면서, "내가 물리학을 너무 많이 한 것 같다"고 한 말을 소개하고 있다. 내가 분명히 이러한 말을 한 것은 사실이며 지금도 그렇게 생각하지만, 오해가 없기 위해 이 말의 뜻을 조금 부연할 필요가 있다. 여기서 "많이 했다"는 것은 내가 여기에 너무 오래 동안 잡혀 있음으로써 더 소중한 일들을 미처 못했다는 아쉬움을 표명한 것이지만, 이는 결코 물리학 공부를 충분히 했다던가 혹은 이를 공부한 일에 대해 후회한다는 뜻은 아니다. 아직도 물리학 공부에 대해서는 충분히 하지 못했다는 느낌 또한 마음 한 구석에 남아있다.

자기의 생애를 되돌아보아 아쉬움을 남기지 않을 사람은 별로 없을 것이다. 그리하여 다시 태어난다면 어떻게 삶을 설계할 것인가 하는 생각도 해보게 된다. 이러한 생각은 물론 이미 생의 대부분을 보내버린 당사자에게는 부질없는 일이겠지만 이제 막 삶을 시작하는 젊은이들이나 아직 학문적 여력을 많이 지닌 후학들에게는 참고가 될 수도 있을 듯하여 잠깐 지나간 일들을 회고해 보고 아울러 이 책에 기여한 글들과 관련해 간단한 의견을 덧붙이기로 한다.

우선 내게 가장 아쉬운 점은 내 생애를 걸어오면서 어떤 현명한 분의 좋은 안내를 받지 못했다는 점이다. 사실 내가 겪어온 시기에는 설혹 나보다 앞선 경험을 한 사람들이 있었다 하더라도 이러한 안내를 충실히 해내기는 매우 어려웠을 것이다. 그만큼 빠른 변화의 시대였다고도 할 수 있다. 더구나 이 시기에 적어도 내가 추구했던 학문 세계에서 후학을 이끌어 줄 학문의 선배를 만난다는 것은 불가능에 가까운 일이었다. 이는 물론 내가 그 누구의 도움도 받지 않았다는 이야기는 아니다. 오직 내 학문의 방향을 설정함에 있어서 한 발짝 씩 앞을 내다보고 최적의 길을 안내해 줄 길잡이를 만나지 못했다는 것이다.

그럼에도 불구하고 큰 줄거리에서 보자면 나는 대체로 좋은 순서를 밟아왔다고 생각한다. 다시 말해서 내가 다시 태어나 학문을 한다고 하더라도 내가 밟아온 순서에서 크게 벗어나지는 않으리라는 생각이다. 좀더 구체적으로 이야기하자면 내가 다시 학문을 할 경우 나는 여전히 물리학에서 출발하겠다는 것이다. 그것도 피상적인 물리학 입문에 그치는 것이 아니라 물리학의 정수를 꿰뚫을 만한 노력을 기울여 물리학을 공부해 보겠다는 이야기다.

이러한 점과 관련하여 나는 물리학자 출신으로 독일의 유명한 철학자이며 신학자인 칼 바이스제커(Carl Friedrich Freiherr von Weizsaecker,

1912~)의 이야기를 조금 소개할까 한다. 꽤 여러 해 전 그가 우리나라를 방문했을 때의 일이다. 당시 수유리 아카데미 하우스에서 조촐한 모임이 있었는데, 숭실대학교에서 철학을 가르치는 이삼열 교수가 흥미로운 질문을 던졌다. "당신은 물리학자 출신으로 물리학에도 기여했고 이어 철학자로 많은 업적을 내고 다시 신학자로 활발한 활동을 하고 있다. 그런데 당신 자신은 스스로를 물리학자, 철학자, 신학자 가운데 어디에 해당한다고 생각하는가?" 여기에 대해 바이스제커는 아무런 주저도 없이 자신을 물리학자로 생각한다는 대답을 했다.

나는 이 대답에 관해 다소 의외라는 느낌을 가졌다. 바이스제커의 학문이 물리학 공부에서 시작한 것은 사실이지만 그가 처음부터 물리학을 공부하려했던 것은 아니다. 그가 고등학교 학생일 때 그는 우연히 어느 모임에서 귀가하면서 젊은 하이젠베르크와 같은 마차를 탔다. 한창 양자역학 창안에 몰두해 있던 하이젠베르크는 바이스제커에게 장래에 무엇이 되려 하느냐고 물었고, 그 때 바이스제커는 철학자가 되겠다고 했다. 이 말을 들은 하이젠베르크는 곧 "그것 참 좋다. 그런데 철학자가 되기 위해서는 먼저 물리학 공부를 해라."고 하면서 현대 철학을 위한 물리학의 중요성을 일러주었다. 바이스제커는 이 충고를 충실히 받아들였다. 결국 그는 하이젠베르크의 지도 아래 물리학을 공부했고 물리학자로 한참 활동하다가 그의 뜻대로 철학으로 방향을 돌렸다. 45세였던 1957년에는 이미 함부르그 대학의 철학 정교수가 되었고, 그 후 "과학기술시대의 인간생존조건 연구를 위한 막스 플랑크 연구소"라는 긴 이름의 연구소 소장 등을 역임하면서 철학과 신학 분야에서 활발한 저술활동을 해왔다. 그렇기에 나는 바이스제커가 당연히 자신은 철학자라고 말할 줄 알았다. 그에게 물리학은 오직 철학을 위한 방편으로 시작되었고 결국 그렇게 끝나버린 것이기 때문이다.

그런데도 그는 스스로 물리학자라고 말하고 있는 것이다. 내가 이 대답에서 감명을 받은 것은 이 대답이 의외라는 점 때문이 아니다. 오히려 그가 어쩌면 그렇게도 내가 하고 싶은 바로 그 대답을 하고 있느냐 하는 점 때문이다. 한번 물리학자는 영원한 물리학자일 수밖에 없다는 것이 내 느낌이고, 이 느낌이 그에게서 확인되었던 것이다. 내 심정이 바라고 있던 답은 바로 그것이었지만, 내 사고는 설마 그러한 답을 주랴 하고 생각했던 것이었는데, 그는 정확히 내 심정의 답을 주었던 것이다.

나 자신은 하이젠베르크를 만나는 행운도 없었고 또 바이스제커와 같은 화려한 지적 편력을 누리지도 못했지만, 나 또한 물리학에서 출발하여 철학 또는 메타과학이라 불릴 여타의 학문분야로 지적 편력을 떠났던 것은 마찬가지이다. 그럼에도 불구하고 나 역시 깊은 내면에는 물리학이라는 사고의 세계를 벗어난 일이 없으며, 적어도 물리학에 비추어 적절치 않은 그 어떤 사고의 결과는 결코 받아들이지 않는 습성을 가지고 있다. 이는 물론 나의 사고가 물리학의 영역 안에 갇혀 있다는 이야기는 아니다. 물리학의 영역을 과감히 벗어났기에 여타의 학문분야로 지적인 편력을 떠났다고 말하는 것이며, 거기에서 무엇인가를 할 수 있다는 것은 이미 물리학과는 다른 작업이 가능했다는 것을 의미한다. 그러면서도 물리학과의 관계를 굳이 이야기하자면, 어느 학문분야로 가더라도 물리학의 끈과 잣대를 가지고 간다는 것이다. 미지의 동굴에 들어가는 사람이 입구와 연결된 실을 달고 들어가듯이 언제나 물리학으로 회귀할 수 있는 끈을 매고 다닌다는 것이며, 또 언제나 물리학에서 사용하는 사고의 방만함과 정치함을 동시에 가지고 간다는 것이다. 이러한 사유의 습성은 어쩌면 물리학을 내면화한 사람들에게 피할 수 없는 숙명으로 다가오는 일일지도 모른다.

이러한 사유의 습성은 학문적으로 강력한 자산이기도 하면서 다른 한 편으로는 뛰어넘기 어려운 한계일 수도 있다. 그러나 나는 이 한계를 그다지 두려워하지 않는다. 누구에게나 한계는 있기 마련이다. 그리고 이것이 한계가 되어 할 수 없는 일이 있다면 그 일은 다른 누구에게 맡기면

된다. 한계 안에서도 해야할 일이 너무도 많기 때문이다. 반면에 이것이 주는 학문적 자산은 매력적이다. 이것은 누구나 쉽게 가질 수 있는 자산 도 아닐뿐더러 많은 경우에 강력한 생산력을 지닌다. 이것 없이는 내다볼 수 없는 새로운 조망을 제공하기도 한다. 이것을 가져보지 않은 사람은 그 중요성을 느끼기 어렵겠으나 이것을 한번 가져본 사람은 도저히 이것 을 놓을 수 없다. 간단히 말해 이것 없는 학문의 세계를 상상하기가 어려 운 것이다. 아마도 80세의 노철학자가 그리고 생산적인 물리학 작업을 손 에서 놓은 지 수십 년을 헤아리는 신학자가 자기 속에서 스스로 물리학자 라고 외치고 있는 소이가 바로 여기에 있을 것이다.

한편 내 학문이 지닌 이러한 성격은 이런 배경을 공유하지 않은 사람 들과의 논의에서 어려움을 주는 것이 사실이다. 나 자신에게는 극히 당연 하게 여겨지는 문제 제기의 방식이나 논리 전개의 방식이 다른 이들에게 는 몹시 생소하거나 비약으로 느껴지는 경우가 적지 않을 것으로 생각된 다. 이번에 이 책에 기고된 몇몇 글들이 제기하고 있는 "의문"들이나 "이의"들이 적지 않게 이러한 점에 기인하고 있지 않나 하는 생각이 든 다. 특히 내가 제시하는 온생명 개념과 관련하여 이러한 일들이 두드러지 는데, 이 점에 대한 구체적 사항들에 대해서는 뒤에 다시 논의기로 하고 우선 전반적인 이해를 도모하기 위해 그간 나 자신이 이러한 개념에 이르 게 된 경위를 잠시 되짚어보기로 한다.

환상으로 떠올랐던 온생명

내가 생명 문제에 관심을 기울이기 시작한 것은 물리학의 학위 논문을 거의 마쳐갈 무렵이던 1967~1968년 어느 때이다. 나는 이 시기에 이르 러 물리학에서의 문제 제기 방식과 이에 대한 문제 해결 방식이 대략 어

떠한 것인지를 알아차리게 되었다. 그리하여 이전까지는 도무지 종잡을
수 없는 것이라 생각되던 생물학의 연구 내용들이 적어도 부분적으로는
납득이 된다고 하는 느낌을 가지게 되었다. 특히 말로만 듣던 유전정보라
는 것이 어떠한 분자생물학적 기구에 의해 어떻게 이해될 수 있는가에 대
한 물리학적 직관에 도달하였다. 내게는 이것이 문자 그대로 매혹적이었
고, 내가 이미 지닌 물리학적 지식과 방법을 활용해 의미 있는 접근을 해
나갈 수 있으리라는 생각에까지 이르렀다. 물론 생물학에 대한 정규 학습
과정을 거치지 않은 상태에서 실험실 생물학에 접근하겠다는 것은 아니
고, 이미 일부 사람들이 관심을 쏟고 있던 이론생물학적 접근을 염두에
둔 것이다.

그러나 물리학에서이던 생물학에서이던 지엽적인 문제들을 붙들고 일
생을 씨름하고 싶은 생각은 없었다. 내가 생물학에 관심을 기울인 것은
"생명"이라고 하는 이 신기하고 중요한 현상에 대해 피상적인 접근을 넘
어 그 어떤 본질적인 이해에 도달하고 싶은 욕구 때문이었다. 그러나 이
러한 문제에 대해 내가 지닌 물리학의 배경 지식을 통해 의미 있는 한 걸
음을 내디딜 수 있을 것인지에 대해서는 그저 막연한 기대만을 가지고 있
었다. 마치 선가의 화두와 같이 내 머리 속에 항상 붙어 다니던 생각은
"물리학의 언어를 통해 생명이라는 것을 어떻게 규정할 수 있을 것인
가?" 하는 물음이었다. 이러한 생각을 가슴에 품고 슈레딩거의 저서 "생
명이란 무엇인가?"라든가 닐스 보어의 생명이론, 그리고 특히 텍사스 대
학에서 연구원으로 일하며 비교적 가까이에서 종종 접할 수 있었던 프리
고진의 열역학적 접근법에 관심을 기울여 보았다.

그러다가 버탈란피의 시스템 이론에 관심을 가지게 되었고, 로젠
(Robert Rosen), 패티(Howard Pattee) 등 이론생물학자들에 의한 시스템
이론적 접근에 잠시 관심을 가지기도 하였다. 이러한 지속적인 노력에도
불구하고 해결의 실마리는 좀처럼 시원스럽게 떠오르지 않았다. 나 자신

또한 이미 대학에서 물리학 교수로 활동하고 있는 가운데 이러한 문제에만 매달려 있을 형편도 되지 못했다.

그러던 가운데 연구라는 구실로 일년간의 말미를 얻어 미국에서 지내던 1977년 무렵의 어느 날, 내 머리 속에는 마치 그 어떤 영감과 같은 하나의 환상이 떠올랐다. 광막한 대지 위에 태양이 내려 쪼이자 서서히 지표면으로부터 마치도 아지랑이와 같이 꿈틀꿈틀 피어오르는 그 무엇이 보였다. 그러다가 이것이 서서히 새로운 모습으로 변형되면서 살아있는 전체 생태계의 모습이 그 안에서 솟아나는 것이었다. 바로 생명의 모습이었다. 지나간 40억 년의 생명의 역사가 짧은 순간에 전개되면서 생명이 움직여나가는 전체의 모습이 내 눈에 떠오르는 것이었다. "아, 바로 그렇구나!" 내 눈에는 바로 이 모습의 바탕에 흐르는 물리적 필연이 스쳐가고 있었다. 이것은 곧 생명이란 우연의 소산이 아니라 물리적 필연 위에 솟아나는 것이며, 이 필연을 밝히는 과정에서 생명의 바른 모습이 나타나리라는 생각에 이르게 되었다. 여기서 물리적 필연을 이루는 일차적 동인이 바로 태양의 에너지임을 직감했다. 마치도 화분에 물을 주니 화초가 피어나듯이, 지구라는 물질적 바탕 위에 태양의 에너지가 내려 쏘이니 생명이 솟아오르는 것이었다.

온생명의 개념 정립

나는 이 때 이후 어렴풋하나마 "생명이란 바로 그것이다" 하는 느낌을 지니게 되었다. 이제 나는 적어도 심정적으로는 생명을 이해하게 된 것이다. 이것은 내가 학문적으로 생명에 관심을 가진지 10년 만에 일어난 일이었다. 그러나 이것을 다시 개념화시켜 온생명 개념에 도달하기까지는 다시 십 년이 더 소요되었다. 여전히 이 전체를 하나의 생명으로 보는 관점과 "비평형 준안정계"를 구성하는 개체적 체계를 하나의 생명으로 보는 관점 사이의 관계를 명료히 규정하지 못하고 있었다. 나는 언젠가 생명에 대해 내가 어렴풋이 이해하고 있는 내용을 정리해야겠다는 생각을 품고 있으면서도 시간만 흐를 뿐 적절한 계기를 찾지 못하고 있었다. 그러다가 1987년 여름 다음 해에 있을 유럽의 국제과학철학 모임에서 생명 문제에 관련된 글을 하나 발표해 보라는 송상용 교수의 권고를 받고 이것을 하나의 논문으로 다듬어나가기 시작했다.

처음부터 "생명이란 무엇인가" 하는 주제에 대해 글을 쓰고 싶었으나, 생각을 바꾸어 "생명의 단위"라는 것에 초점을 맞추고 생명의 성격을 어떠한 단위에서 이해해야 할 것인가를 생각해 보았다. 이러한 논의 전개 과정에서 생명의 정상적 단위는 조건부적 단위인 개체생명들에서 찾을 것이 아니라 자족적 성격을 지닌 온생명(global life)에서 찾아야 한다는 확신에 이르렀다. 이 글은 그 때 함께 참석했던 소흥렬 교수가 이 책에 기고한 글 말미에 잠깐 언급한 바와 같이 1988년 봄 당시 유고슬라비아 두브로브닉에서 있었던 국제과학철학 모임에서 발표했는데, 그 모임의 주제는 "생명"과 "분석철학"이었다. 나는 이 글을 "The Units of Life: Global and Individual"이라는 제목으로 발표했고 소흥렬 교수는 이 때 분석철학에 관한 논문을 발표했다.

그 후 이 논문은 그 초안을 최초로 읽은 분 가운데 하나인 이태수 교수의 권고로 우리말로 번역하여 『철학연구』(제23집, 1988)에 「생명의 단위와 존재론적 성격」이라는 제목으로 발표했고, 이어 1990년에 나온 졸저 『과학과 메타과학』(지식산업사, 1990) 제9장에 거의 그대로 수록하였다. 이 시기까지만 해도 영문으로 쓴 "global life"를 적절한 우리말로 옮길 용어를 찾지 못해 "우주적 생명" 등의 어색한 말로 표기하였다. 그 후 몇 년이 더 지나 "온생명"이라는 용어를 고안했고 이 후 "global life"는 온생명이란 우리말로 굳어 졌다. 한편 온생명의 개념과 함께 온생명 안에서의 인간의 위상을 논의한 논문 "Human Being in the World of Life"를 1988년 여름 서울올림픽학술회의에서 발표했는데, 마침 이 모임에 참석했던 *Zygon* 편집인 칼 피터스(Karl Peters)가 이것을 다음해에 나온 *Zygon*지에 게재함으로써 국외에 좀더 널리 소개되었다. 그 후 온생명의 여러 측면에 대한 단편적인 글을 써오다가 온생명 개념을 제안한지 10년이 되는 1998년에 동양사상에 대한 내 생각과 그간 온생명에 대해 생각해 온 내용을 함께 묶은 『삶과 온생명』을 출간하였고 이를 통해 이른바 온생명사상이 세간에 좀더 널리 알려지게 되었다.

그 동안 온생명 개념은 국내에서 이런저런 방식으로 관심을 끌어 몇 차례의 집중적 조명을 받은 일도 있으며, 또 이로 인해 창안자로서의 과분한 대우를 받은 일도 있다.[1] 그러나 필자의 기대와는 달리 아직도 집중

---

1) 그 가운데 몇 가지만 소개하면 1994년 서울대민주화교수협의회 주최, 재단법인 향산재단 후원 제4회 학술토론회에서 내가 "삶과 과학: 현대사회와 기술문명"에서 "'온생명'과 현대문명"이란 주제로 발표를 했고, 이에 대해 김남두, 김승조, 오성환, 황상익 교수의 논평이 있었다. 이 내용은 다음 해 『과학사상』(12호, 1995 봄)에 지상 세미나 형태로 소개되었고 김남두 교수와의 토론 내용 또한 같은 학술지 다음 호[『과학사상』(13호, 1995 여름)]에 실렸다. 그리고 1995년 해방50년의 한국철학을 회고하는 학술행사에 초대되어 "생명을 어떻게 볼 것인가"라는 제목 아래 온생명을 소개했고 그 결과는 이듬해에 나온 『해방 50년의 한국철학』(철학과 현실사, 1996)에 게재되었다. 1998년에는 『삶과 온생명』의 출간을 계기로 서평의 형태로 여러 사람들의 의견을 들은 바 있으며, 그 가운데 특히 논문형태로 발표된 소흥렬 교수의 글은 학술지[『과학철학』2권(1999)]에 발표되었고, 이에 대한 답 글 또한 같은 학술지[『과학철학』3권(1999)]에 게재하여 작은 토론을 벌렸다. 2000년에는 『동아시아 문화와 사상』(제4호, 2000년 5월)의 특집 주제로 선정되어 "온생명과 인류문명"이란 제목의 논문이 관련된 논문들과 함께 집중적인 조명을 받은 일이 있다. 그리고 최근에는 『교수신문』이 연재한 연중학술기획 "우리 이론을 재검토한다"에서 "온생명사상"이 조명된 바 있고, 그 결과물은 『오늘의 우리이론 어디로 가는가 ― 현대 한국의 자생이론 20』(생각의 나무, 2003) 제7장에 수록되어 있다.

적인 학문적 토론과 함께 이에 관련한 학문적 협동연구의 계기를 마련해 내지는 못한 것이 사실이다. 이러한 점에서 이번에 다시 열 두 분이나 되는 사람이 내 학문에 관심을 가지고 좋은 토론의 계기를 마련해 준 것은 그 어떤 선물보다도 고마운 일이다. 아직 시간적으로나 내 능력의 한계로 인해 깊은 검토와 함께 충실한 해답을 내어놓기는 어려운 실정이나 대략 훑어본 바로는 내 이론 자체에 대해 그리고 내가 이해하는 바와 남들이 이해하는 바 사이에 메워나가야 할 간극이 너무도 많다는 사실을 통감하게 된다.

새 패러다임으로의 온생명

이 작은 글에서는 이론 자체를 보완하는 작업까지 시도할 수는 없을 것이고 오직 서로간에 나타나는 견해의 차이만이라도 조금 좁힐 수 있다면 그것으로 적지 않은 성과가 되지 않을까 한다. 사실 오래 전부터 마음은 먹고 있으나 온생명에 대한 체계적인 논저를 아직 내어놓지 못하고 있다는 사실 자체가 나 자신이 이 이론을 충분히 다듬지 못했다는 증거가 되는 것이며, 그러한 점에서 지금까지의 온생명에 대한 담론은 아직 미숙한 이론의 단계를 벗어나지 못하고 있다. 그러나 이러한 점들을 감안하더라도 온생명에 대한 이해의 편차가 내가 그동안 기대했던 것보다 훨씬 큰 것이 사실이며 이것은 또한 온생명 이론 자체가 지닌 다소 특이한 성격에 기인하는 것이 아닌가 하는 생각이 든다.

이론 그 자체의 옳고 그름을 떠나 온생명 이론은 그 어떤 이론의 유형에도 잘 부합하지 않는 성격을 지녔다. 나 자신 이것이 그 어떤 형이상학적 논의가 아닌 과학적 개념이라고 주장해 왔지만 그 어떤 다른 과학적 개념이나 이론과의 유사점을 찾아내기는 쉽지 않다. 이 책에 기고한 필자들 가운데도 이것을 러브록의 가이아 이론과 비교한 사람들(홍욱희, 조용현, 이봉재)이 있는가 하면 요나스의 생명철학과 비교하기도(김재영, 구승회) 한다. 우선 온생명과 가이아는 그 외형에 있어서 흡사한 측면이 있으나 그 이론의 성격에 있어서는 전혀 다르다. 가이아는 가이아 그 자체가 지니는 사실적 내용을 중심에 담고 있는 사실과학으로의 성격을 짙게 가지고 있지만, 온생명 이론은 생명을 보는 관점을 바꾸는 패러다임 전환의 성격을 강하게 지니고 있다. 가이아 이론이 기존의 생명 개념을 그대로 두고 가이아 또한 이러한 생명의 성격을 지닌다는 주장에 해당하는 것이라면, 온생명 이론은 생명의 개념 자체를 온생명과 낱생명의 관계 속에 새로 정립해야 한다는 주장을 담고 있다. 그러므로 이것은 사실에 바탕을 두고 사실을 어떻게 보아야 하는가 하는 논의가 그 주축을 이루는 것이 사실이지만 그렇다고 사실관계를 통해 입증 혹은 반증될 성격을 지니지는 않는다. 따라서 실험적 검토를 통해 반증될 여지를 보여야 한다는 포퍼(Karl Popper)식의 좁은 과학관의 입장에서 보면 이것이 어떻게 과학의 주장인가하고 의아해할 수가 있다. 이런 점에서 볼 때, 이것은 오히려 코페르니쿠스식의 관점 전환이나 상대성이론의 개념 전환에 가까운 것이라고 말할 수 있다. 코페르니쿠스의 관점 전환이 지구중심의 도그마를 깨듯이 이것은 낱생명 중심의 생명관을 깨고 있는 것이다. 생명의 정수라고 부를만한 그 어떤 것도 낱생명 안에는 들어있지 않다는 것이다. 이러한 주장은 가이아 이론 속에는 담겨있지 않다.

그러면서도 온생명 이론은 과학적 검증을 거쳐 확립할 수 있는 사실적 물음들을 제기하고 있다. 최소한 지구 생명에 준하는 생명 현상이 발생하기 위해 갖추어야 할 최소한의 여건이 무엇인가 하는 것이 그 하나의 물음이다. 이것은 형이상학적 사변에 의해 대답할 성격의 물음이 아니다. 생명 현상을 일으키는 물리적 필연을 좇아 그 필요 여건을 망라함으로써 답해질 수 있는 물음이며, 온생명 이론은 바로 이러한 논리를 따르고 있다. 우리 온생명이 태양—지구 체계를 넘어 무제한의 공간으로 확장되어서는 안 된다고 보는 것이 바로 이러한 이유 때문이다. 이러한 체계 밖에서 오는 영향이 생명 현상의 존재성 여부에 영향을 미치느냐 아니냐 하는 것은 오직 과학적 방식으로만 확인할 수 있는 내용이며, 적어도 현대 과학의 이해 범위 안에서 보자면 이러한 영향은 존재하지 않는다는 것이 온생명 이론의 주장이다. 마찬가지로 온생명의 생리 문제는 인간 신체의 생리 문제와 마찬가지로 과학적 논의 범주에 속하는 것이다. 단지 인간 신체의 생리 문제는 많은 표본 자료들을 바탕으로 한 귀납적 접근이 가능하지만 온생명의 생리는 적어도 현재까지는 오직 하나의 대상만이 알려져 있으므로 귀납적 접근이 가능하지 않다는 차이가 있다. 그러나 과학적 이해는 귀납적 접근만으로 이루어지는 것이 아니다. 신뢰할만한 보편이론이 성립되면 이를 합리적으로 적용시킴으로써 실험적 접근이 불가능한 대상에 대해서도 얼마든지 의미 있는 결과를 도출해낼 수 있는 것이다. 예를 들어 반도체를 비롯한 현대 물리학의 많은 대상들은 그 대상이 현실적으로 제조되기 이전에 이미 그 성질들이 규명되고 있다.

말할 것도 없이 과학이론으로서의 온생명론은 가야 할 거리가 멀다. 생명의 정의에 대해 낱생명 중심의 정의와는 원천적으로 다른 새로운 정의를 제시하고 있으나 그 구체적 언명에 대해서는 좀더 깊은 고찰이 요청된다. 가령 인간 정도의 의식 수준을 지니거나 그러한 존재로의 진화 가능성을 지닌 존재가 함유된 체계를 생명으로 규정할 것인지 혹은 그러한 가능성이 원천적으로 차단되고 예를 들어 박테리아 수준으로 영구히 머물 수밖에 없는 존재들만으로 구성된 체계(그러한 체계가 존재한다는 가정 아래)도 생명의 범주 아래 넣을 것인지 하는 문제가 남는다. 그리고 이렇게 규정된 생명의 체계 즉 온생명이 이루어지기 위해 갖추어져야 할 조건 즉 그것이 형성될 항성—행성 체계 안에서 항성과 행성 사이의 상대적 거리, 항성의 광도 및 행성의 물질적 구성, 행성의 온도 및 운동 여부 등 수 많은 여건들이 어떠한 범위 안에서 어떻게 짜여져야 할 것인지를 살펴야 한다. 그리고 가장 중요한 점으로 우리의 현 온생명의 건강 여부를 판정할 기준이 설정되어야 하며 만일 이에서 벗어났다면 어떻게 이를 회복시킬 것인지 그 방법을 강구해야 한다. 이 모든 것은 단기간 안에 정확한 답을 얻어낼 수 있는 간단한 문제들이 아니지만 온생명의 장기적 생존을 위해서는 결국은 풀어내어야 할 숙명적 과제들이다.

이러한 점에서 온생명 이론의 기여라고 한다면 이러한 문제들에 바른 해답을 제공했다는 점에서보다 이러한 문제를 제기한다는 점이 더욱 중요할 것이다. 이러한 문제들이 모두 과학의 과제이며 과학적 방식에 의해 추구되어야 할 것들이라는 점에서 온생명론은 우리 과학이 지향해야 할 방향을 제시하고 있다.

이와 함께 온생명론이 말해주는 중요한 점은 삶의 의미와 방향에 관해 새로운 관심을 환기시킨다는 점이다. 기왕의 생명 개념과 자아 개념이 우리의 불철저한 사실 인식에 바탕을 두고 있음을 일깨워줌으로써 우리는 어떠한 존재이고 따라서 어떻게 살아야 할 것인가에 대해 새롭게 생각해 볼 계기를 마련하는 것이다. 사실의 확인이 행위의 방향을 논리적으로 결정하는 것은 아니지만 사실에 대한 바른 인식이 바른 행위의 선택을 위해 결정적인 중요성을 지님은 재론의 여지가 없다. 이러한 점에서 생명 개념과 자아 개념에 대한 바른 이해를 추구하는 온생명 이론은 사실상 현대인의 삶과 현대문명의 진로를 결정함에 있어서 막중한 의의를 지니리라는 생각을 지울 수 없다.

온생명을 과연 생명이라 할 수 있는가?

이제 이러한 개략적인 논의를 바탕으로 이 책에 글을 써 준 여러 사람들의 구체적인 목소리를 들어보고 가능한 대답을 시도해 보기로 한다. 우선 많은 사람들이 온생명을 왜 굳이 생명 또는 생명의 단위라고 말해야 하는지 묻고 있다.

> 하나의 개체생명이 자손을 만들며 지속적으로 존속해 가는 과정 전체와 그 과정이 가능하게 되는 에너지 환경 전체를 뭉뚱그려 하나의 유기적 체계라고 말하는 것인데, 그런데 이 거대한 유기적 체계만이 진정한 생명의 단위라는 추론이 가능한가? 나에게는 분명치 않다. 왜냐하면 위의 정의를 개체생명의 역사와 그것을 가능케 했던 물리화학적 조건들을 포괄적으로 언급하는 것으로 해석하지 못할 이유가 없기 때문이다. 생명현상을 가능케 하는 조건들을 생명 또는 생명의 부분이라고 굳이 말해야할 이유는 무엇일까?(이봉재)

> 생명체들이 상호 의존하여 생명을 유지할 수 있다면, 이렇게 이루어지는 상호의존 체계는 그 자체가 생명의 단위라기보다는 개체생명들의 생명유지를 위한 생존의 단위라고 하는 것이 보다 적합한 표현이 될 것이다.(조용현, 김남두 교수의 글 인용)

> 온생명은 비록 생명 그 자체의 본질적인 모습을 담고 있지는 못하지만…(구승회)

이 인용문들이 한결같이 이야기하고 있는 것은 "생명"이라는 것은 이미 존재하고 있으며 우리는 그것이 무엇인지 잘 알고 있는데, 온생명이라는 것은 이러한 "생명" 개념에 부합되지 않는다는 것이다. 이는 우리의 일상적 사고에 의하면 극히 타당한 이야기들이다. 그런데 이러한 자세를 취하기로 하자면 "생명이란 무엇인가?"하는 물음은 전혀 필요 없는 것이다. 사실상 많은 생물학자 철학자들이 이러한 물음을 제기하지 않고 일상적 사고의 틀 위에 필요한 지적 작업을 해나가고 있다. 그리고 그들에게는 이러한 물음이 필요하지 않다. 그러나 앞에서 언급한 바와 같이 내 생애의 가장 중요한 "화두"는 바로 이 물음이었으며, 여기에 대해 나름대로의 대답을 제시하는 것이다.

그렇다면 여기에 대한 내 대답은 무엇인가? 다소 도전적으로 이야기하자면 그들은 허상을 붙들고 생명이라 생각하고 있었다는 것이다. 이제 우리의 일상적 생명 개념을 잠시 검토해 보자. 사람들은 흔히 모든 생명체로 하여금 죽지 않고 살아있게 해주는, 그리하여 죽음과 함께 사라지는, 그 어떤 공통된 특성이 존재하는 것으로 보아 이를 "생명"이라 한다. 그러나 조금만 세심히 살펴보면 모든 살아있는 것들에 적용되는 이러한 특성이란 사실상 존재하지 않는 것임을 알 수 있다. 예를 들어 부러진 나뭇가지 하나를 생각해 보자. 이것은 살아있는 것인가? 살아있지 않다면, 적절한 땅에 심었을 때 새로운 나무로 자라나는 일을 설명할 수 없을 것이다. 그리고 살아있다면, 얼마동안 살아있는 것인가? 마른 나뭇가지도 살아있는가? 그렇지 않다면, 언제부터 살아있지 않은가? 이것이 살아있음을 말해주는 특성은 무엇인가? 살아있는 가지와 죽은 가지를 구별할 경계선이 존재하는가? 여기에 대해 우리가 말할 수 있는 것은 이러저러한 여건 아래서는 이것이 살아날 수 있다는 것 정도이다. 이런 여건을 말하지 않고 단순히 이것이 "살아있다" "아니다"를 말하는 것은 전혀 무의미한 일이다. 이러한 경우 우리의 일상적 생명 개념은 완전히 증발해버리고 만다.

그렇다고 생명이라는 것은 아예 존재하지 않는가? 생명현상은 허상에 불과한가? 그렇지는 않다. 자연계에는 매우 특징적인 생명현상이 존재하며 생명이라는 것은 이를 특징짓는 매우 소중한 존재이다. 단지 우리의 일상적 관념이 이를 잘못 개념화하고 있는 것이다. 그러면 어떻게 해야 하는가? 현실 상황에 좀더 적절한 새 개념화 작업을 수행해야 한다. 그리고 이것을 해낸 것이 내 온생명 이론이다. 이 작업을 위해 나는 수 십 년의 시간과 노력을 바친 것이다. 물론 나의 이러한 노력이 아무리 숭고하다 하더라도 그 결과가 허술하다면 할말이 없다. 그러나 적어도 이것을 기존의 생명 개념을 바탕으로 재단하는 것은 적절하지 않다.

그렇다면 여기서 내가 얻어낸 내용은 무엇인가? 물리학이 말해주는 사물의 보편적 존재양상을 기준으로 볼 때 생명현상이라 불릴 특수한 존재양상은 온생명이라는 형태로 나타난다는 것이며, 이 온생명은 더 이상 분할할 때 생명현상의 존립이 어려워지는 최소의 존재단위가 된다는 것이다. 이 관점에 입각할 때 일상적 의미의 생명이라는 것은 이 안에 존재하는 낱생명들의 생존 상황을 낱생명 안의 그 무엇과 결부하여 파악하려는 개념에 해당한다. 그러나 위에서 보았다시피 낱생명들의 생존은 낱생명 안의 상황 뿐 아니라 그것의 보생명(그 낱생명을 제외한 온생명의 나머지 부분)의 상황이 제대로 부합될 때 가능한 것이므로 보생명을 제외한 낱생명만의 성격으로 생명을 규정하는 것은 부적절하게 된다. 그럼에도 불구하고 우리가 이러한 개념에 익숙하게 된 것은 보생명 부분의 상황을 대략 고착된 것으로 전제하고 낱생명 내부의 상황만에 초점을 맞추어 생각해 왔기 때문이다. 그러므로 온생명론이 주장하는 것은 생명현상을 이해하기 위해서는 온생명으로 개념화되는 생명의 전모를 일단 파악해야 되며, 그 안에서 낱생명들의 생존 양상을 살펴나가야 한다는 것이다. 이렇게 볼 때에 기존의 "생명" 개념은 그 지시대상이 지극히 허약한 것이며 오히려 생명현상의 바른 이해에 방해가 된다는 것이다. 그러므로 생명의 바른 이해를 위해서는 낱생명 중심적 시각에서 온생명 중심적 시각으로의 관점의 전환이 필요하다는 것이며, 이는 우리가 생명에 부여하는 가치관의 수정을 위해서도 결정적인 역할을 하리라는 것이다.

이를 다소 은유적인 방식으로 이야기하자면 "코끼리의 코"와 "코끼리" 관계와 비슷하다. 코끼리의 전모를 보지 못한 사람들이 코끼리의 코만을 보고 코끼리라고 불러왔다고 할 때, 코끼리의 전모를 본 사람이 이를 코끼리의 코라고 수정하고 코끼리는 이를 포함한 좀더 큰 대상이라고 말한다고 하자. 이 때에 일부 사람들은 이것이 자기들이 기왕에 알던 코끼리와는 다른 것이라고 반론을 제기할 수 있다. 어찌 보면 이는 단순한 명칭의 문제이기도 하나, 이러한 사람들이 자신들에게 지금까지 익숙한 "코끼리" 즉 "코끼리의 코"가 존재론적으로 더 우월한 위상을 지닌다고 계속 우겨나간다면 우스운 꼴이 된다.

이러한 설명은 물론 내 주장이다. 그리고 이 주장의 타당성을 검토하는 것은 당연히 독자의 몫이다. 그리고 이 주장에 동조하지 않는다고 하여 탓할 이유는 전혀 없다. 지금까지의 모든 사람이 그렇게 믿었을 때에는 그만한 이유가 있었다고 보아야 하는 것이다. 그러나 우리 과학의 시야는 넓어지고 있으며, 이 넓어진 시야에 들어오는 새로운 모습을 이야기할 자유도 분명히 있는 것이다. 다행히 이 새로운 시각에 동조해주는 분들도 있다. 강광일 교수가 그 사람이다.

> 장회익 교수의 생명정의는 기존의 생명정의에 등장하는 여러 가지 생명 특성 중에서도 자기(self)라는 용어선택을 문제시하면서 생명의 자족성은 항구적인 에너지의 원천을 품고 있지 않으면 안 된다는 발상의 전환으로 "온생명"을 찾아낸 것이다. … 장회익 교수의 온생명과 생명담론은 충분한 설득력을 지니고 있으며, 생명문제에 대하여 새로운 지

평을 열어주고 있음에 틀림없다.(강광일)

강 교수의 주장과 같이 온생명의 관점은 "발상의 전환"이며, 발상의
전환은 그것이 성공적일 경우 "새로운 지평"을 열어줄 것이지만, 그렇지
못할 경우 그것을 수용해보려는 이들에게 공연한 심적 부담만 안겨줄 것
이다. 그렇기에 현명한 이들은 이것이 어떠한 사고의 틀에서 이루어진 것
인가에 관심을 가질 것이다. 여기서 온생명론은 과학인가, 철학인가의 문
제가 발생한다.

온생명론은 과학인가, 철학인가?

나는 이 글에서 그리고 다른 많은 곳에서 온생명 개념이 내 과학적 사
고의 소산이라는 말을 거듭 강조해 왔다. 그러나 섭섭하게도 이를 그대로
받아들이는 이들은 많지 않은 듯하다. 특히 몇몇 분들은 비슷하게 과학성
여부로 논란을 겪었던 가이아 이론과 비교하여 이것이 과학이 아니라는
것을 강조하고 있다.

그것은 충분히 과학적인 개념인가? … 이에 대해서도 나는
확신할 수 없다. … 그 그림을 통해 새롭게 정돈되는 경험
내용은 무엇인가? 그로부터 도출되는 새로운 경험내용이
있는가? 대단히 불투명하다. … 이는 온생명론과 흡사한
내용을 갖는 가이아 가설과 비교할 때 더욱 분명해진다….
"러브록의 가이아 개념은 '정신'마저도 지니고 있는 온전
한 생명체로서의 의미를 지니는 데까지는 이르지 않고 있
다." 분명 온생명과 가이아에는 그런 차이가 있다. 그런데

그 차이는 과학적인가? 어떤 경험적 차이를 수반하는 것인가?(이봉재)

가이아 이론은 그런 추상성을 튼튼한 과학적 증거들을 제시함으로 해서 무난히 극복할 수 있었다. 이에 반해서 장회익 교수의 온생명 가설은 그런 과학적인 증거의 뒷받침을 거의 기대하기 어려운 것이 사실인 바, 바로 그런 점이 온생명 가설의 커다란 약점이 되겠다.(홍욱희)

그런데 온생명론 그 자체는 전통적 과학철학에서 논의되던 방법에 따라 구성되어 있지 않다. 즉 온생명론은 생명에 대한 열역학적 이해, 체계이론, 이론 생물학의 생명모형 등과 같은 기왕의 과학지식들을 활용하여 전개하고 있지만. 온생명론의 결론에 이르는 과정은 과학적 방법에 대한 가설연역모형이나 귀납통계모형이나 귀추모형 등 중 어느 것과도 걸맞지 않아 보인다. … 그렇다면 온생명론이 바탕에 두고 있는 방법론적 전제는 무엇인가? 온생명론에서 과학이 차지하는 역할과 위치는 무엇인가? 온생명론은 일종의 과학이론인가?(김재영)

나는 이미 앞에서 과학과 관련한 온생명 이론의 성격을 충분히 이야기하였기에 여기서 재론하지 않는다. 다만 한번 더 강조하려는 것은 온생명이라는 개념은 과학적 물음의 틀을 제공하는 것이며, 여기에 내용을 담고 그 성격을 논하는 것은 과학적 논의의 방식을 따른다는 것이다. 그리고 굳이 확인 가능한 예측을 하나 제시하자면 우주 내에 다른 어떤 생물이 존재한다면 이들 또한 또 하나의 온생명에 속해야 한다는 말을 할 수 있다.

그렇다면 이러한 온생명에 어떠한 학문적 위상을 부여할 수 있는가? 이 점에 대해 소흥렬 교수와 김재영 박사의 의견을 경청할만하다.

> 장회익 교수와 나는 과학철학을 강의한다 … 우리가 강의하는 과학철학은 장회익 교수가 말하는 메타과학(Metascience)에 해당한다. … 현대과학을 바탕으로 하면서 아직은 과학적 방법으로 검증될 수 없는 문제에 대한 이야기를 하자는 것이다. 과학적으로 이론화될 수는 없지만 현대과학이 허용하는, "과학적"이라고 할 수 있는 세계관을 세워보자는 것이다.(소흥렬)

> 온생명론은 또 하나의 과학이론이 아니며, 기존의 생명과 관련된 여러 학문들을 뛰어넘는 메타적인 담론이다. 메타담론은 개별담론에서 다룰 수 없는 것을 논의한다. 이는 자연과학적 지식에 대한 소박한 접근만으로는 생명에 대한 제대로 된 이해에 이를 수 없다는 요나스의 기조와도 통하는 것이다. … 그러나 온생명론이 메타담론이라는 말은 기존의 과학이론들에서 검증된 지식들과 이러한 메타담론이 상충해서는 안 된다는 요건을 의미하기도 한다. 이 담론의 구성 과정에서는 과학적 태도를 견지하면서도 메타담론을 과학적 지식들로 환원시키지 않도록 유의해야 할 것이다.
> (김재영)

그런데 많은 이들은 이것이 철학적 혹은 형이상학적 논의인 것으로 보고 이 점에 대해 비판의 눈길을 보낸다.

그물처럼 엮어진 생명들의 연계를 하나의 실체로 격상시키는 것이다. 그러나 이러한 존재론적 격상은 어떤 의미에서 타당한가, 그리고 우리 생태학적 위기의 문명에게 어떤 새로운 메시지를 던져주는가?(이봉재)

존재의 절대 근거를 묻는 우주론인가? … 찾고 있는 것이 이러한 절대적 일자가 아니고 상대적 일자들이라면 모든 현실적 존재는 일자이면서 다자라는 것을 인정하지 않으면 안 된다. 이것은 서양근세 철학과 대비되는 것으로 불교의 화엄사상의 기본적 입장이다.(조용현)

온생명 이론은 기계론적이고, 결정론적인 생물학적 생명 개념을 거부하고, 생명을 우주적 차원으로 확장하고 있다. (구승회)

현대의 생태학적 담론은 대체로 세 가지 상이한 방향으로 전개되고 있다. 첫째는 근대적 세계관, 자연관을 문제삼으면서, 새로운 자연관이 필요함을 주장하는 형이상학적인 논의이다. … 이른바 "홀리즘"에 기초한 생명사상가들이 그들이다. 필자는 장 교수의 온생명론을 여기에 소속시키고 싶다.(구승회)

거듭 논의하지만 온생명 개념은 생명 자체의 과학적 이해를 시도하는 가운데 내 시각에 잡힌 생명의 모습을 서술한 것뿐이다. 그것이 결과적으로 새로운 존재론적 실체로 판정되는 것은 인정하지만 그것 자체가 어떤 존재론적 전제 혹은 형이상학적 논의를 통해 이루어진 것은 아니다. 많은 과학자들이 체질적으로 거부하는 것이 형이상학적 독단이며 이 점에 있어서는 나 자신 예외가 아니다. 나는 물론 "기계론적이고 결정론적인 생물학적 생명 개념"이라는 표현을 즐겨하지 않지만 그 내용을 거부한 적은 없다. 더구나 생명을 우주적 차원으로 확장하지도 않았다. 단지 온생명의 규모가 최소한 "천체적" 규모에 달한 것은 사실이지만 이는 과학적 인과의 사슬이 거기에 닿았기 때문에 부득이한 것이었고 그러한 형이상학적 사유에 이끌려 간 것은 아니다. 실제로 온생명 개념을 우주적으로 확장시키지 않는 것에 대해 많은 사람들이 아쉬워하지만 나는 과학적 인과의 범위로 이를 엄격히 제한하고 있다. 마찬가지로 온생명 개념이 화엄사상과 일맥상통하는 것은 인정하지만 이것이 화엄사상과 일치하지 않는다고 하여 우려할 이유도 없으며 일치한다고 하여 회피할 이유도 없다.

내가 지켜야 할 본분

사실 이러한 점에서 소흥렬 교수의 제안과 의견은 나를 당혹스럽게 한다. 소 교수의 표현대로 "과학자"로서의 나는 항상 과학이라는 땅을 디디고 서거나 설혹 공중으로 조금 뛰어보려 하더라도 마치 거미가 꽁무니로부터 거미줄을 내 뿜으며 움직이듯 실낱같은 한 가닥 연계를 과학에 걸고야 움직이는데, "철학자"인 소 교수는 마치도 튼튼한 날개를 가진 솔개처럼 하늘을 마음대로 날아다니면서 이리 날아오르라고 손짓하는 듯하다. "합리"의 끈을 달지 않고는 이른바 형이하(形而下)의 바닥에서 한 치도 뛰어오르기 어려운 과학자의 입장에서 형이상·하(形而上·下)의 공간을 마음껏 휘젓고 다니는 철학자가 부러울 수밖에 없다. 그의 이야기를 잠깐 들어보자.

"우주적 지성"과 "우주적 감성"의 기능이 연결되고 통합된 것이 "우주적 마음"이라고 한다면 이것은 물질계의 우주와는 구별되는 개념이다. "우주적 마음"의 상대개념인 "우주적 몸"의 개념이 필요한 것이며 이것은 생명기능을 포함하는 우주적 물질계를 뜻하는 것이다. 그렇다면 "우주적 마음"과 "우주적 몸"은 "우주적 생명" 즉 "우주적 온생명"이라고 할 수 있다. 이러한 "우주적 온생명"을 전제하지 않고는 "행성적 온생명"이 가능하지 않다.(소흥렬)

내가 온생명(그의 표현으로 "행성적 온생명")을 이야기했더니 그는 온생명의 온생명 즉 "우주적 온생명"을 이야기한다. 내가 겨우 용기를 내어 온생명의 의식을 이야기했더니 그는 온생명의 마음과 온생명의 영혼을 이야기한다. 나는 산 사람의 영혼이란 말을 사용하기도 무척 주저하는데 그는 구천을 떠도는 한 맺힌 영혼과의 접속 문제까지 거론한다. 그야말로 "뛰는 무엇 위에 나는 무엇"이다.

그는 그 높은 곳에서 함께 가자고 손짓한다. 내 뱃속에 저장된 거미줄을 모두 풀어도 도저히 도달하기 어려운 높이이다. 굳이 합리의 끈에 매달릴 것이 무엇이냐, 영감으로, 계시로, 깨달음으로 또는 직관으로 뚫고나가 보자고 한다. 명상을 하고 고행을 하고 기도를 하고 수행을 해보자는 것이다. 그러나 날개 없는 거미가 어떻게 구천을 나르랴. 아쉽지만 여기서 머무르고 더 이상 뛰어오를 공간이 남아있다면 이는 날개 달린 철학자들의 몫으로 남겨두는 것이 현명한 일일 것이다.

사실 다른 한편에서는 내가 이미 너무 많이 날아올랐다는 비판도 들린다. 홍욱희 교수는 수 차례나 내 논의와 관련하여 논리적 비약을 언급하고 있는데, 그는 친절하게도 내가 그렇게 하게 된 이유까지 상세히 일러준다.

이런 비약이 있게 된 이유에 대해서는 … 장회익 교수가

과학자로서의 본분을 뛰어넘어 지나치게 인문학적인 동양
사상에 심취했던 때문이 아닌가 생각된다. 결국 냉철한 논
리를 요구하는 과학과 논리나 이론보다는 감성과 직관을
중시하는 인문학의 만남을 너무 서둘렀던 나머지 온생명의
개념에서 적지 않은 허점을 노출시키고만 것이라고 생각되
는 것이다.(홍욱희)

물론 과학자인 홍욱희 교수의 눈에는 메타과학적 논의가 논리적 비약
이라고 느껴지는 측면도 있을 것이다. 그러나 그 이유가 인문학적인 동양
사상에 심취했기 때문이라고 본 것은 그다지 사리에 맞는 일이 아니다.
거듭 언급한 바와 같이 나는 물리학의 굴레를 던져버리지 못하는 사람이
며 논리의 엄격함을 지키기로 하자면 물리학을 따를 학문도 많지 않을 것
이다. 나 나름의 동양사상 이해를 위한 노력을 해본 것은 사실이지만 그
안에서 역시 지나치리만큼 과학의 논리에 충실하려했던 점은 아마도 내
가 쓴 몇몇 논문들이 보증해줄 것이다. 백 보를 양보하여 내가 동양사상
때문에 논리적 비약을 범했다면, 나보다 과학적 수련이 훨씬 적은 인문학
자들은 어떠한 논리로 학문을 수행한다는 이야기인가?
흡사한 충고를 이번에는 철학자인 구승회 교수에게서도 받고 있다.

장회익 교수는 물리학자니까, 현재의 환경파괴 추세를 추
동하는 변수들은 무엇이며, 각 변수들은 어떤 인과적 작용
이 있는지, 기존의 과학이론으로 이러한 추세를 설명할 수
있는지, 그럴 수 없음에도 불구하고 이런 추세가 계속되리
라고 설명하려면(해야 한다면) 어떤 데이터를 분석함으로
써 신뢰할만한 확률 값을 얻을 수 있을는지 등등의 문제에
대답하는 것이 과학적 방법이 아닐까?(구승회)

역시 고마운 이야기이다. 그런데 여기에서 물리학자니까 이렇게 해야한다는 논리는 수긍하기 어렵다. 아마도 현대과학의 분석적 방법을 동원하여 환경문제에 접근하든지 그렇지 않을 것이면 이러한 방면에 접근하지 말라는 의도가 담겨있는 듯한데, 이것이야말로 경계해야할 자세인 것이다. 환경문제에 분석적으로 정량적으로 접근하는 사람도 있어야 하며 통합적으로 직관적으로 접근하는 사람도 있어야 한다. 그리고 이러한 일들은 각자 자기가 최선이라 생각하는 방법으로 수행해야 한다. 거듭 이야기하지만 나 자신은 물리학자로서 나 나름의 지적 도구와 한계를 가지고 있다. 나는 이것을 통해 생명을 보아왔고 내 눈에 비친 바에 의해 위험을 경고해왔다. 이것이 바로 물리학자로서의 내가 할 수 있는 최선의 일이다. 구승회 교수는 아마도 물리학자의 일은 분석적이고 정량적이니까 그것이나 충실하게 하라고 권하는 듯한데, 이것이 바로 20세기 학문 관행이 심어놓은 지극히 위험스런 사조이다. 학문에도 전문가적인 분업이 요구되는 것이 사실이지만, 지금 좀더 절실히 요구되는 작업은 이러한 경계를 뚫고 전체를 내다보는 안목이다. 더구나 인류의 문명과 온생명의 건강이 위협받고 있는 지금으로서는 이 점이 더욱 절박하다.

맺음말을 대신 하여

지금 이 책에 기고된 열 두 분들의 글을 대하는 마음은 마치 너무 많이 차려놓은 잔칫상을 받고 있는 느낌이다. 정말 한 분 한 분의 글을 찬찬히 읽고 깊이 있게 음미하고 싶은 심정이 간절하나 짧은 기간에는 이것이 도저히 가능하지 않을 듯하여 일단 이 글을 여기서 끝맺음하고 다음 기회를 살펴야 하지 않을까 한다.

열 두 분 모두께 때로는 맵고 쓰기도 하며 때로는 입에 솔솔 녹기도 하는 성찬을 차려주신 것에 대해 깊은 감사를 드리며 아직 이에 적절한 답례를 갖추지 못했음을 정중히 사과 드린다. 특히 외국에 나가 바쁜 일정에 쫓기고 있으면서도 짬을 내어 온생명론과 한스 요나스의 생명철학의 관계를 깊이 있게 추구하고 소중한 글을 보내준 김재영 박사에게 감사의 뜻과 함께 몇 마디 소감을 전하지 않을 수 없다. 사실 한스 요나스의 생명철학에 대해서는 나 자신 본격적인 연구를 시도하려던 것인데 이 글이 큰 도움을 줄 것으로 기대한다. 특히 요나스의 생명철학에서 개체중심적 생명론이 어떠한 한계를 보일 것인가 하는 점이 관심사였으며 이것이 온생명의 관점에서는 어떻게 달라질 수 있을까 하는 것이 궁금했는데 김재영 박사가 여기에 대해 일단 첫 발을 내디뎌준 것 같다. 그리고 그의 이른바 "통합적 일원론"이 내가 생각하는 "주체/객체 일원론" 혹은 "생명/삶 일원론"(이 책에 기고한 내 최근 논문 참조)과 어떤 관계에 있는지도 한번 깊이 생각해보고 싶다.

또 한사람의 젊은 연구자로 최우석 군이 환경윤리의 관점에서 온생명론의 의의를 깊이 있게 다루어준 것 또한 소중한 성과라고 생각한다. 사실 윤리의 문제는 가치판단의 경중에 깊은 연관을 가지고 있으며 이러한 점에서 자연과 인간의 상대적 위상과 함께 조화의 문제가 초미의 관심사로 부각되지 않을 수 없다. 그리고 이것은 다시 우리의 생명관과 깊은 연관을 가진다. 이러한 문제에 관련하여 온생명의 관점 뿐 아니라 기왕의 여러 생명관의 입장을 통합적으로 비교 검토한 것은 매우 뜻 있는 일이며 이것은 온생명론의 학문적 위상을 한 단계 끌어올리는 작업이라고 생각한다.

현역 생물학자로서 아까운 시간을 쪼개어 온생명 이론을 검토해주신 강광일 박사께도 각별한 감사를 드려야 하겠다. 본인 자신이 밝히고 있듯이 특히 생물학자로서 이러한 논의에 관여하는 것이 적지 않게 껄끄러운 측면이 있으며, 또 오늘의 연구 풍토에서 그다지 환영받을만한 일도 아니겠으나 성의 있게 문헌들을 섭렵하여 이 연구에 도움이 될 많은 자료들을 제공한 것을 높이 평가하지 않을 수 없다. 앞으로 얼마나 더 이러한 일에 관심을 기울여 줄 수 있을지 모르겠으나 특히 전문가의 관점에서 기여해 줄 일이 무척 많으리라고 생각한다. 단지 제기해준 많은 구체적 의문들에 대해 심도 있는 답변을 드리지 못한 것을 아쉽게 생각하며 앞으로 좀더 깊은 논의를 나눌 기회가 있기를 희망한다.

또한 이미 오래 전부터 온생명 이론에 관심을 가지고 많은 애정을 보여주신 최영진 교수께 감사를 드린다. 사실 주역을 비롯한 우리의 전통적 사유 속에 이러한 관념이 어떻게 나타나고 있는가 하는 것은 매우 흥미로운 주제이며 또 우리의 전통문화를 현대의 사유 속으로 이끌어들이기 위해서도 매우 중요한 작업이라고 생각한다. 이러한 점에서 최 교수님의 이번 글은 이 방향의 길을 열어줄 소중한 작업이라 생각하며 역시 이 글에서 이러한 점에 대한 깊은 논의를 함께 하지 못함에 대해 아쉬움을 금할 수 없다.

한편 온생명론을 불교의 세계관 안에서 검토하여 이들 사이의 유사점을 잘 밝혀주신 양형진 교수께 감사를 드린다. 양형진 교수의 이번 글에서도 밝혀진 바와 같이, 불교의 관점은 온생명에 해당하는 생명의 모습을 우리의 주체적 삶의 입장에서 깊은 직관에 의해 가장 철저히 밝혀낸 관점이라고 보며, 앞으로 이 점에 대한 좀더 깊은 많은 연구가 필요할 것으로 생각된다. 이러한 점에서 양형진 교수가 앞으로 이 방향에 대해 더 많은 기여를 해줄 것으로 보아 자못 기대가 크다.

이번 열 두 분 가운데 유일하게 온생명과 직결되지 않은 글을 보내준 이상원 박사께도 감사와 함께 그 학문적 진전에 대해 치하의 말을 보내고 싶다. 이른바 의미기반과 지지이론에 대한 논의는 지금까지 주로 물리학을 중심으로 한 이론과학과 관련하여 수행되어왔으나 이상원 박사는 이를 실험과학과 관련된 영역으로 넓히려는 시도를 하고 있으며 그 성과가

자못 관심을 끈다. 앞으로도 이 방향에 진전이 있기를 바라며 이와 관련
된 논의의 기회를 함께 만들어나가기를 희망한다.

　끝으로 이번 특집을 만들기 위해 많은 노력을 했고 또 온생명사상 전
반에 대해 매우 훌륭한 해설과 비평을 보내주신 신중섭 교수께 각별한 감
사를 드리며, 아울러 이미 앞에서 많은 공방을 벌린 소흥렬 교수, 조용현
교수, 이봉재 교수, 구승회 교수, 홍욱희 박사께 다시 한번 정중한 감사를
드린다. 경기는 치열해야 흥미로운 것과 같이 우리의 논의도 치고 받는
가운데 발전이 있을 줄 알며, 이러한 점에서 이 분들이 특히 많은 기여를
해주셨고 덕분에 나 자신 많은 사고의 진전을 이루었다. 아쉬운 것은, 조
목조목 붙들고 더 씨름을 했어야 하나 역시 다음 기회로 미룰 수밖에 없
다.

　이 책에 직접 글을 보내지는 않았으나 지금까지 과학사상모임 등을 통
해 많은 논의들을 함께 해주신 여러 사람들께도 고마움을 전한다. 모든
사상은 1 퍼센트가 주창자에서 나오고 나머지 99 퍼센트는 주변 함께 한
사람에서 나온다고 생각한다. 이러한 점에서 온생명을 포함한 내 소박한
생각들 또한 주변의 여러 사람들이 함께 만들어낸 결과이기도 하다. 특히
이러한 작업에 대해 멀리 앞에 서서 이끌어주긴 김용준 선생님과 또 옆에
서 항상 옆구리를 찔러주신 송상용 교수께 깊은 감사를 드린다.

『과학과 철학』(1집~13집)

[제1집] (1990년 7월 5일)

특 집 : **자연과학의 철학적 기초**

김용준 : 발간사

장회익 : 물리학의 인식론적 구조와 객관적 실재의 문제

김영정 : 물리적 기하학의 규약성

신중섭 : 형식적 합리주의와 합리성의 문제

이봉재 : 과학방법론과 합리성의 문제

연구논문

이종권 : 배중률에 대한 직관주의의 반론

김효명 : 록크에 있어서 인과적 힘의 개념

연구동향

송영배 : 시월태양력과 음양오행설에 대한 새로운 해석
　　　　　 ― 陳久金의 논문「陰陽・五行・八卦起源新說」을 중심으로 ―

소광섭 : 우주론

[제2집] (1991년 9월 10일)

특 집 : **조선후기의 과학사상**

장회익 : 조선성리학의 자연관
　　　　　 ― 李珥의『天道策』과 張顯光의『宇宙說』을 중심으로 ―

김낙필 : 『東醫寶鑑』의 道敎的 성격

유초하 : 정약용철학의 과학지향과 그 한계

허남진 : 惠岡 科學思想의 哲學的 基礎
　　　　　 ― 氣學과 學의 의미를 중심으로 ―

연구논문

소흥렬 : 귀추법의 논리

전경수 : 文明論과 文明批判論의 反生態學

이중원 : 마르크스주의의 과학인식
연구동향
이한구 : 분석철학의 행방
홍영남 : 생명의 기원설

[제3집] (1992년 10월 23일)

특 집 : **시간과 공간**

장회익 : 동양사상에서의 시공개념
— 신유학자들의 문헌에 나타난 사상을 중심으로 —
소광섭 : 칸트와 아인슈타인의 동시성 비교
조용민 : 현대물리학에서의 시간과 공간
연구논문
이정우 : 에피스테메의 변환
폴 파이어아벤트 : 실재론과 지식의 역사성(이봉재 옮김)
박영재 : 禪과 時空의 超越
— 무문관에 담긴 조사들의 시공관을 중심으로 —
연구동향
이혜정 : 경락의 실체
이남인 : 현상학의 최근동향
서 평
임일환 : 메타과학과 과학철학 — 장회익의 『과학과 메타과학』 —

[제4집] (1993년 12월15일)

특 집 : **프랑스철학의 이해**

김상환 : 천재의 학문 — 데카르트의 학문방법론에 대한 소고 —
최정식 : 정신주의적 실재론의 연원

박우석 : 현대수리철학의 百家爭鳴
서 평
임일환 : 인공지능의 철학에의 초대 II — 다시 찾은 중국어방 :
이초식의 『인공지능의 철학』

[제6집] (1995년 11월 21일)

특 집 : 과학은 실재를 반영하는가
조인래 : 과학적 실재론 : 그 전개와 현황
이중원 : 양자이론의 실재론적 해석
백도형 : 심신문제와 실재론
이상욱 : 반 프라쎈의 반실재론에 대한 비판적 고찰
연구논문
김기현 : 믿음과 증거의 연결
정호근 : 사유형식의 보편성 문제
— 피아제의 보편성 테제의 문화철학적 고찰 —
박창근 : 동형성, 시스템 및 시스템론의 역사적 발전
신동원 : 한국 근대 보건의료제도의 탄생, 1876~1894
연구동향
최무영 : 혼돈과 질서
이종권 : 『필연성의 문맥적 이해』(정대현 지음)

[제7집] (1996년 6월 30일)

특 집 : 기술에 대한 20세기의 철학적 성찰
홍기수 : 하이데거와 프랑크푸르트학파의 비판이론에서의 과학과 기술의
문제
황경식 : 첨단생명 — 의료과학과 윤리 —

연구논문
황희숙 : 선험성과 진화
김종일 : 초작업의 최종상태에 대한 양자역학적 해석
정인하 : 기술과 건축존재론
연구동향
지동표 : 양자정보, 양자계산에 대하여
서 평
고인석 : 『쿤의 주제들 : 비판과 대응』(조인래 편역, 1998)

[제11집] (2000년 12월 20일)

특 집 : **생태위기를 보는 다른 관점들**
장회익 : 21세기 지성과 생태 문제
이봉재 : 위험과 무능 : 생태위기와 과학적 합리성의 문제
이지훈 : 자연과의 계약 : 미셸 쎄르와 이규보
임석재 : 건축의 관점 : 기계 문명과 다섯 번의 생태위기(1)
연구논문
김기윤 : 자연, 그 개념은 인간이 만든 것인가
이종찬 : 건강과 의학에 관한 생태적 담론
해외논단
이네스트라 킹 : 페미니즘과 자연의 반란 : 에코페미니즘의 옹호
뤽 페리 : 심층생태운동의 기본 구상 : "산처럼 생각하라"

[제12집] 『한계의 과학, 한계의 형이상학』(2001년 12월 15일)

특 집1 : **과학과 한계**
고인석 : 물리법칙들의 한계
김재영 : 한계로서의 확률 : 양자역학과 통계학의 예

(과학과 철학 제14집)

온생명에 대하여
— 장회익의 온생명과 그 비판자들 —

2003년 12월 30일 초판발행
2003년 12월 30일 1판 1쇄

엮은이　　과학사상연구회
펴낸이　　남　호　섭
펴낸곳　　통　나　무

서울시 종로구 동숭동 199-27
전화: (02) 744 — 7992
팩스: (02) 762 — 8520
출판등록 1989. 11. 3. 제1-970호

ⓒ 과학사상연구회, 2003　　값 9,000원

ISBN 89-8264-034-7 (94100)
ISBN 89-8264-020-7 (세트)